学术专著·工程安全防护理论与技术系列

岩石水热耦合损伤及其静动力学行为

许金余　王　鹏　著

国家自然科学基金资助项目(51378497)

西北工业大学出版基金资助项目

U0195427

西北工业大学出版社

西安

【内容简介】 本书以岩石的准静态及冲击力学试验为基础,从物理水理特性、超声特性、宏观变形破坏、微观结构及形貌分析、能量与损伤等角度,全面分析水热耦合损伤岩石准静态及冲击荷载作用下的力学行为。通过分析岩石密度、孔隙率、纵波波速等指标经冻融循环及热冲击循环作用后的变化,研究岩石的水热耦合损伤规律;基于大直径分离式霍普金森压杆系统进行水热耦合损伤岩石的准静态压缩、劈拉、变角剪切,不同应变率条件下的压缩、劈拉试验,获取水热耦合损伤岩石试样受准静态及冲击荷载变形破坏的应力-应变数据,分析其在不同水热耦合损伤条件下的力学行为;分析水热耦合损伤岩石变形破坏过程中能量的吸收、转化及耗散规律,基于耗散能构建不同应变率加载条件下损伤岩石变形破坏过程的损伤演化机制;基于微观电镜扫描仪观测不同水热耦合损伤条件下岩石的微观结构变化及损伤岩石不同应变率荷载作用下的断裂面形貌,揭示水热损伤及应变率耦合作用下岩石的破坏机理。

本书可作为高等院校土木工程专业的教学用书,对于岩石力学相关领域的科研人员和工程技术人员也具有一定的参考价值。

图书在版编目(CIP)数据

岩石水热耦合损伤及其静动力学行为/许金余,王鹏著 . —西安:西北工业大学出版社,2017.11
ISBN 978 - 7 - 5612 - 5707 - 4

Ⅰ.①岩⋯　Ⅱ.①许⋯②王⋯　Ⅲ.①岩石破坏机理—研究　Ⅳ.①TU45

中国版本图书馆 CIP 数据核字(2017)第 259933 号

策划编辑:肖亚辉
责任编辑:李阿盟

出版发行:西北工业大学出版社
通信地址:西安市友谊西路 127 号　　　邮编:710072
电　　话:(029)88493844　88491757
网　　址:www.nwpup.com
印　刷　者:陕西向阳印务有限公司
开　　本:727 mm×960 mm　　　1/16
印　　张:15.5
字　　数:264 千字
版　　次:2017 年 11 月第 1 版　　2017 年 11 月第 1 次印刷
定　　价:48.00 元

前　言

随着经济建设的不断发展，地下岩层空间得到越来越多的开发利用。自然岩体多赋存于多场耦合环境，对岩石力学行为影响显著，是岩石工程不得不考虑的重要因素。众所周知，地下岩体多为水-热-岩耦合系统。受自然地理条件，资源分布，国际国内政治、经济形势影响，我国东北、西北、西南等高原、寒冷地区战略地位重要。随着西部大开发、一带一路、振兴东北老工业基地等战略的实施，包括矿山开采、水电站建设、高原山地机场、铁路公路隧道、地下石油天然气储库、地下防护工程建设等各类寒区岩石工程正以前所未有的速度展开。在寒区岩石工程中，气候变化、岩体开挖形成新的裸露面、工程内部新的人工热源，以及岩体爆破衍生的高温及地下水回流冷却等均会导致工程岩体形成新的温度场。在与水环境耦合作用下，岩体内部温度场变化将导致水发生迁移、固-液-气相变等效应。这种水热耦合效应将诱发岩石发生强烈的冻融、热冲劣化损伤。另外，地下岩石工程从施工建设到使用维护的全寿命阶段，将会面临开挖爆破、地震扰动、工程内部振动源等冲击动荷载作用。为科学开展岩石工程建设，对水热耦合损伤岩石的动态力学行为进行系统的认识和研究是重要前提。本书正是笔者在深入研究这个课题的基础上，总结多年研究成果编撰完成的。

本书依托国家自然科学基金（中高应变率荷载与高温耦合作用下岩石的动力学特性及能量机制研究，51378497），以分离式霍普金森压杆试验系统，液压伺服控制万能试验机，冻融、热冲击循环系统，超声检测仪，电镜扫描仪为主要试验研究手段，进行水热耦合损伤岩石静态及冲击力学特性试验及理论研究。研究饱水岩石经冻融循环、热冲击循环作用后的物理水理特性，分析岩石密度、孔隙率、纵波波速等指标的变化规律；介绍大直径分离式霍普金森压杆系统，进行水热耦合损伤岩石的准静态压缩、劈拉、变角剪切，不同应变率条件下的压缩、劈拉试验，获取水热耦合损伤岩石试样受准静态及冲击荷载变形破坏的应力-应变数据，分析其在不同水热耦合损伤条件下的力学行为；分析水热耦合损伤岩石变形破坏过程中能量的吸收、转化及耗散规律，基于耗散能构建不同应变率加载条件下损伤岩石变形破坏过程的损伤演化机制；基于微观电镜扫描仪观测不同水热耦合损伤条件下岩石的微观结构变化及损伤岩石不同应变率荷载作用下的断裂面形貌，揭示水热损伤及应变率耦合作用下岩石的破坏机理。研究成果在防护工程、交通运输工程、岩石力学与岩石工程、工程材料等领域具有一定的学术价值；对指导地下防护工程抗力设计及确保武器打击下的工程安全具有十分重要的军事意义；可为水利水电、资源开采、隧道交通、能源储备、核处理、防灾减灾等岩石工程的建设与运行提供科学依据，具有良好的国民经济效益和应用前景。

　　本书由许金余、王鹏撰写，由郑颖人院士审稿。方新宇、王佩玺、王浩宇、刘少赫、郑广辉、闻名等同志参与了本书试验研究、数据整理、结果分析的部分工作及部分内容录入、图表绘制等工作。在此谨向帮助完成此书的同志表示衷心的感谢！

　　由于水平有限，书中难免有不足和欠妥之处，恳切希望读者予以批评指正。

著　者

2017 年 7 月

目　　录

第1章
绪　　论

1.1　工程背景和意义

地下工程围岩及地面工程岩基常处于复杂的水热场环境[1]，且在其建设、使用的全寿命周期面临各种机械、爆破等冲击荷载作用[2]。冻融(Freeze‐Thaw，F‐T)和热冲击(Thermal Shock，TS)是工程中常见的岩石水热耦合损伤形式[3-4]。在冻融和热冲击过程中，温度和水相互耦合，对岩石力学行为影响显著，是岩石工程不得不考虑的重要因素。研究岩石水热耦合损伤及损伤岩石的冲击力学行为[5]对岩石工程设计建设和稳定性评估具有显著的工程价值和军事意义。

随着人类文明水平的发展，寒区已逐渐被世界各国开发利用[6]。我国东北、西北、西南等高原、寒冷地区[7-8]分布着丰富的土地、矿产、清洁能源、生物等资源，其地理位置连通着东北亚、中西亚、欧洲、南亚等方向，该地区的工程建设和资源开发对我国国民经济发展具有战略性作用。随着西部大开发、东北振兴、一带一路等战略[9]的实施，包括矿山开采、水电站建设、高原山地机场、铁路公路隧道、地下油气储库等各类岩石工程在上述地区正以前所未有的速度展开。我国寒区岩石工程需求明显，发展迅速，但寒区工程岩石水热状态复杂多变[10]，也使得此类地区岩石工程面临着边坡基础冻融滑塌，隧洞冻胀失稳，含水岩石(甚至是冻岩)受机械、爆炸高温热冲击破坏等岩石水热耦合损伤问题[11-14]。诸如此类工程岩体所处的温度-水环境均十分复杂，对开挖、爆炸等引发的温度急剧变化带来的扰动非常敏感，受地震、机械、爆破等冲击荷载作用影响很大[15]。如能在实验室内实现对水热耦合损伤岩石动荷载作用下力学特性的研究，将会产生巨大的学术价值及工程效益。

在这些国民经济建设工程实践中，有两个问题值得深入研究。其一是工程岩石受冻融、热冲击等水热耦合损伤劣化，其二是工程岩体受机械、爆破、地震、设备等冲击或扰动失稳。这两个问题跟岩石所赋存的水热环境及所遭受的动力灾害密不可分。众所周知，岩体实质为水-热-岩耦合系统。在岩石工程中，气温变化、地热、岩体开挖形成新的裸露面、工程内部新的人工热源、核放射，以及岩体爆破衍生的高温及地下水回流冷却等均会导致工程岩体温度场变化，产生热应力损伤[4,16]。在与水环境耦合作用下，岩体内部温度场变化将导致水发生迁移、固-液-气相变等效应。这种水热耦合效应将诱发岩石发生强烈的冻融、热冲击劣化损伤。另外,岩石工程从施工建设到使用维护的全寿命阶段,将会面临开挖爆破、地震扰动、工程内部振动源等冲击动荷载作用。作为一种率敏感材料[17],工程岩石的力学行为和工程特性受动荷载作用影响显著。

为对上述工程问题进行深入的试验和理论分析,在进行具体研究时,把"岩石所赋存的水热环境 + 所遭受的动力灾害"这一实际工程问题上升到科学层面,即为水热耦合损伤岩石的冲击动力学问题。深入研究水热耦合损伤岩石的冲击动力学行为将对科学认识水热环境下岩石的力学特性、指导岩石工程建设、保障工程结构安全产生重要作用。

基于此,本书依托国家自然科学基金项目(中高应变率荷载与高温耦合作用下岩石的动力学特性及能量机制研究,NO.51378497),瞄准岩石工程中亟待解决的"岩石水热耦合损伤 + 动力灾害"问题,针对现有研究的不足之处,选取典型岩样,以冻融、热冲击循环试验系统、超声检测仪、电镜扫描仪、电液伺服控制试验机、分离式霍普金森压杆(SHPB)系统等为主要试验研究手段,进行岩石的冻融循环损伤和热冲击循环损伤试验,损伤岩石的物理检测、静态及不同应变率下的冲击压缩及拉伸特性试验,不同状态下损伤岩石的超声检测、表面电镜扫描和破坏断口扫描试验,旨在对工程岩石水热耦合损伤演化规律,受冲击荷载作用变形破坏的强度特性、变形规律、能量机制,水热耦合损伤和受载破坏应变率效应的微细观机理等问题做出研究,对解决相关工程问题提出有益结论。研究成果在交通运输工程、岩石力学与岩石工程、工程材料等领域具有一定的学术价值;可为水利水电、资源开采、隧道交通、能源储备、核处理、防灾减灾等岩石工程的建设与运行提供科学依据,具有良好的国民经济效益和应用前景。

1.2 岩石水热损伤及力学特性研究现状

1.2.1 岩石冻结或冻融循环损伤

受温度、含水状态、岩石特性、约束等因素的复杂影响,冻结和冻融损伤[18]岩石物理力学特性呈现出复杂的变化规律。对此,国内外学者通过试验、理论模型、数值分析等方式进行了大量的研究工作。

1. 国外研究进展

在国外,从20世纪70年代起开始出现冻岩力学问题研究。冻结或冻融对岩石物理力学特性的影响首先得到关注。Winkler等人[19](1968年)做了大量冻结岩石强度试验,对孔隙冰的膨胀压力进行了测定。Prick[20](1995年)分析了两种岩石冻融条件下的各向异性体积膨胀现象。Yamabe 等人[21](2001 年)发现在一次冻融循环下干燥和饱和岩样的轴向变形分别为弹性变形和塑性变形。Nicholson 等人[22](2000 年)、Iñigo[23](2013 年)研究了多种岩石经历冻融循环后质量、颜色、超声波速等物理参数的变化特征。Khanlari 等人[24](2015 年)对采自伊朗的红砂岩在干湿、冻融、冷热循环条件下的物理力学性能进行了研究。Bayram[25](2012 年)、Kolay[26](2016 年)、Ghobadi 等人[27](2016 年)研究了多种岩石单轴压缩强度随冻融循环次数增长的衰减规律。Al - Omari 等人[28](2014 年)、Fener 等人[29](2015 年)、İnce 等人[30](2016 年)、Heidari 等人[31](2016 年)分别对其本国内多处古建筑、石窟等岩石在冻融作用下单轴抗压强度等力学参数的变化规律进行了研究。这些研究均表明,岩石在经受冻融循环后,其物理指标、强度参数和变形特性会发生不同程度的衰减劣化。

通过控制变量的方法,影响岩石冻融损伤的多种因素也得到了广泛研究。Inada 等人[32](1984 年)、Kodama 等人[33](2013 年)分析了含水率、冻结温度、加载速率等因素对冻岩力学特性的影响规律。Hall 等人[34](1988 年)基于页岩的冻融试验,发现岩石内部的相变温度受含水状态、盐分、冻融温度范围及冻结速率等因素的综合影响。Nicholson 等人[22](2000 年)基于对十种沉积岩试件的反复冻融试验,分析了岩石内部原有裂隙与其冻融破坏之间的相关性。Zakharov 等人[35](2014 年)研究了岩石在负温条件下冻结温度变化对破坏过程能量耗散的影响。Watanabe 等人[36](2002 年)、Chen 等人[37](2004 年)、Al - Omari 等人[38](2015 年)发现岩石冻融后强度损伤变化规律受其内部含水量及未结冰水含量影响。Sudisman 等人[39](2016 年)通过三种岩样的冻融循环和拉伸试验,分析了岩样种类、孔隙率、含水率对冻融损伤程度的影响。相关研究普遍发现,冻融温度、孔隙率、试样含水率、初始裂隙等因素对岩石的冻融损伤影响明显。

对岩石冻融损伤模型和水热耦合作用机理的研究也得到了一些学者的重视。Neaupane 等人[40](1999 年)构建了岩石水热力耦合系统并用于冻融循环损伤的模拟分析。Exadaktylos[41](2006 年)基于连续介质理论提出了一种适用于岩土类饱和孔隙材料的冻融损伤模型。Ghoreishi - Madiseh 等人[42](2011 年)对寒区地下洞室回填引起的冻岩融化问题进行了仿真研究,构建了水热迁移模型。相关研究表明,从水热耦合角度研究岩石冻融问题能够有效地揭示其作用机制。

许多学者从微细观角度分析冻融损伤的机理,得到了许多有益的结论。Matsuoka 等人[43](1990 年)发现了岩石的内部微观结构的冻胀联合作用是导致其冻融损伤破坏的主要因素。Hori 和 Morihiro[44](1998 年)构建了岩石类孔隙材料冻融循环过程中的微观力学模型,分析其损伤过程。Ruiz 等人[45](1999 年)、Kock 等人[46](2015 年)、Park 等人[47](2015 年)运用 X -射线衍射、SEM 及 CT 扫描技术对岩石冻融循环环境下的孔隙结构及微观损伤进行了研究。借助于微细观观察,相关研究对揭示岩石冻融过程中的微细观损伤有重要作用。

2. 国内研究进展

在国内,随着大量寒区基础设施建设的展开,冻岩力学及工程问题的研究近年来发展迅速,成果丰富。

诸多学者对岩石在冻结和冻融状态下的物理力学特性变化进行了大量的研究。何国梁等人[48](2004 年)、杨更社等人[49](2006 年)、吴刚等人[50](2006 年)、林战举等人[51](2011 年)、Liu 等人[52](2012 年)、张慧梅和杨更社[53-54](2013 年)、吴安杰等人[55](2014 年)分析了多种岩石在循环冻融过程中体积、质量、纵波波速等物理参数和抗压强度、模量、抗拉强度等力学参数的变化规律。单仁亮等人[56](2014 年)利用冻三轴试验机研究了负温条件下梅林庙矿红砂岩的力学特性与变形规律。方云等人[57](2014 年)将取自云冈石窟的砂岩岩样进行饱水和干燥条件下的循环冻融试验,模拟云冈石窟砂岩的风化过程,得到不同含水状态下云冈石窟砂岩岩样循环冻融条件下的主要物理力学特性。Gao 等人[58](2016 年)对冻融和化学溶剂耦合作用下红砂岩物理力学参数的劣化进行了分析。相关研究涵盖了多种岩石材料和冻融环境,发现岩石的冻融问题具有普遍性。陈招军等人[59](2017年)研究了两种含水率砂岩冻融循环后的加载、卸载特性。

受温度、含水状态、岩石初始状态的影响,岩石冻融损伤有所区别。徐光苗等人[60](2005 年)基于试验研究系统分析了岩性、孔隙特征、冻融周期及次数、溶液、温度范围、应力状态对岩石冻融循环损伤的影响。张继周等人[61](2008 年)对 3 种岩石分别进行了两种水化环境下的冻融循环试验,分析水化环境对不同岩石的损伤劣化机制。杨更社等人[62](2010 年)针对煤岩和砂岩,重点研究了围压和冻结温度等因素对冻结岩石三轴强度的影响。罗学东等人[63](2011 年)对 4 种典型岩样经过不同次数冻融循环的物理力学特性变化进行研究,表明冻融损伤与岩石自身强度和致密程度相关。Jia 等人[64](2016 年)通过观察不同含水率岩样冻融过程中的应变情况,认为部分孔隙饱和即可造成岩石明显的冻融损伤。Qin 等人[65](2017 年)通过核磁共振技术检测经液氮冻融循环后的煤岩岩样,发现煤的初始孔隙率对冻融损伤有一定影响。

岩石的冻融损伤实质上是水-热-力-岩等的多场耦合作用过程,许多学者从该过程的水热力耦合机制出发研究冻融问题,取得了丰硕的成果。徐光苗等人[66](2004 年)从连续介质力学理论和不可逆过程热力学出发,推导了冻结温度下岩体的质量守恒方程、平衡方程及能量守恒方程的最终表示形式;研究了岩体在冻结温度下冰与岩石的膨胀耦合关系。刘泉声等人[67](2011 年)基于能量守恒原理和水-冰相变理论得出了岩石冻融过程中的冻结率表达式,运用双重孔隙介质模型理论得出冻结条件下裂隙岩体的温度场-渗流场-应力场(THM)耦合控制方程。李云鹏等人[68](2012 年)考虑冰胀力系数和热力系数建立了本构方程,分析了温度对花岗岩低温热力效应的影响。谭贤君等人[69-70](2011 年、2013 年)考虑冻胀压力和冻融循环对岩体劣化损伤的影响建立了低温冻融条件下岩体 THMD 耦合模型。Kang 等人[71-72](2013 年、2014 年)研究了岩体冻融环境下的水热力耦合模型,对冻胀力和原始地应力下岩样破裂准则、裂缝发展方向和断裂长度进行了研究。贾海梁等人[73](2017 年)利用疲劳损伤理论研究冻融循环条件下岩石的损伤累积,分析了冻融疲劳损伤模型在计算自然条件下岩石冻融损伤面临的问题。

在岩石冻融微细观损伤方面,杨更社等人[74](1996 年)借助 CT 扫描技术,在国内较早地开展了基于损伤力学理论的岩石冻融损伤扩展机理方面的研究。赖远明、张淑娟等人[75-76](2000 年、2004 年)针对隧道围岩体,采用 CT 扫描技术研究探索了在反复冻融环境下其内部结构损伤发展特点。Zhang 等人[77](2004 年)对采自寒区隧道的岩样进行了冻融循环损伤微观检测试验,用 CT 图像和 CT 数描述了冻融损伤演化特性。周科平等人[78](2012 年)对冻融循环后的花岗岩岩样进行核磁共振测量,得到了不同冻融循环次数后岩样的横向弛豫时间分布及核磁共振成像图像,显示了冻融循环后岩样的孔隙空间分布情况。

除进行实验室研究外,工程岩体冻融问题也受到许多国内学者的关注。陈天城等人[79](2003 年)、马富廷[80](2005 年)、杨艳霞等人[81](2012 年)针对边坡岩体冻融问题展开了相关研究。张丛峰等人[82](2013 年)通过高速铁路基岩的冻胀试验研究了吸水率的影响和冻融循环对基岩抗压强度的影响。贾晓云等人[83](2015 年)、Shen 等人[84](2015 年)通过测量分析了季节性冻融深度对围岩稳定性的影响规律。卢阳等人[85](2016 年)通过航拍和实地考察,在岩石切片观察和物理测试的基础上,总结了三江源区岩体冻融风化的过程和特征,分析了岩性、孔隙特征和冻融特征等主控因子对岩体冻融损伤劣化过程的影响。Li 等人[86](2017 年)通过将花岗岩的冻融损伤试验结果应用于露天矿岩体边坡稳定性分析,基于布朗经验准则计算了冻融边坡的安全系数。

1.2.2　热冲击过程中的岩石水热耦合损伤

含水岩石的热冲击问题大多是水热耦合损伤问题,其对岩石的劣化机制、损伤程度及影响因素受到许多学者的关注。

1. 国外研究进展

国外学者多将热冲击循环作为一种重要的岩石风化环境与冻融循环等损伤环境一起进行研究。大量的研究表明,在热冲击作用下,岩石的物理力学特性将发生显著的衰减。Yavuz 等人[87-88](2006 年、2011 年)对经历不同次数冻融或热冲击损伤的碳酸盐岩和安山岩试样进行了物理力学参数测定,并基于试验结果推导出了冻融及热冲击损伤方程。Lam dos Santos 等人[89]（2011 年）选用多种人工及天然石材,研究了高温、热老化、热冲击对其强度、模量等的影响,结果表明热冲击对岩石力学性能影响显著。Najari 和 Selvadurai[90]（2014 年）采用密封腔将花岗岩浸在水环境中并对其外露面进行热冲击处理,研究其水-热-力耦合行为。Demirdag[91]（2013 年）、Sengun 等人[92]（2015 年）对石灰华进行了冻融循环和热冲击循环试验,研究了其物理力学特性随循环次数的变化规律。Ghobadi 和 Babazadeh[93]（2015 年）通过人为设定风化条件测定了冻融、盐、热冲击等对砂岩物理力学特征的影响。Didem Eren Sarıcı[94]（2016 年）对大理石制品分别进行了热老化和热冲击试验,研究其表观状态,结果表明热冲击的劣化效应更为显著。

热冲击作为一种岩体常见的损伤环境,对自然环境或工程中岩石的劣化作用也很明显,甚至会改变地貌。Hall 等人[95-96]（1999 年、2001 年）通过大量的实测数据,分析了寒冷地区热疲劳、热冲击等热应力对岩石的风化效应。McKay 等人[97]（2009 年）对位于阿塔卡马沙漠（位于智利）和南极干谷的岩石温度环境进行了分析,表明该处的温度场对岩石能产生明显的热冲击损伤,风化作用明显。Hall 和 Thorn[4]（2014 年）通过对基岩受热疲劳和热冲击影响的分析,研究了地貌的形成和产状。

2. 国内研究进展

在岩石类脆性材料热损伤相关研究中,国内研究者并未统一使用热冲击的概念,诸多关于岩石高温损伤研究的试验方法即为岩石热冲击损伤。另外,常把由于反复快速冷热循环导致的材料损伤叫作热震损伤,其实质即为热冲击循环损伤。

国内对岩石热冲击损伤的研究多针对核废料处理、破岩技术等工程实际需求开展。李华等人[98-99]（1993 年）针对核废物处置库设计问题研究发现,花岗岩在热冲击环境下成为一个风化的含大量微缺陷的材料,并对其破裂机制进行了分析。邱一平和林卓英[100]（2007 年）同样针对核废料存储问题,基于大量试验数据分析了花岗岩在温度作用下的热震损伤。郤保平等人[101-102]（2010 年、2011 年）在研究岩体钻孔问题时发现机械摩擦及水回流导致的岩石热冲击问题,并通过对高温花岗岩遇水冷却后的力学试验研究及热破裂劣化机制的探讨,发现高温状态花岗岩遇水冷却过程中岩体内产生热破裂或热冲击现象,力学性能劣化。蒋立浩等人[103]（2011 年）通过试验研究了花岗岩在不同温度幅值的高低温冻融循环条件下,单轴抗压强度、弹性模量、峰值变形、应力-应变曲线随循环次数变化的规律,该试验方法实质就是岩石遭受热冲击循环损伤。王朋等人[104]（2013 年）通过研究高温花岗岩在自然冷却和水中快速冷却后的力学性能,表明水中快速冷却产生的热冲击加剧了花岗岩力学性能的劣化。杨顺吉等人[105]（2016 年）建立了非对称冷却条件下井底岩石的温度场的分布模型,研究了岩石受低温热冲击作用的破坏机理。

胡琼等人[106]（2016 年）研究了高温热冲击引起的岩石脆性破坏，并基于此分别讨论了热能-机械能复合破岩的可行性。

此外，近年来陶瓷类材料热冲击和热震损伤问题受到国内学者关注，相关研究对岩石热冲击损伤研究具有启发意义。唐世斌等人[107]（2008 年）、涂建勇等人[108]（2009 年）、苏哲安等人[109]（2012 年）、陈世敏等人[110]（2013 年）、张龙等人[111]（2017 年）、陈枭等人[112]（2017 年）分别对多种陶瓷材料的热震损伤进行了研究，发现快速温度变化会导致陶瓷发生不可逆的损伤。此类关于陶瓷材料热震损伤的研究中，反复的快速冷热循环实际即为热冲击问题，但在试验中均未涉及水的影响。

也有少数国内研究者进行了岩石热冲击过程中的水热耦合损伤分析。刘亚晨[113]（2006 年）分析了核废料贮存库裂隙岩体受温度影响的开裂规律，构造了岩石介质热-液-力耦合过程的力学模型。

1.2.3　损伤岩石的冲击力学行为

工程岩体在从开挖建设到维护使用的全寿命阶段，始终经受着人为扰动、地震动灾害等动力作用。此外，工程岩体均处于或可能经受一定的损伤环境，对损伤岩石冲击力学特性的研究更具有指导意义。国内外学者对岩石动力学特性的研究较为深入系统，但考虑温度、腐蚀、应力等损伤岩石的动力学研究尚处于探索阶段，涉及水热耦合损伤的岩石冲击力学行为研究更少见诸报端。在损伤岩石的冲击力学特性研究方面，国内相关研究走在了世界前列，国外相关研究则较少。

1. 温度损伤岩石的冲击力学行为

温度损伤岩石的动力学问题近年来受到了国内外学者较为广泛的关注。Zhang 等人[114]（2001 年）采用短圆柱体试件研究了不同应变率冲击荷载下高温损伤岩石的断裂韧度。李夕兵、尹土兵等人[115]（2010 — 2013 年）对温度与压力耦合作用下损伤岩石的冲击力学特性进行了相关实验研究。许金余等人[9,115,120-124]（2013 — 2016 年）利用分离式 Hopkinson 压杆装置，对多种经历不同高温损伤的岩样进行不同加载速率下的冲击压缩试验，研究了岩石冲击力学特性与温度等级、加载速率的关系。李明等人[125]（2014 年）对经 800℃高温损伤的砂岩试样进行不同应变率下的冲击压缩试验，对其变形破坏应力-应变曲线及破坏模式进行了研究。Huang 等人[126]（2015 年）对不同等级温度损伤岩石进行了冲击压缩试验，探究了热损伤对不同应变率下岩石动力特性的影响。相关研究表明，温度对岩石的损伤作用具有一定的阈值，超过这一阈值后力学特性劣化明显。

2. 水腐蚀、风化等损伤岩石的冲击力学行为

水-化学腐蚀、自然风化环境等损伤岩石的动力学问题近年来也得到了一部分学者的关注。曹平和汪亦显等人[127-129]（2011 — 2012 年）对水化学腐蚀下的岩石损伤特性及冲击荷载下的损伤演化特征进行了研究。Wang 等人[130]（2013 年）对完整岩样和风化损伤岩样进行了动态三轴试验，对比研究了其摩擦角和黏聚力。杨猛猛和刘永胜等人[131-132]（2014 年、2015 年）采用霍普金森压杆试验系统对不同离子、不同 pH 值溶液养护的岩样进行动态压缩试验，表明化学腐蚀作用下围岩的动态性能下降且化学溶液 pH 值越低影响效果越明显，并基于损伤理论建立了化学腐蚀作用下岩石的动态本构模型。

3. 应力致裂或含初始裂隙损伤岩石的冲击力学行为

应力致裂及含初始节理孔隙等损伤岩石的动力学问题近年来也得到了一定研究。祝文化等人[133]（2006 年）对采自爆破影响区内的损伤灰岩进行了高应变率动态压缩试验，并和完整灰岩的动态压缩力学特性进行了对比，研究表明完整岩石的极限动态破坏压应力高于损伤岩石约 30％。Yin 等人[134]（2012 年）采用预制裂缝的半圆柱体试件研究了高温损伤岩石的动态冲击破碎韧度。李地元等人[135]（2015 年）利用预制孔洞岩样研究了含初始损伤岩石的冲击力学特性，发现孔洞大小、形状和空间位置对岩石的动态抗压强度都有一定影响，孔洞的存在降低了大理岩试样的动态抗压强度。邓正定等人[136]（2015 年）基于运用霍普金森压杆装置对节理岩体动载试验得出的数据，从节理面倾角、贯通度、厚度、组数、填充物及应变率等不同方面分析各因素对含初始节理损伤岩体力学特性的影响，构造了节理岩体材料在不同应变率下动态响应的本构模型。

4. 冻融、热冲击损伤岩石的冲击力学行为

冻融及热冲击等水热耦合损伤岩石动态力学特性的相关研究目前为止还较少。Kodama 等人[33]（2015 年）在研究含水量、温度、应变率等因素对冻结岩石强度及破坏特性影响时涉及了冻结岩石的动力学问题。Zhou 等人[137]（2015 年）采用 SHPB 系统对冻融损伤岩石进行了冲击压缩试验，得出岩石动态强度和弹性模量随冻融循环次数增加而降低的结论。王鹏等人[138-140]（2016 — 2017 年）采用 SHPB 系统对经受不同次数冻融循环或热冲击循环损伤的红砂岩岩样进行了不同应变率条件下的冲击加载试验。

1.3　相关研究问题的提出

根据文献搜索结果，可以发现国内外研究学者针对岩石冻融损伤问题、热冲击损伤问题、损伤岩石的冲击动力学问题均进行了一定的理论、试验研究及数值分析，取得了不少成果。但通过分析，依然发现在水热耦合损伤岩石的冲击动力学行为研究方面存在下述不足之处。

(1)与岩石的冻融循环损伤相比,岩石热冲击循环损伤的相关研究较少。岩石在热冲击循环过程中的物理力学特性衰减规律还需要更充分的论证。特别是国内,岩石热冲击损伤的相关研究非常不充分。

(2)冻融及热冲击过程中岩石的水热耦合损伤机理有待深入分析。现有研究大多简单地将岩石冻融损伤机制归结为水的冻结作用,实际上该过程中的水岩相互作用、温度变化导致的热应力等会与水的冻结一同产生耦合效应。在有关岩石热冲击损伤的文献中,多将热冲击损伤机制归结为温度变化引起的热应力,很少有文献关注热冲击循环过程中水的作用。

(3)有关应变率对水热耦合损伤岩石力学特性影响的研究很少,其中热冲击损伤岩石的动力学研究尤其缺乏,国内外相关研究尚处于探索阶段。不同应变率冲击荷载与水热耦合损伤对岩石变形行为、承载能力、能量特征、损伤演化等的耦合效应亟待研究。与此同时,现有的岩石在长期冻融或热冲击过程中的力学指标衰减模型在应用于冲击荷载作用时,需要考虑应变率影响重新构建。

(4)采用电镜扫描技术对岩石水热耦合损伤和损伤岩石冲击破坏的微细观机制进行深入分析的研究尚不够充分,特别是关于岩石热冲击损伤微观机制的研究鲜有报道。能够将电镜扫描结果进行量化分析并应用于岩石水热耦合损伤和应变率效应机理分析的相关研究十分缺乏。

1.4　本书的主要内容

温度和水是地下工程岩石重要的赋存环境,在工程设计建设和使用过程中又必须考虑爆破、机械等冲击毁伤效应。进行水热耦合损伤岩石的冲击力学行为研究具有显著的工程价值。本书即瞄准岩石工程中常见的岩石水热耦合损伤和动力灾害问题展开研究。

针对现有研究中的不足,本书以横断山区地下工程中常见的红砂岩为研究对象,依托 $\Phi100$ mm SHPB 系统、冻融循环及热冲击循环试验系统、超声检测仪、电镜扫描仪等设备,开展水热耦合损伤岩石的冲击动力学特性试验和理论研究,旨在为岩石工程亟须解决的水热耦合损伤和动力灾害问题提供有益支持。

本书主要研究内容有以下几方面:

(1)进行饱水红砂岩不同次数的冻融循环和热冲击循环损伤试验;研究饱水红砂岩经冻融循环及热冲击循环作用后的物理和水理特性,分析红砂岩质量、体积、密度、总孔隙率、有效孔隙率等指标随冻融循环次数、热冲击循环次数等的变化规律;对经受不同次数冻融和热冲击循环作用后的红砂岩进行超声检测,分析其超声时域(纵波波速、接收波首波波幅)和频域(接收波频谱形心频率、频谱峰度)的变化规律。

（2）依托电液伺服控制试验机、$\Phi100$ mm SHPB 系统，进行水热耦合损伤红砂岩的准静态压缩、劈拉、变角剪切试验及不同应变率条件下的压缩、劈拉试验，获取经冻融循环及热冲击循环作用后红砂岩试样受准静态及冲击荷载变形破坏的应力-应变数据，分析其在不同水热耦合损伤条件下的力学行为，研究冻融循环次数、热冲击循环次数、应变率等对其力学行为的影响。

（3）分析应变率和冻融、热冲击循环次数对红砂岩动态力学特性的耦合影响。构建红砂岩力学特性指标随冻融、热冲击循环次数的衰减模型；考虑应变率效应对模型参数进行修正，根据冲击力学试验结果得到模型参数关于应变率的方程，最终获得考虑应变率的岩石冻融、热冲击循环损伤衰减模型。

（4）基于不同应变率条件下红砂岩试样变形破坏的应力-应变曲线，分析其变形破坏过程中能量吸收、耗散及弹性能释放的规律。根据不同损伤条件下红砂岩变形破坏全过程所需的总输入应变能定义了水热耦合损伤，根据变形破坏过程中耗散能的演化定义了荷载（力）损伤；考虑水热耦合损伤和荷载损伤的耦合作用，分析水热耦合损伤红砂岩受载破坏过程中的损伤演化机制。

（5）采用电镜扫描技术观测不同冻融和热冲击循环作用后红砂岩试样的表面细观形态，采用 Image－Pro Plus(IPP)软件提取岩样表面的孔隙特征参数，分析冻融和热冲击循环过程中红砂岩的水热耦合损伤细观机制；观测水热耦合损伤红砂岩试样在不同应变率荷载作用下破坏断口的细观形貌，对断口孔隙进行量化分析，研究水热耦合损伤红砂岩破坏的应变率效应细观机制。

第2章
岩石水热耦合损伤试验

2.1 引 言

水和温度是自然环境中岩石的重要赋存环境,也是军事防护工程和民用工程岩体稳定性的重要影响因素。工程岩石环境温度常会由于气候变化、炸药爆破、地热、核放射、武器打击等作用发生改变,其变化范围常涵盖岩石中水的相变温度,甚至引起水的反复相变,比如冻融循环和反复的汽化。当温度变化速率很快时,会引起材料更严重的毁伤,即热冲击[4]。我们把这种温度和水对材料的耦合作用称为水热耦合损伤,冻融循环和热冲击循环均是典型的水热耦合损伤形式。

为对岩石的水热耦合损伤展开研究,本章以红砂岩为研究对象,设计冻融循环试验和热冲击循环试验,分析经受不同损伤后红砂岩的表面形貌,对经受不同损伤后的红砂岩试样进行物理、水理和超声参数检测。

2.2 岩石室内水热耦合损伤试验准备

2.2.1 红砂岩试样制备

沉积岩广泛分布在地球的表层,是人类矿产开采、水文和工程地质活动的主要场所;同时,沉积岩受地球表面水热环境影响明显。研究沉积岩水热耦合损伤作用对发展地质科学理论、资源能源开发、地下空间建设、防护工程设计意义显著。本书主要研究对象 —— 红砂岩,即为一种典型的沉积岩。

本书所指红砂岩采自横断山脉某地下国防工程。岩样表面呈红色,没有明显裂隙及节理发育。经国土资源部西安矿产资源监督检测中心 X 射线衍射物相分析[142],获得其 XRD 衍射图谱如图 2.1 所示,矿物组成如表 2.1 所示。

表 2.1 红砂岩矿物组成(检测环境:温度为 20℃,湿度为 40%)

矿物	石英	斜长石	钾长石	方解石	伊利石、绿泥石、赤铁矿等
含量/(%)	81	10	3	3	少量

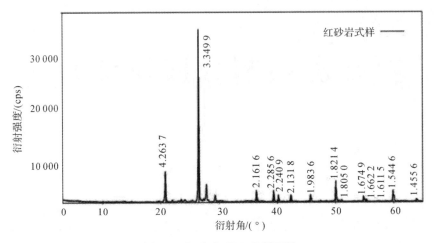

图 2.1   红砂岩 XRD 衍射图谱

根据力学试验需要,红砂岩试样被加工为 5 种规格:Φ50 mm × 100 mm 的圆柱体试样(静态压缩试验);Φ50 mm × 25 mm 的圆盘试样(静态劈裂拉伸试验);70 mm × 70 mm × 70 mm 的立方体试样(变角剪切试验);Φ96 mm × 48 mm 的圆柱体试样(动态压缩试验);Φ96 mm × 30 mm,圆心角为 20°的平台巴西圆盘试样(动态劈裂拉伸试验)。其中,圆柱体和圆盘试样经钻芯、切割、端面磨平等工序制得;平台巴西圆盘试样经钻芯、切割、端面磨平、平台加工等工序制得;立方体试样经切割、磨平等工序制得。加工精度满足《GB/T 50266 — 2013 工程岩体试验方法标准》[143]和国际岩石力学学会(ISRM)相关建议方法[144-145]的要求。试样加工所使用的主要设备如图 2.2 所示。

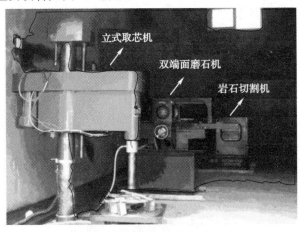

图 2.2   试样加工设备

　　岩石是一种天然材料,受生成条件及赋存环境影响,内部存在着各种天然缺陷,是一种非均质的多相复合结构。为尽量排除试样非均匀性对试验结果的影响,试验前根据外观形貌和密度检测结果进行筛选,剔除外观缺陷、形貌和密度差异大的试样,并对留用试样进行编号分组。分组及组别代码如表 2.2 所示。

表 2.2　红砂岩试验分组及试样组别代码

损伤类别	力学试验组	组别代码	损伤类别	力学试验组	组别代码
自然试样 （N）	静压组	N – SC	吸水试样 （A）	静压组	A – SC
	静拉组	N – ST		静拉组	A – ST
	静剪组	N – SS		静剪组	A – SS
	动压组	N – DC		动压组	A – DC
	动拉组	N – DT		动拉组	A – DT
干燥试样 （D）	静压组	D – SC	饱水试样 （S）	静压组	S – SC
	静拉组	D – ST		静拉组	S – ST
	静剪组	D – SS		静剪组	S – SS
	动压组	D – DC		动压组	S – DC
	动拉组	D – DT		动拉组	S – DT
饱水试样经不同次数热冲击循环作用后再进行干燥处理	热冲击 10 次 （10 TS）	静压组 H10 – SC 静拉组 H10 – ST 静剪组 H10 – SS 动压组 H10 – DC 动拉组 H10 – DT	饱水试样经不同次数冻融循环作用后持续浸没于水中	冻融 5 次 （5 F – T）	静压组 F5 – SC 静拉组 F5 – ST 静剪组 F5 – SS 动压组 F5 – DC 动拉组 F5 – DT
	热冲击 20 次 （20 TS）	静压组 H20 – SC 静拉组 H20 – ST 静剪组 H20 – SS 动压组 H20 – DC 动拉组 H20 – DT		冻融 10 次 （10 F – T）	静压组 F10 – SC 静拉组 F10 – ST 静剪组 F10 – SS 动压组 F10 – DC 动拉组 F10 – DT
	热冲击 30 次 （30 TS）	静压组 H30 – SC 静拉组 H30 – ST 静剪组 H30 – SS 动压组 H30 – DC 动拉组 H30 – DT		冻融 15 次 （15 F – T）	静压组 F15 – SC 静拉组 F15 – ST 静剪组 F15 – SS 动压组 F15 – DC 动拉组 F15 – DT
	热冲击 40 次 （40 TS）	静压组 H40 – SC 静拉组 H40 – ST 静剪组 H40 – SS 动压组 H40 – DC 动拉组 H40 – DT		冻融 25 次 （25 F – T）	静压组 F25 – SC 静拉组 F25 – ST 静剪组 F25 – SS 动压组 F25 – DC 动拉组 F25 – DT

2.2.2　试样饱水

考虑到工程岩石与水环境的密切相关性和岩石水热耦合损伤过程中水的显著影响,本书在进行冻融和热冲击试验前,对红砂岩试样通过沸煮法进行饱水。试样吸水依据《工程岩体试验方法标准》[143]进行。不同含水率试样制备过程如下:

(1)自然试样:不做处理;

(2)干燥试样:将自然试样置于干燥箱,于107.5℃烘干48 h至质量变化符合标准要求,自然冷却至室温;

(3)吸水试样:室温条件下,分四次加水,每次加水深度为试样高度的1/4并间隔2 h,经6 h将干燥试样完全浸没于水中,静置48 h;

(4)饱水试样:采用沸煮法,对吸水试样煮沸6 h,煮沸过程中保持试样浸没在水中,煮沸停止后试样在水中静置冷却至室温。

2.2.3　密度及吸水性能检测

为获取红砂岩的主要物理水理参数,分析其密度和孔隙特征,对不同含水状态下的红砂岩试样进行质量与体积测试。

采用量积法计算红砂岩不同含水状态下的密度,即

$$\rho_i = \frac{M_i}{V_i} \tag{2.1}$$

式中,M,V,ρ 分别指红砂岩试样的质量、体积和密度;下标 i 取 nat,dry,wet,sat,分别指红砂岩试样自然、干燥、吸水和饱水状态。

根据红砂岩试样内水的质量与干燥质量的比值,可得到不同吸水状态下红砂岩试样的含水率,进而计算得到其饱和度,即

$$w_i = \frac{M_i - M_{\mathrm{dry}}}{M_{\mathrm{dry}}} \times 100\% \tag{2.2}$$

$$S_i = \frac{w_i}{w_{\mathrm{sat}}} \tag{2.3}$$

式中,w,S 分别指红砂岩试样的含水率和饱和度;下标 i 取法与式(2.1)相同。

孔隙率和孔隙特征(连通性等)对岩石吸水性、变形能力和承载能力等有较大影响,进而显著影响岩石的耐候性(耐风化能力)。采用浮力法[146],可通过称量红砂岩试样质量计算其孔隙率,即

$$\varphi_{\mathrm{eff}} = \frac{M_{\mathrm{wet}} - M_{\mathrm{dry}}}{M_{\mathrm{sat}} - M_{\mathrm{w}}} \times 100\% \tag{2.4}$$

$$\varphi_{\mathrm{tot}} = \frac{M_{\mathrm{sat}} - M_{\mathrm{dry}}}{M_{\mathrm{sat}} - M_{\mathrm{w}}} \times 100\% \tag{2.5}$$

式中，φ_{eff} 为有效孔隙率，描述的是试样开型孔隙体积占试样体积的比值，也称为开型孔隙率；φ_{tot} 为总孔隙率，描述的是试样总孔隙体积占试样体积的比值；M_{dry}，M_{wet}，M_{sat} 分别为红砂岩干燥、自由吸水、饱水试样在空气中称量的质量；M_w 是在水中称量的红砂岩饱水试样的质量。

为分析规律，对同一含水状态红砂岩试样所测量或计算得到的质量、体积、密度、含水率和饱和度取均值如表 2.3 所示。由表 2.3 可知，由于含水量的不同，红砂岩质量、密度变化较大。除此之外，试样体积在干燥和吸水的过程中也发生了微小的变化。

表 2.3　红砂岩试样不同含水状态下物理水理参数

试样组别及规格 mm	含水状态	质量 g	体积 cm³	密度 g/cm³	含水率 %	饱和度
静压，圆柱体 Φ50×100	干燥	424.23	192.61	2.21	0.00	0.00
	自然	437.69	193.68	2.26	3.17	0.42
	吸水	446.17	191.95	2.33	5.27	0.70
	饱水	456.19	191.06	2.39	7.49	1.00
静拉，圆盘 Φ50×25	干燥	107.42	48.60	2.21	0.00	0.00
	自然	110.68	48.97	2.26	3.09	0.42
	吸水	112.68	48.28	2.33	5.33	0.72
	饱水	114.44	47.86	2.39	7.40	1.00
剪切，立方体 70×70×70	干燥	781.77	353.25	2.21	0.00	0.00
	自然	801.92	354.74	2.26	3.19	0.43
	吸水	821.31	352.08	2.33	5.28	0.71
	饱水	837.33	350.19	2.39	7.48	1.00
动压，圆柱体 Φ96×48	干燥	754.47	341.86	2.21	0.00	0.00
	自然	778.33	344.04	2.26	3.16	0.43
	吸水	794.47	340.39	2.33	5.30	0.71
	饱水	810.41	339.15	2.39	7.42	1.00
动拉，平台巴西圆盘 Φ96×30 平台中心角20°	干燥	487.34	220.51	2.21	0.00	0.00
	自然	501.67	221.63	2.26	3.08	0.42
	吸水	510.07	219.38	2.33	5.32	0.72
	饱水	520.75	217.92	2.39	7.43	1.00

不同组别红砂岩试样孔隙率均值如表 2.4 所示，可见，不同组别红砂岩试样间

存在一定的尺寸效应,孔隙率略有差别。本书所研究红砂岩总孔隙率接近 16%,孔隙率较大;有效孔隙率超过 11%,孔隙连通性较好。可以预见该岩样耐候性较差,在水热耦合作用环境中将遭受较大损伤。

表 2.4　红砂岩试样孔隙率参数

红砂岩试样组别	静压	静拉	剪切	动压	动拉
有效孔隙率/(%)	11.02	11.14	11.14	11.12	11.04
总孔隙率/(%)	15.9	15.76	15.86	15.77	15.87

2.3　红砂岩冻融循环、热冲击循环试验

本书分别采用人工快速冻融和快速加热-浸水冷却方法,以在实验室模拟岩石的冻融循环和热冲击循环损伤。

2.3.1　冻融循环试验

冻融循环试验采用自动冻融循环试验箱进行,如图 2.3(a)所示。

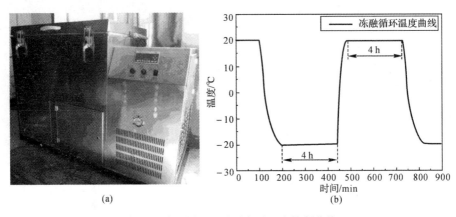

(a)　　　　　　　　　　(b)

图 2.3　冻融循环试验设备及温度控制曲线

(a)自动冻融循环试验箱;　(b)温度控制曲线

冻融循环试验过程参照《工程岩体试验方法标准》[143]进行,温度区间设定为 $-20 \sim 20\ ℃$,冻融循环主要过程及温度-时间参数如下:

(1)降温冻结:冻融箱试验舱温度由 20 ℃逐渐降低并稳定于 $-20\ ℃$,降温过程约为 100 min;

(2)恒温冷冻:冻融箱试验舱内保持 $-20\ ℃$恒温 4 h;

(3)加热融化:冻融箱自动向试验舱内注入略高于 20 ℃的温水以加热冻结试

样,试验舱内温度逐渐稳定在 20℃,升温过程约为 50 min;

(4)恒温水浴:冻融箱内保持 20℃恒温,试样浸没于 20℃温水中水浴 4 h;

(5)冻融箱试验舱内温水排出,进入下一个循环周期直到预设冻融循环次数。

本书共设定四组冻融损伤试样,分别进行 5 次、10 次、15 次、25 次冻融循环。由于牛顿冷却(加热)定律适用于该冻融循环过程,因此,每一个冻融循环周期将基本遵循相同的温度变化规律[147]。经温度传感器测量温度变化如图 2.3(b)所示。为保证红砂岩试样所含水分不受损失,除短暂的物理水理参数测试时间外,冻融循环后红砂岩试样继续浸没于水中(20℃),直至进行力学试验。

循环冻融对红砂岩损伤作用显著,随着冻融次数的增加,红砂岩试样逐渐出现表面脱粒、边缘崩落、径向裂纹、纵向裂纹、横向裂纹、"┑"形裂纹、"T"形裂纹、放射状裂纹、孔洞等损伤形态,如图 2.4~图 2.8 所示。

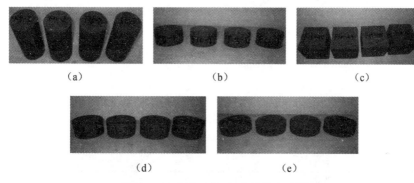

图 2.4 冻融试验前,红砂岩饱水试样

(a)静态压缩试样;(b)静态劈拉试样;(c)静态剪切试样;

(d)动态压缩试样;(e)动态劈拉试样

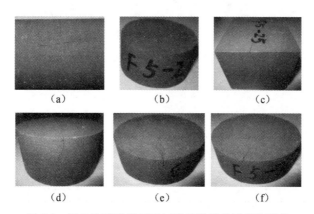

图 2.5 经 5 次冻融循环后红砂岩试样典型损伤形态

(a)静压试样侧面纵向裂纹;(b)静拉试样表面脱粒粗糙;(c)剪切试样棱处"┑"形裂纹;

(d)动压试样边缘"┑"形裂纹;(e)动拉试样边缘的"┑"形裂纹;(f)动拉试样沿边裂纹

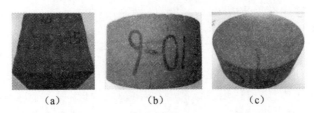

(a)   (b)   (c)

图 2.6   经 10 次冻融循环后红砂岩试样典型损伤形态

(a)表面脱粒严重局部下凹;(b)侧面冻胀点放射性裂纹;(c)边缘处"┐"形裂纹加深

(a)   (b)   (c)   (d)

图 2.7   经 15 次冻融循环后红砂岩试样典型损伤形态

(a)静压试样侧面出现纵向和横向裂纹;(b)表面脱粒下凹范围扩大;

(c)两侧缘处"┐"形裂纹贯通,脱粒下凹变深;(d)侧面出现"T"形裂纹

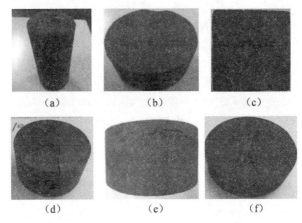

(a)   (b)   (c)

(d)   (e)   (f)

图 2.8   经 25 次冻融循环后红砂岩试样典型损伤形态

(a)静压试样端面脱粒严重;(b)静拉试样表面脱粒严重,边缘剥落;(c)剪切试样表面脱粒下凹范
围扩大,出现深裂隙;(d)动压试样脱粒加重,侧面放射裂纹增长,中间孔隙变深;(e)动压试样
侧面出现横向长裂隙,无裂隙处脱粒加重;(f)动拉试样表面脱粒下凹范围扩大,出现多道"┐"形裂纹

  由不同次数冻融循环作用后红砂岩试样表观形态的变化可以发现,冻融循环
对红砂岩试样的损伤作用具有一定的规律性。

  首先,试样形态和尺寸对损伤程度具有显著作用。静拉试样(Φ50 mm$\times$
25 mm)与动压试样(Φ96 mm$\times$48 mm)同为圆柱体试样且高径比均为 2：1,动压试样尺寸较大,损伤更为显著,静拉试样宏观裂隙发育相对不显著;同为圆柱体试样,静压试样($\Phi50$ mm×100 mm)与动压试样($\Phi96$ mm×48 mm)长径比不同,裂隙形貌差别较大,静压试样集中于侧面,动压试样先于边缘处产生裂隙;剪切试样(70 mm×70 mm×70 mm)为立方体试样,裂隙发育形态与圆柱体试样也有所不同。

其次,受冻融循环作用,红砂岩试样裂隙发育位置具有规律性。圆柱体试样裂隙倾向垂直于顶面与侧面边缘发育,立方体试样倾向垂直于棱发育;随着冻融循环次数的增加,动拉试样(高径比最小)会在上述裂隙顶端近乎垂直的方向发育新的裂隙,形成"T"形裂纹;动压试样(高径比居中)沿上、下两边缘的"⌐"形裂纹会逐渐连通,裂纹宽度增大;静压试样(高径比最大)更容易在侧面鼓裂,形成横向或纵向裂纹。

第三,受冻融循环作用,红砂岩试样表面颗粒脱落部位均集中于较大面中间部位或试样端部。脱粒集中部位随着冻融循环次数增加范围不断扩大,中心处凹陷程度不断加深,动压试样侧面还形成了以颗粒脱落点为中心的放射状裂隙。

2.3.2 冻融损伤红砂岩密度及孔隙率检测

采用2.2.3节所述方法,对冻融损伤试样进行密度及孔隙率检测。其中,密度检测为无损检测;孔隙率测试需要对经冻融损伤后试样进行干燥及饱水处理,所用试样数量在冻融试验前已预设,经冻融后每组随机抽取3块进行孔隙率测试。检测结果如表2.5和表2.6所示。

表2.5 经不同次数冻融循环作用前、作用后红砂岩试样质量、体积及密度对比

试样组别	循环次数	饱水质量/g		体积/cm³		密度/(g·cm⁻³)	
		冻融前	冻融后	冻融前	冻融后	冻融前	冻融后
静压试样	0	455.8		191.0		2.39	
	5	456.2	454.7	191.3	194.2	2.39	2.35
	10	457.0	454.6	190.2	194.3	2.39	2.33
	15	456.1	451.4	190.1	195.8	2.39	2.30
	25	455.6	447.7	189.8	197.0	2.39	2.27
静拉试样	0	114.3		47.8		2.39	
	5	114.5	114.1	48.1	48.9	2.39	2.35
	10	114.7	114.0	48.1	49.1	2.39	2.33
	15	114.4	113.2	47.4	48.9	2.39	2.30
	25	113.7	111.7	47.7	49.5	2.39	2.26

续表

试样组别	循环次数	饱水质量/g		体积/cm³		密度/(g·cm⁻³)	
		冻融前	冻融后	冻融前	冻融后	冻融前	冻融后
剪切试样	0	837.3		350.2		2.39	
	5	839.3	836.4	352.0	357.2	2.39	2.35
	10	838.4	833.8	350.5	357.6	2.39	2.33
	15	835.2	826.6	351.2	362.2	2.39	2.29
	25	835.6	821.0	349.1	362.2	2.39	2.27
动压试样	0	810.4		339.2		2.39	
	5	810.8	808.1	340.2	345.1	2.38	2.34
	10	812.5	808.2	340.5	347.7	2.39	2.32
	15	809.4	800.6	339.3	349.5	2.39	2.29
	25	812.9	799.3	340.6	353.3	2.39	2.26
动拉试样	0	520.7		217.2		2.39	
	5	521.7	519.9	218.5	221.6	2.39	2.35
	10	521.2	518.4	215.6	220.0	2.40	2.34
	15	520.1	514.6	219.0	225.7	2.38	2.29
	25	520.8	512.1	217.0	225.2	2.39	2.26

表 2.6 经不同次数冻融循环作用前、作用后红砂岩试样孔隙率对比

试样组别	循环次数	有效孔隙率/(%)		总孔隙率/(%)	
		冻融前	冻融后	冻融前	冻融后
静压试样	0	11.0		15.9	
	5	11.3	13.6	16.1	17.8
	10	10.8	13.7	16.2	18.2
	15	10.9	14.7	15.9	18.8
	25	11.1	15.9	15.8	20.4
静拉试样	0	11.1		15.8	
	5	10.8	13.1	15.7	17.5
	10	11.0	14.0	15.6	17.7
	15	10.9	14.7	16.1	19.2
	25	11.2	16.3	15.6	20.2

续表

试样组别	循环次数	有效孔隙率/(%)		总孔隙率/(%)	
		冻融前	冻融后	冻融前	冻融后
剪切试样	0	11.1		15.9	
	5	11.3	13.8	16.1	17.9
	10	10.9	13.7	16.0	18.1
	15	10.6	14.2	15.5	18.5
	25	11.6	17.1	16.1	21.0
动压试样	0	11.1		15.8	
	5	11.3	13.8	15.6	17.3
	10	10.9	13.8	15.7	17.7
	15	11.2	15.0	16.1	19.2
	25	10.8	15.8	15.8	20.5
动拉试样	0	11.0		15.9	
	5	10.6	13.0	15.6	17.3
	10	10.7	13.5	15.7	17.7
	15	10.3	13.8	15.3	18.2
	25	10.9	15.8	15.6	20.2

分析表 2.5、表 2.6 发现,不同组别红砂岩试样(形状尺寸不同)物理水理参数随冻融循环次数的变化有所不同但差别不大,整体规律相似。为直观表现冻融作用对红砂岩物理水理参数的影响程度,以冻融前相关参数为基准计算经不同次数冻融循环作用后该参数的相对变化量,以百分数表示并绘制直方图,如图 2.9 所示(以静压试样和动压试样为例)。

由图 2.9 看出,红砂岩质量随冻融次数增加而降低,这主要是由于试样表面矿物颗粒的脱落引起的;由于裂隙发育等原因,试样经冻融作用后所测得的块体体积有所增大;由此,随冻融次数的增加,红砂岩密度减小,25 次循环作用后尤为明显。与此对比,冻融循环对孔隙率影响更为显著,红砂岩有效孔隙率及总孔隙率均随冻融次数的增加而大幅增长,其中有效孔隙率增幅更大,说明冻融循环不仅导致红砂岩孔隙数量增加,而且大大增加了孔隙的连通性和开放性。

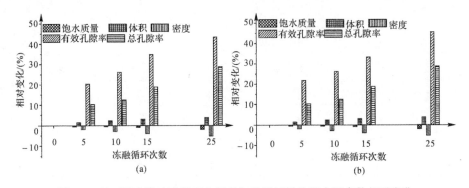

图 2.9　经不同次数冻融循环作用后红砂岩试样物理水理参数相对变化

(a)静压试样；　(b)动压试样

2.3.3　热冲击循环试验

热冲击循环试验采用程控式电热箱(见图 2.10(a))、大容量水槽等设备进行，温度区间设定为 20～200℃，其主要过程及温度-时间参数如下。

(1)加热升温：程控式电热箱试验舱温度按设定升温速率由 20℃ 逐渐升高并稳定于 200℃，加热升温过程约为 120 min，平均升温速率为 1.5℃/min；

(2)恒温：电热箱试验舱内保持 200℃ 恒温 4 h；

(3)水中冷却：将 200℃ 试样迅速从电热箱取出，立即浸没于大容量水槽中，待其冷却至 20℃，经实测该降温过程约为 80 min，平均降温速率为 2.25℃/min；

(4)恒温水浴：保持红砂岩试样浸没于大容量水槽中水浴 6 h；

(5)将红砂岩试样从水槽中取出，擦干表面水分，重新置于电热箱试验舱，按既定加热程序进入下一个循环周期直到预设热冲击循环次数。

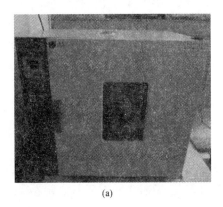

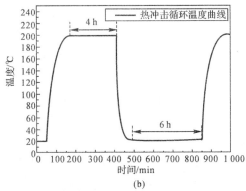

图 2.10　热冲击循环试验设备及温度控制曲线

(a)程控式电热箱；　(b)温度控制曲线

　　研究学者普遍认为,温度变化超过 1℃/min 将引起岩石材料发生热冲击损伤[148-151]。本书热冲击循环试验中,平均升温及降温速率分别为 1.5℃/min 和 2.25℃/min,考虑到温度变化在升温及降温阶段前期会大大快于平均速率(见图 2.10(b)),因此,在该热冲击循环试验中,红砂岩将经受严重的热冲击损伤。

　　本试验 4 组热冲击试样分别进行 10 次、20 次、30 次、40 次热冲击循环。根据牛顿冷却(加热)定律,每一个热冲击循环周期基本遵循相同的温度变化规律[147],如图 2.10(b)所示。因经受不同次数热冲击循环后红砂岩含水率不同,为避免其对力学性能分析的干扰,热冲击循环后将红砂岩试样统一进行干燥处理。

　　循环热冲击对红砂岩损伤作用明显,随着热冲击次数的增加,红砂岩逐渐出现试样边缘脱粒崩落、"┐"形裂纹、横向裂纹等症状,如图 2.11～图 2.15 所示。

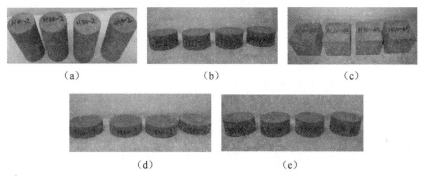

(a)　　　　　　　　(b)　　　　　　　　(c)

(d)　　　　　　　　(e)

图 2.11　热冲击试验前,红砂岩干燥试样

(a)静态压缩试样;(b)静态劈拉试样;(c)静态剪切试样;

(d)动态压缩试样;(e)动态劈拉试样

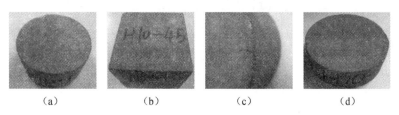

(a)　　　　　　(b)　　　　　　(c)　　　　　　(d)

图 2.12　经 10 次热冲击循环后红砂岩试样典型损伤形态

(a)静拉试样表面脱粒粗糙;(b)剪切试样棱角处脱粒;

(c)动压试样边缘"┐"形裂纹;(d)动拉试样边缘脱粒

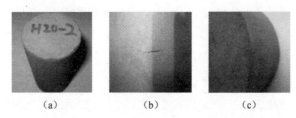

(a)   (b)   (c)

图 2.13   经 20 次热冲击循环后红砂岩试样典型损伤形态

(a)静压试样边缘出现明显剥落;(b)剪切试样棱角处"┐"形裂纹;

(c)动压试样边缘处"┐"形裂纹延长加深

(a)   (b)   (c)   (d)   (e)

图 2.14   经 30 次热冲击循环后红砂岩试样典型损伤形态

(a)静拉试样侧面出现斜裂纹;(b)剪切试样"┐"形裂纹明显延长,有贯通表面趋势;

(c)动压试样两侧边缘处"┐"形裂纹有贯通趋势;(d)顶面出现多条径向裂纹;

(e)侧面出现多条横向裂纹

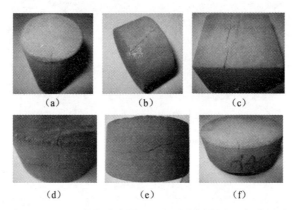

(a)   (b)   (c)

(d)   (e)   (f)

图2.15   经 40 次热冲击循环后红砂岩试样典型损伤形态

(a)静压试样出现"┐"形裂纹;(b)静拉试样出现"┐"形裂隙;(c)剪切试样相对两棱处

"┐"形裂隙贯通表面;(d)动压试样脱粒加重,侧面横向裂纹增长,与"┐"形裂纹连接;

(e)动压试样侧面出现横向长裂隙,边缘脱粒加重;(f)动拉试样边角脱粒明显,出现"┐"形裂纹

    经热冲击循环损伤后,红砂岩试样表现出与冻融循环损伤相类似的水热耦合损伤裂隙发育特征。其中,试样边缘处的"┐"形裂纹、试样侧面的横向裂纹最为典型。除此之外,热冲击循环试样表观损伤形貌也出现一些与冻融循环损伤不同的特征。首先,矿物颗粒脱落特征不同,热冲击损伤导致的矿物颗粒脱落主要表现为

试样边角部位的崩落;其次,裂隙发育特征有所不同,热冲击损伤试样没有出现冻融损伤试样中典型的放射状裂纹。

2.3.4　热冲击损伤红砂岩密度及孔隙率检测

采用 2.2.3 节所述方法,对热冲击损伤试样进行密度及孔隙率检测。其中,密度检测为无损检测;孔隙率测试需要对经热冲击损伤后试样进行吸水处理,所用试样数量在热冲击试验前已预设,经热冲击循环试验后每组随机抽取三块进行孔隙率测试。检测结果如表 2.7 和表 2.8 所示。

表 2.7　经不同次数热冲击循环作用前、作用后红砂岩试样质量、体积及密度对比

试样组别	循环次数	干燥质量/g		体积/cm³		密度/(g·cm⁻³)	
		热冲击前	热冲击后	热冲击前	热冲击后	热冲击前	热冲击后
静压试样	0	424.8		192.9		2.21	
	10	423.2	421.5	192.0	193.7	2.20	2.17
	20	425.3	422.2	191.7	194.7	2.21	2.16
	30	424.3	420.1	192.5	196.5	2.20	2.15
	40	423.9	419.2	192.2	196.4	2.21	2.14
静拉试样	0	107.5		48.5		2.21	
	10	107.2	106.8	48.2	48.7	2.21	2.18
	20	107.2	106.4	48.3	49.1	2.21	2.16
	30	107.9	106.9	48.5	49.5	2.22	2.15
	40	108.2	107.0	48.9	50.0	2.21	2.14
剪切试样	0	782.1		353.0		2.21	
	10	782.7	779.3	353.8	356.9	2.22	2.19
	20	781.4	775.9	352.7	358.2	2.22	2.17
	30	781.3	773.6	353.0	360.2	2.21	2.15
	40	782.0	773.4	353.1	361.1	2.21	2.14
动压试样	0	754.8		341.3		2.21	
	10	752.9	749.7	340.2	343.3	2.21	2.18
	20	754.1	748.4	341.3	346.7	2.21	2.16
	30	754.4	747.1	343.3	350.2	2.20	2.14
	40	755.1	746.8	342.0	349.8	2.21	2.14
动拉试样	0	487.3		220.0		2.21	
	10	486.8	484.6	221.1	223.2	2.21	2.18
	20	488.9	485.3	219.1	222.6	2.20	2.15
	30	489.7	484.9	221.4	226.0	2.21	2.15
	40	487.2	481.9	219.4	224.3	2.21	2.14

表 2.8　经不同次数热冲击循环作用前、作用后红砂岩试样孔隙率对比

试样组别	循环次数	有效孔隙率/(%)		总孔隙率/(%)	
		热冲击前	热冲击后	热冲击前	热冲击后
静压试样	0	11.0		15.9	
	10	11.4	12.4	16.2	17.1
	20	11.1	12.6	15.9	17.5
	30	10.9	12.9	16.0	18.1
	40	11.1	13.6	15.9	18.3
静拉试样	0	11.1		15.8	
	10	10.7	11.7	15.9	16.8
	20	11.5	13.1	15.7	17.2
	30	11.3	13.5	15.7	17.7
	40	11.0	13.6	15.8	18.2
剪切试样	0	11.1		15.9	
	10	11.1	12.2	16.0	17.0
	20	11.0	12.5	15.7	17.2
	30	10.9	12.9	15.9	17.9
	40	11.0	13.6	16.1	18.6
动压试样	0	11.1		15.8	
	10	11.1	12.1	15.8	16.7
	20	10.9	12.5	15.8	17.3
	30	10.7	12.7	16.0	18.0
	40	11.1	13.4	16.1	18.4
动拉试样	0	11.0		15.9	
	10	10.9	11.9	15.5	16.4
	20	10.8	12.3	15.7	17.2
	30	10.7	12.7	15.7	17.6
	40	10.9	13.2	16.0	18.4

　　分析表 2.7、表 2.8 发现,红砂岩热冲击循环损伤所致物理水理参数变化幅度较冻融循环损伤小,但随循环次数的整体变化规律相近。为直观表现热冲击作用

对红砂岩物理水理参数的影响程度,以热冲击前相关参数为基准,计算该参数经不同次数热冲击循环作用后的相对变化量,以百分数表示并绘制直方图,如图 2.16 所示(以静压试样和动压试样为例)。

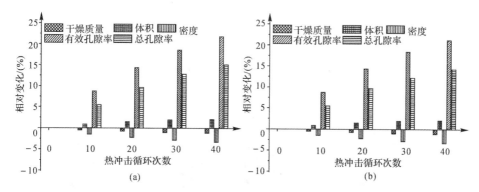

图 2.16　经不同次数热冲击循环作用后红砂岩试样物理水理参数相对变化
(a)静压试样;(b)动压试样

如图 2.16 所示,随着热冲击循环次数增加,红砂岩密度小幅减小,有效孔隙率及总孔隙率均大幅增加,其中有效孔隙率增幅最大。与冻融试样类似,不同组别热冲击试样间由于尺寸不同引起的物理水理参数差别也比较小。

2.4　水热耦合损伤红砂岩超声检测及时频特性分析

2.4.1　超声纵波检测

岩石是一种典型的三相复合体,其内随机分布着各类孔隙及缺陷。超声波传播经过岩石试样后,将会携带丰富的试样损伤信息[152]。由 2.3 节内容可知,经受不同水热耦合损伤后,红砂岩试样产生了不同程度的复杂变化。本节即通过对不同次数冻融循环、热冲击循环作用前和作用后红砂岩试样进行超声纵波检测,分析经过试样所获取的接收波时域及频域信息,以研究红砂岩的水热耦合损伤情况。

超声检测使用 NM-4A 型非金属超声检测分析仪。选用两支纵波平面超声换能器,其脉宽为 20 μs,主频为 50 kHz。为保证换能器与试样耦合紧密,选用凡士林作为耦合剂,在检测前均匀涂抹于两者的接触面上。测试时竖向对中放置换能器和试样,利用其重力形成恒定的压力,既保证了耦合紧密,又可以避免由于施力不等引起的随机误差[153]。

如图 2.17 所示,本书分别对静压试样、动压试样和剪切试样进行了超声波检测,由于静态拉伸和动态拉伸试样厚度均较小,未进行超声测试。由超声测试结果来看,由静压试样、动压试样和剪切试样所获取的超声特征指标略微不同但相差较小,且与冻融、热冲击循环次数的变化规律相同。由于本节的研究重点为基于超声特性分析红砂岩的水热耦合损伤,不专为分析超声测试的尺寸效应,并且在各类试样中,动压试样数量最多,更能保证超声测试结果的代表性和有效性,故本节选用动压试样超声测试结果作为分析红砂岩水热耦合损伤的依据。

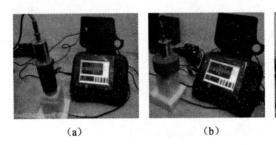

（a） （b） （c）

图 2.17　超声波检测试验
(a)静压试样;(b)动压试样;(c)剪切试样

2.4.2　超声时域特性

2.4.2.1　接收波波形

在测试时,发射换能器发射的超声纵波波形一般呈纺锤形[154](常将一段纺锤形称为一"拍")。超声波在通过岩石试样这一损伤体时,其内部裂隙壁、不同矿物颗粒界面等均会导致超声波发生绕射、折射、反射等。因此,与发射波相比,接收波波形会偏离纺锤形而趋于凌乱,损伤程度越高,内部裂隙发育越复杂多样,一般情况下接收波波形越混乱。

图 2.18(a)所示为经受不同次数冻融循环损伤后红砂岩试样典型的接收波波形,图 2.18(b)所示为其一"拍"的波形包络线形态。图 2.18(a)中,短竖线所对应的时间点为首波到达接收换能器的时刻(图中零声时已消除),短横线所对应的幅度为接收波首波波幅。可以看出,红砂岩试样经受的冻融循环次数越多,接收波首波接收时刻越晚,首波波幅也略有降低。受冻融循环的影响,接收波一"拍"的形态发生明显变化,随冻融循环次数的增加,"拍"长变小,最大波峰幅值降低,"拍"包络线形态由未受冻融(0 F－T)时的纺锤形变为冻融循环损伤后的楔形(见图 2.18(b)),"拍"内幅值最高的波峰位置前移。

• 28 •

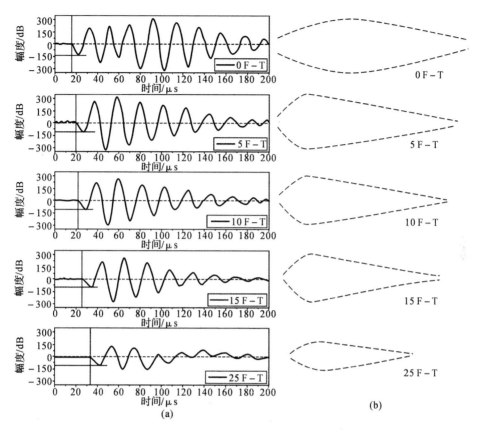

图 2.18 经受不同次数冻融(F-T)循环损伤后红砂岩试样典型的接收波波形
(a)接收波波形; (b)"拍"的波形包络线

图 2.19(a)所示为经受不同次数热冲击循环损伤后红砂岩试样典型的接收波波形,图 2.19(b)所示为其一"拍"的波形包络线形态。由图 2.19 可知,随着热冲击循环次数的增加,红砂岩接收波首波接收时刻略有延后,首波波幅也略有降低,但变化幅度较冻融损伤试样小。此外,30 次热冲击循环之前,随循环次数的增加,接收波"拍"长也逐渐变小,最大波峰幅值降低;30 次到 40 次热冲击循环,"拍"长和最大波峰幅值变化不大。除"拍"长和最大波峰幅值变化外,热冲击损伤红砂岩"拍"包络线形态变化不大,均近似呈纺锤形。

2.4.2.2 纵波波速与首波波幅

在试样尺寸已知的情况下,可由接收波首波声时求得红砂岩的超声纵波波速;首波波幅可直接由波形信息读取。本书中,红砂岩经受不同水热耦合损伤后的纵波波速及首波波幅如表 2.9 所示。

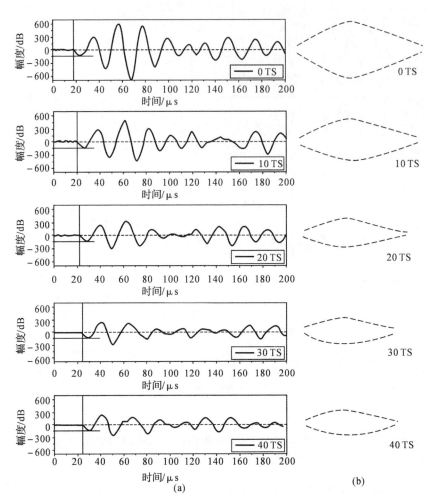

图 2.19　经受不同次数热冲击(TS)循环损伤后红砂岩试样典型的接收波波形
(a)接收波波形；　(b)"拍"的波形包络线

　　图 2.20 所示为不同水热耦合损伤后红砂岩纵波波速变化情况。其中,图 2.20
(a)所示为纵波波速绝对值分布规律,图 2.20(b)所示为纵波波速随冻融/热冲击
循环次数增加的相对降幅。

　　由图 2.20 可知,在未风化条件下,红砂岩饱水试样纵波波速明显高于干燥试
样,这主要是由于饱水试样孔隙被水充满,而水中波速较空气中波速大得多而产生
的;其次,水-岩界面与空气-岩界面传播路径也有所不同。随着循环次数的增加,
冻融损伤红砂岩纵波波速降低速率和降低幅度均明显高于热冲击损伤红砂岩,经
过 10 次冻融循环后,红砂岩纵波波速降幅已接近 30%,与经受 40 次热冲击循环
作用后降幅相近;经受 25 次冻融循环后,纵波波速降至新鲜饱水试样的一半左右。

表 2.9　经受不同水热耦合损伤后红砂岩的纵波波速及首波波幅

测试组别		组别代号	纵波波速 V_p m/s	波幅 A_h dB
冻融循环 损伤试样 （饱水状态）	0 次	0 F-T	2 968.0	122.0
	5 次	5 F-T	2 445.4	113.0
	10 次	10 F-T	2 173.7	106.0
	15 次	15 F-T	1 812.8	100.0
	25 次	25 F-T	1 470.6	92.0
热冲击循环 损伤试样 （干燥状态）	0 次	0 TS	2 675.6	129.3
	10 次	10 TS	2 378.6	127.0
	20 次	20 TS	2 163.8	125.5
	30 次	30 TS	2 032.9	124.2
	40 次	40 TS	1 949.6	123.3

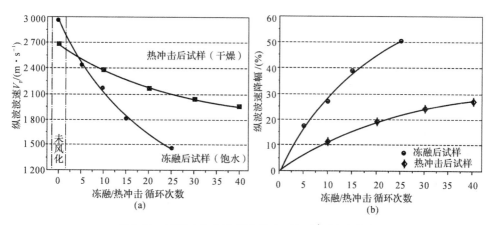

图 2.20　不同水热耦合损伤状态下红砂岩纵波波速

(a)纵波波速；　(b)相对降幅

纵波波速随冻融/热冲击循环次数增加近似呈指数型变化,采用指数函数对其进行拟合可得

$$
\left.
\begin{array}{l}
\text{F-T:} V_p = 942.9 + 2\,016.0\mathrm{e}^{-0.054N}, \text{Adj.}R^2 = 0.992 \\
\text{TS:} V_p = 1\,773.0 + 904.6\mathrm{e}^{-0.041N}, \text{Adj.}R^2 = 0.999
\end{array}
\right\}
\tag{2.6}
$$

式中,V_p 为纵波波速,m/s;N 为冻融/热冲击循环次数。

式(2.6)中,Adj.R^2 为校正判定系数,是由判定系数[155]扣除了回归方程项数影响的相关系数,能够更准确地反映模型的好坏和相关性的强弱。Adj.R^2 越趋近于1,说明相关性越强,越趋近于0,则说明相关性越弱。其定义式为

$$
\text{Adj.}R^2 = 1 - \frac{\sum (Y - Y_{\mathrm{est}})^2/(n-p)}{\sum (Y - \bar{Y})^2/(n-1)}
\tag{2.7}
$$

式中,Y_{est} 为给定 X 计算出的 Y 值;$\bar{Y}$ 为均值;$\sum(Y-Y_{\text{est}})^2$ 为残差平方和;$\sum(Y-\bar{Y})^2$ 为总变差;n 为样本值总个数;p 为回归方程的总项数(包括常数项在内)。

图 2.21 所示为不同水热耦合损伤状态下红砂岩首波波幅变化情况。其中,图 2.21(a)所示为首波波幅绝对值分布规律,图 2.21(b)所示为首波波幅随冻融/热冲击循环次数增加的相对降幅。与纵波波速不同,在未风化条件下红砂岩饱水状态首波波幅低于干燥状态。与纵波波速相比,首波波幅受水热耦合损伤的影响程度普遍较低。随着冻融/热冲击循环次数的增加,冻融损伤红砂岩首波波幅降低速率和降低幅度均明显高于热冲击损伤红砂岩,经过 5 次冻融循环后红砂岩首波波幅的降幅比经受 40 次热冲击循环作用后的降幅还要高。

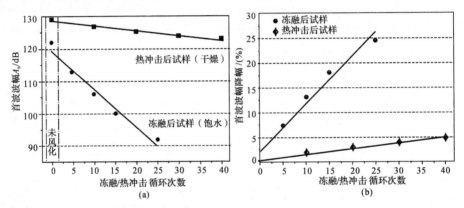

图 2.21　不同水热耦合损伤状态下红砂岩首波波幅
(a)首波波幅;　(b)相对降幅

首波波幅随冻融/热冲击循环次数增加近似呈线性变化,采用线性函数对其进行拟合可得

$$\left.\begin{aligned} \text{F-T:} \quad A_{\text{h}} &= 119.6 - 1.18N, \quad \text{Adj}.R^2 = 0.958\\ \text{TS:} \quad A_{\text{h}} &= 128.8 - 0.15N, \quad \text{Adj}.R^2 = 0.964 \end{aligned}\right\} \tag{2.8}$$

式中,A_{h} 为首波波幅,dB;N 为冻融/热冲击循环次数。

2.4.3　超声频域特性

2.4.3.1　接收波频谱

传播介质对超声波具有选频吸收作用[156],当超声波在岩石介质中传播时,岩石内部裂隙及不同矿物界面等会引起波的绕射、折射、反射等,使波形改变,频谱也会发生相应的变化[157]。经受不同水热耦合损伤作用后,红砂岩试样内部裂隙发育状态各不相同,其接收波频谱也会呈现出相应的变化特征。

由于环境等因素的影响,超声检测试验中,接收波中总会不可避免地存在高频干扰波。因此在进行接收波频谱分析前,需先消除接收波原始波形的高频噪声。基于其多分辨率分析能力,小波变换可以去除超声信号中的高频噪声,并能聚焦到超声信号的任意细节[158]。本书通过对各小波紧支集、平滑性、正交性、对称性等原则的对比分析,选用 bior 2.6 小波[159]对试样接收波进行二层谱分解,以消去高频噪声,获得低频重构信号,对重构信号进行快速傅氏变换(FFT),得到不同频率谐波在接收波中所占的权重,进而可绘制红砂岩接收波的频率权重谱[153]。

图 2.22、图 2.23 所示分别为经受不同次数冻融循环和热冲击循环损伤后红砂岩试样典型的接收波频谱。可见,未经受冻融／热冲击损伤的红砂岩试样频谱呈单峰状,主峰频率权重较高,没有明显的次峰。随着冻融／热冲击循环次数的增加,红砂岩接收波频谱主峰频率权重值逐渐降低,杂峰逐渐增多,次峰频率权重逐渐升高并接近主峰。与冻融循环损伤试样(饱水状态)相比,热冲击循环损伤试样(干燥状态)接收波频谱各峰之间频率值较为接近,低频区权重较低。

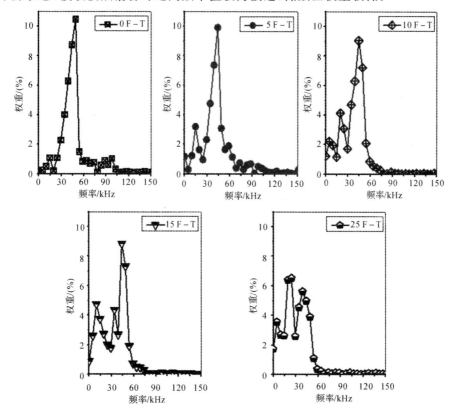

图 2.22　不同次数冻融循环损伤红砂岩试样超声纵波接收波频谱

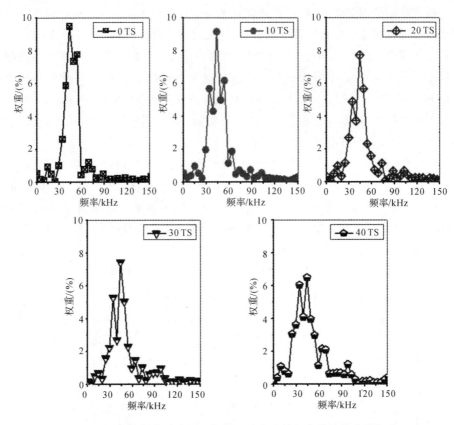

图 2.23　不同次数热冲击循环损伤红砂岩试样超声纵波接收波频谱

2.4.3.2　形心频率及频谱峰度系数

由上节分析可知,经受不同水热耦合损伤的红砂岩试样接收波主频(频谱主峰频率值)有所不同,但区分度不大。更重要的是,采用主频这一单一频率值难以反映试样接收波频谱的整体特征。因此,本书采用形心频率[156]这一参数描述不同水热耦合损伤后红砂岩接收波频谱的特征,其定义式为

$$f_c = \frac{\sum_{i=0}^{n}[f_i P_i \Delta f]}{\sum_{i=0}^{n}[P_i \Delta f]} \tag{2.9}$$

式中:f_c 为形心频率;f_i 为离散化的各频率值;P_i 为相应的各频率波的权重系数;Δf 为相邻频率之间的差值。

由定义可知,形心频率的物理含义为接收波频率权重谱曲线下填充图形形心位置的频率值,该值的计算考虑了所有频率值的权重分布,能够较好地描述频谱图的整体频率特征。

由上节频谱分析还可以发现,新鲜状态下红砂岩接收波频谱呈单尖峰状,主频峰高,频率值集中;随着水热耦合损伤程度的加深,红砂岩接收波频谱呈双尖峰或多尖峰态,主频峰低,频率值分散。可见,接收波频谱曲线在主频处的扁平或尖削程度(即接收波频率值在主频处的分散或集中程度)反映了红砂岩的水热耦合损伤程度,为进行量化分析,本书基于统计学概念——峰度[160],定义频谱峰度 KFS (Kurtosis of Frequency Spectrum)[153]或称频谱峰度系数(简称峰度系数)。其定义式为

$$KFS = \frac{\sum_{i=0}^{n} \left[P_i (f_i - f_p)^4 \right]}{\left[\sum_{i=0}^{n} P_i (f_i - f_p)^2 \right]^2} \qquad (2.10)$$

式中:f_p 为主频;其他参数同式(2.9)。

由式(2.9)、式(2.10)计算求得经受不同水热耦合损伤后红砂岩接收波频谱的 f_c 和 KFS,如表 2.10 所示。

表 2.10　经受不同水热耦合损伤后红砂岩接收波频谱形心频率和频谱峰度

测试组别		组别代号	形心频率,f_c kHz	频谱峰度 KFS
冻融循环 损伤试样 (饱水状态)	0 次	0 F‑T	47.1	2.034 1
	5 次	5 F‑T	41.5	2.028 7
	10 次	10 F‑T	37.4	2.023 0
	15 次	15 F‑T	33.6	2.019 2
	25 次	25 F‑T	29.0	2.014 2
热冲击循环 损伤试样 (干燥状态)	0 次	0 TS	46.7	2.031 0
	10 次	10 TS	46.3	2.028 2
	20 次	20 TS	45.9	2.025 8
	30 次	30 TS	45.6	2.023 3
	40 次	40 TS	45.4	2.020 5

图 2.24 所示为不同水热耦合损伤状态下红砂岩接收波频谱形心频率变化情况。其中,图 2.24(a)所示为形心频率绝对值分布规律,图 2.24(b)所示为形心频率

随冻融/热冲击循环次数增加的相对降幅。随着冻融/热冲击循环次数的增加，冻融损伤红砂岩接收波频谱形心频率降低速率和降低幅度均明显高于热冲击损伤红砂岩，经过 5 次冻融循环后红砂岩形心频率的降幅已经超过 10%，经受 25 次冻融循环后红砂岩形心频率的降幅达到 38.3%；而经受 40 次热冲击循环作用后的红砂岩接收波频谱形心频率降幅仅为 2.83%。

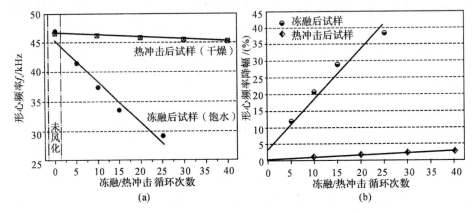

图 2.24　不同水热耦合损伤状态下红砂岩接收波频谱形心频率
(a)形心频率；(b)相对降幅

形心频率随冻融/热冲击循环次数增加近似呈线性变化，采用线性函数对其进行拟合可得

$$\left. \begin{array}{l} \mathrm{F-T}: f_c = 45.5 - 0.71N, \ \mathrm{Adj}.R^2 = 0.952 \\ \mathrm{TS}: f_c = 46.6 - 0.03N, \ \mathrm{Adj}.R^2 = 0.987 \end{array} \right\} \tag{2.11}$$

式中，f_c 为接收波频谱形心频率，kHz；N 为冻融/热冲击循环次数。

图 2.25 所示为不同水热耦合损伤红砂岩接收波频谱峰度系数变化情况。其中，图 2.25(a)所示为峰度系数绝对值分布规律，图 2.25(b)所示为峰度系数随冻融/热冲击循环次数增加的相对降幅。与 V_p、A_h、f_c 相比，接收波频谱峰度系数受水热耦合损伤的影响程度普遍较低。随着冻融/热冲击循环次数的增加，冻融损伤红砂岩峰度系数降低速率和降低幅度高于热冲击损伤红砂岩，经过 25 次冻融循环后红砂岩接收波频谱峰度系数降幅为 0.98%；经过 40 次热冲击循环后红砂岩接收波频谱峰度系数降幅为 0.52%。

峰度系数随冻融/热冲击循环次数增加近似呈线性变化，采用线性函数对其进行拟合可得

$$\left. \begin{array}{l} \mathrm{F-T}: \mathrm{KFS} = 2.032\ 6 - 0.000\ 797\ N, \ \mathrm{Adj}.R^2 = 0.949 \\ \mathrm{TS}: \mathrm{KFS} = 2.031\ 0 - 0.000\ 259\ N, \ \mathrm{Adj}.R^2 = 0.999 \end{array} \right\} \tag{2.12}$$

式中，KFS 为接收波频谱峰度系数；N 为冻融/热冲击循环次数。

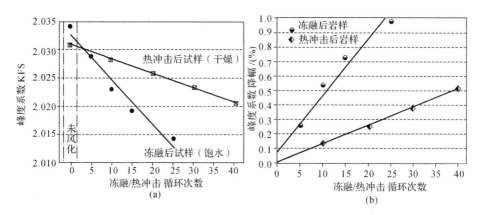

图 2.25　不同水热耦合损伤状态下红砂岩接收波频谱峰度系数
(a)峰度系数;(b)相对降幅

2.5　小　　结

本章设计了红砂岩冻融循环试验和热冲击循环试验,分析了经受不同损伤后红砂岩的表面形貌,对经受不同损伤后的红砂岩试样进行了物理、水理和超声参数检测。本章主要结论如下:

(1)考虑到水对岩石水热耦合损伤的重要影响,在进行冻融和热冲击前对红砂岩均进行了饱水处理。冻融循环试验共分为 0 次、5 次、10 次、15 次和 25 次五个循环等级;热冲击循环试验共分为 0 次、10 次、20 次、30 次和 40 次五个循环等级。观察试样表观形貌发现,经受不同水热耦合损伤后红砂岩出现了程度不同的颗粒脱落、沿边裂纹、径向裂纹、横向裂纹、十字裂纹、表面软化等损伤特征。

(2)冻融循环和热冲击循环对红砂岩物理、水理参数的损伤作用相似。随着冻融或热冲击循环次数增加,红砂岩质量有所减少,体积略有增大,密度逐渐减小;与此对比,红砂岩试样孔隙率受影响更为显著,红砂岩有效孔隙率及总孔隙率均随着冻融或热冲击循环次数的增加大幅增加。不同组别红砂岩试样(形状尺寸不同)物理、水理参数的变化规律相似,变化幅度有微小差别。

(3)对经受不同次数冻融或热冲击循环作用后的红砂岩试样进行了超声纵波检测,分别在时域和频域对接收波进行了分析。结果表明,经受水热耦合损伤作用后,红砂岩接收波波形变得紊乱、无序,"拍"长变短;频谱峰值降低,呈多峰化。红砂岩纵波波速、接收波首波波幅、接收波频谱形心频率和峰度均随冻融循环及热冲击循环次数的增加逐渐降低。

第3章
水热耦合损伤岩石静力学行为

3.1 引　言

岩石静力学特性是岩石力学研究最基础和重要的性质,在国防和民用岩石工程建设中被广泛用以指导工程实践。对岩石在准静态荷载作用下力学行为的研究,能够为冲击荷载作用下岩石力学响应的相关研究提供重要的试验设计依据和分析基础。为分析水热耦合损伤对岩石工程的影响规律,有必要对水热耦合作用下岩石的静态力学行为展开研究。

本章对经受不同水热耦合损伤的红砂岩试样,分别进行静态单轴压缩、静态劈裂拉伸和静态变角剪切试验;对不同含水状态、经不同次数冻融循环或热冲击循环作用后的红砂岩试样的抗压强度、压缩变形临界应变、弹性模量、变形模量、抗拉强度、黏聚力、内摩擦角等力学参数进行研究;分析水热耦合损伤对红砂岩静力学特性的影响规律。

3.2　水热耦合损伤岩石静态压缩力学行为

3.2.1　静态压缩试验

静压试样为 $\Phi 50$ mm$\times 100$ mm 的圆柱体,据 2.2.1 节所述方法制得,高径比为 2:1,直径沿试样高度的误差小于 0.3 mm,两端面不平行度误差小于0.05 mm,端面对于试样轴线垂直度偏差小于 0.25°。

由于水对红砂岩试样水热耦合损伤的重要影响,本试验进行了不同含水状态红砂岩试样的静压试验,共分为干燥、自然含水、自由吸水、饱水四个含水状态组别;冻融循环损伤红砂岩试样静压试验共分为四个循环次数组别:5 次、10 次、15 次、25 次;热冲击循环损伤红砂岩试样静压试验共分为四个循环次数组别:10 次、20 次、30 次、40 次。上述每一组别各包括三块红砂岩试样,试验结果取均值进行分析。

　　静态压缩试验依托电液伺服试验机进行。试验前,采用单层保鲜膜(软,薄,不影响试样变形)包裹红砂岩试样侧面,如图 3.1 所示,一方面有利于维持红砂岩试样受压破坏的姿态,便于破坏机制分析;另一方面可采用绘图笔描绘试样侧面裂隙,便于受压破碎分析。在红砂岩试样压缩变形破坏过程中,实时记录试样轴向应力-应变并绘制应力-应变曲线,进而得到相关指标参数。

图 3.1　静压试样表面覆膜使用方法

(a)试验前;(b)破坏后;(c)于薄膜上描绘裂隙用于分析

3.2.2　水热耦合损伤红砂岩静压应力-应变曲线

　　图 3.2 所示为红砂岩试样静态压缩应力-应变曲线。为对比分析含水率、冻融循环和热冲击循环对红砂岩试样的影响,图 3.2 所示各坐标系进行了统一。可见,红砂岩试样受压变形破坏过程具有阶段性,应力-应变曲线可分为孔隙压密、线弹性变形、试样屈服和试样破坏四个阶段。红砂岩试样在孔隙压密阶段原生孔隙受挤压,试样颗粒搭接更为紧密,呈现应变硬化现象;线弹性变形阶段以线弹性变形为主,应力随应变增加线性升高;屈服阶段裂隙开始发育,塑性变形增长,呈现应力软化现象;破坏阶段宏观裂隙贯通、承载力逐渐丧失,应力下降。

　　由图 3.2(a)可知,水对红砂岩试样静态压缩力学行为影响显著,干燥试样应力-应变曲线峰值明显高于含水试样,峰前应力增长迅速,峰后应力跌落曲线陡直,试样具有很强的脆性;随着含水率的增大,峰前应力随应变增长变慢,峰后应力跌落亦变缓,试样脆性降低、延性增强。

　　由图 3.2(b)(c)可知,不同水热耦合损伤红砂岩试样静压应力-应变曲线变化较大。随着冻融或热冲击循环次数的增加,应力-应变曲线呈现出类似变化:峰值点下降、右移,峰前曲线压密段应变范围变大,线弹性变形段斜率降低明显,峰后应力下降变缓。

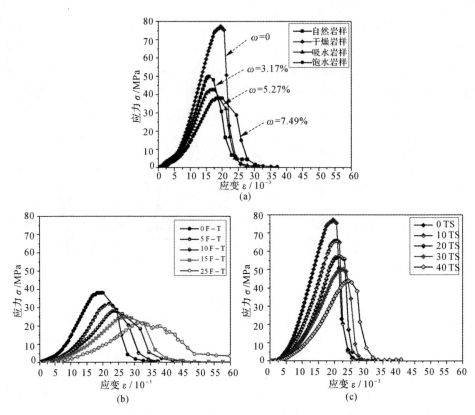

图 3.2　不同含水率及水热耦合损伤试样典型静压应力-应变曲线

(a)不同含水状态下新鲜试样；(b)冻融循环损伤试样；(c)热冲击循环损伤试样

3.2.3　水热耦合损伤红砂岩静态压缩力学特性

3.2.3.1　静压力学指标求解

由应力-应变曲线计算静压力学特征指标的方法如图 3.3 所示。单轴抗压强度(UCS)是指试样受压过程中的轴向峰值应力(σ_P)，即应力-应变曲线的峰值点应力值。临界应变(ε_C)是指试样达到破坏临界点时的应变值，即应力-应变曲线的峰值点应变值。模量是材料受力变形时应力增长量与应变增长量之比，用以衡量材料变形的难易程度。本章分别取弹性模量(E_E)和变形模量(E_D)以分析试样变形特性。弹性模量是试样线弹性变形阶段应力升与应变升的比值；变形模量是试样峰前阶段应力升与应变升的比值，即峰值应力与临界应变之比。

依照图 3.3 所示方法计算所得不同水热耦合损伤状态下红砂岩试样静态压缩

力学特征指标如表 3.1 所示。

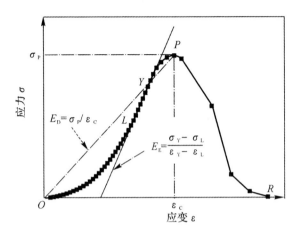

图 3.3 静压力学特征指标取值或计算方法示意图

表 3.1   不同水热耦合损伤状态下红砂岩试样静压力学特征指标

静态压缩试验		试样编号	抗压强度/MPa	临界应变	弹性模量/GPa	变形模量/GPa
新鲜试样	自然（N）	SC-N-1	48.10	0.015 1	4.75	3.19
		SC-N-2	51.03	0.016 1	4.68	3.18
		SC-N-3	51.51	0.016 1	4.86	3.20
	干燥（D）	SC-D-1	79.06	0.020 3	6.32	3.89
		SC-D-2	75.17	0.018 8	6.44	3.99
		SC-D-3	77.86	0.019 4	6.48	4.00
	吸水（A）	SC-A-1	42.97	0.016 9	4.25	2.55
		SC-A-2	45.74	0.017 2	4.32	2.66
		SC-A-3	39.06	0.016 3	4.11	2.40
	饱水（S）	SC-S-1	36.91	0.019 7	3.33	1.88
		SC-S-2	40.22	0.020 4	3.42	1.97
		SC-S-3	37.25	0.019 9	3.38	1.87

续表

静态压缩试验		试样编号	抗压强度/MPa	临界应变	弹性模量/GPa	变形模量/GPa
冻融循环损伤试样（饱水状态）	循环 5 次（5 F - T）	SC - F5 - 1	29.91	0.021 1	2.51	1.42
		SC - F5 - 2	32.28	0.021 9	2.60	1.48
		SC - F5 - 3	34.11	0.022 3	2.63	1.53
	循环 10 次（10 F - T）	SC - F10 - 1	29.10	0.024 0	1.76	1.21
		SC - F10 - 2	28.42	0.023 8	1.74	1.19
		SC - F10 - 3	27.11	0.023 1	1.73	1.17
	循环 15 次（15 F - T）	SC - F15 - 1	25.02	0.027 3	1.48	0.92
		SC - F15 - 2	26.15	0.027 9	1.50	0.94
		SC - F15 - 3	24.18	0.027 3	1.45	0.89
	循环 25 次（25 F - T）	SC - F25 - 1	20.25	0.030 1	0.95	0.67
		SC - F25 - 2	23.38	0.032 1	1.02	0.73
		SC - F25 - 3	22.09	0.030 9	1.01	0.71
热冲击循环损伤试样（干燥状态）	循环 10 次（10 F - T）	SC - H10 - 1	65.12	0.020 7	5.17	3.14
		SC - H10 - 2	68.65	0.021 2	5.24	3.23
		SC - H10 - 3	63.88	0.020 6	5.15	3.11
	循环 20 次（20 F - T）	SC - H20 - 1	59.34	0.021 7	4.87	2.73
		SC - H20 - 2	55.23	0.021 1	4.79	2.62
		SC - H20 - 3	57.38	0.021 4	4.83	2.68
	循环 30 次（30 F - T）	SC - H30 - 1	47.43	0.022 0	3.46	2.15
		SC - H30 - 2	51.02	0.022 8	3.52	2.24
		SC - H30 - 3	52.55	0.023 0	3.56	2.28
	循环 40 次（40 F - T）	SC - H40 - 1	43.82	0.024 1	2.98	1.82
		SC - H40 - 2	46.18	0.024 5	3.05	1.88
		SC - H40 - 3	42.03	0.024 0	2.97	1.75

3.2.3.2 静态抗压强度

图 3.4 所示为不同水热耦合损伤红砂岩试样静态单轴抗压强度（UCS）变化规律。其中，图 3.4(a)所示为 UCS 的平均值；图 3.4(b)所示为随冻融/热冲击循环次

数增加,UCS的相对降低百分率。红砂岩自然试样经干燥后 UCS 由 50.21 MPa 提高至 77.37 MPa,经饱水后降至 38.13 MPa,含水状态对 UCS 影响显著。冻融损伤试样与饱水试样同在饱水状态下进行静态压缩试验,冻融损伤试样 UCS 随循环次数增加逐渐降低,经 25 次冻融循环后,UCS 均值与饱水试样相比降幅达到 42.53%。热冲击损伤试样与干燥试样同在干燥状态下进行静态压缩试验,热冲击损伤红砂岩 UCS 随循环次数增加逐渐降低,经 40 次热冲击循环后,UCS 均值与干燥试样相比降幅达到 43.12%。

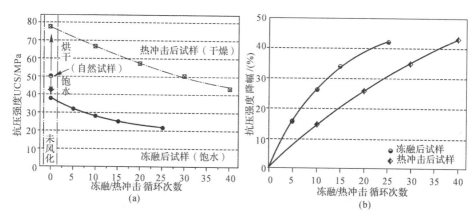

图 3.4 不同损伤状态下红砂岩抗压强度(UCS)变化规律
(a)UCS;(b)不同次数冻融/热冲击循环后 UCS 相对降幅

红砂岩 UCS 随冻融及热冲击循环作用次数的增加而逐渐降低,降低速率逐渐减小,采用指数函数能够较好地对这种收敛性下降规律进行拟合。根据指数拟合结果,红砂岩 UCS 随着循环损伤作用次数的变化(单位:MPa)符合

$$\left.\begin{array}{l} \text{F-T:}\ UCS = 18.84 + 19.28e^{-0.074N},\ \text{Adj.}R^2 = 0.999 \\ \text{TS:}\ UCS = 19.63 + 57.62e^{-0.021N},\ \text{Adj.}R^2 = 0.999 \end{array}\right\} \tag{3.1}$$

红砂岩 UCS 相对下降幅度($\Delta_{r,UCS}$)(单位:%)符合

$$\left.\begin{array}{l} \text{F-T:}\ \Delta_{r,UCS} = 50.60 - 50.56e^{-0.074N},\ \text{Adj.}R^2 = 0.999 \\ \text{TS:}\ \Delta_{r,UCS} = 74.63 - 74.47e^{-0.021N},\ \text{Adj.}R^2 = 0.999 \end{array}\right\} \tag{3.2}$$

3.2.3.3 静态压缩临界应变

图 3.5 所示为不同水热耦合损伤红砂岩试样静压临界应变(ε_c)变化规律。其中,图 3.5(a)所示为 ε_c 平均值;图 3.5(b)所示为随冻融/热冲击循环次数增加,ε_c 的相对增大百分率。红砂岩试样经干燥和经饱水后 ε_c 均比自然状态下大为增加。红砂岩 ε_c 随冻融循环次数和热冲击循环次数的增加均呈增加趋势,经 25 次冻融循环后 ε_c 与饱水试样相比增幅达到 55.36%;经 40 次热冲击循环后 ε_c 与干燥试

样相比增幅达到 24.08%。

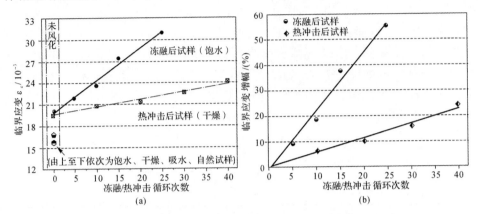

图 3.5　不同损伤状态下红砂岩临界应变(ε_c)变化规律

(a)ε_c；(b)不同次数冻融／热冲击循环后 ε_c 相对增幅

红砂岩 ε_c 随冻融及热冲击循环作用次数的增加近似呈线性增大趋势，采用线性函数能够较好地对其规律进行拟合。随着冻融及热冲击次数的增加，红砂岩 ε_c 变化符合：

$$\left.\begin{aligned}
\text{F－T：} \varepsilon_c = (19.73 + 0.46N) \times 10^{-3}, \ \text{Adj.}R^2 = 0.977 \\
\text{TS：} \varepsilon_c = (19.48 + 0.11N) \times 10^{-3}, \ \text{Adj.}R^2 = 0.974
\end{aligned}\right\} \quad (3.3)$$

红砂岩 ε_c 相对增幅(Δ_{r,ε_c})(单位：%)符合：

$$\left.\begin{aligned}
\text{F－T：} \Delta_{r,\varepsilon_c} = -1.24 + 2.30N, \ \text{Adj.}R^2 = 0.977 \\
\text{TS：} \Delta_{r,\varepsilon_c} = -0.20 + 0.57N, \ \text{Adj.}R^2 = 0.974
\end{aligned}\right\} \quad (3.4)$$

3.2.3.4　静态压缩弹性模量

图 3.6 所示为不同水热耦合损伤红砂岩试样静态压缩弹性模量(E_e)变化规律。其中，图 3.6(a)所示为 E_e 的平均值；图 3.6(b)所示为随冻融／热冲击循环次数增加，E_e 的相对降低百分率。自然状态下红砂岩 E_e 为 4.76 GPa，经干燥后增长为 6.42 GPa，经饱水后降至 3.38 GPa。红砂岩试样经冻融或热冲击循环损伤 E_e 均随循环次数增加逐渐降低，经 25 次冻融循环后，红砂岩 E_e 与饱水试样相比降幅达到 70.29%；经 40 次热冲击循环后，红砂岩 E_e 与干燥试样相比降幅达到 53.34%。

红砂岩 E_e 随热冲击循环作用次数的增加近似呈线性降低趋势，采用线性函数能够较好地对其规律进行拟合。与之相比，随冻融循环作用次数的增加逐渐降低但降速减缓，采用指数函数能够较好地对其规律进行拟合。随着冻融及热冲击次数的增加，红砂岩 E_e 变化(单位：GPa)符合

$$\left.\begin{array}{l} \text{F-T：} E_e = 0.63 + 2.78e^{-0.082N}, \quad \text{Adj.} R^2 = 0.985 \\ \text{TS：} E_e = 6.30 - 0.085N, \quad \text{Adj.} R^2 = 0.964 \end{array}\right\} \tag{3.5}$$

红砂岩 E_e 相对下降幅度(Δ_{r,E_e})(单位：%)符合

$$\left.\begin{array}{l} \text{F-T：} \Delta_{r,E_e} = 81.25 - 82.12e^{-0.082N}, \quad \text{Adj.} R^2 = 0.985 \\ \text{TS：} \Delta_{r,E_e} = 1.97 + 1.33N, \qquad\qquad \text{Adj.} R^2 = 0.964 \end{array}\right\} \tag{3.6}$$

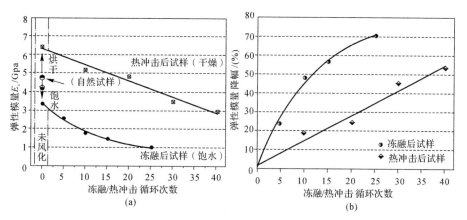

图 3.6　不同损伤状态下红砂岩弹性模量(E_e)变化规律

(a)E_e；(b)不同次数冻融／热冲击循环后 E_e 相对降幅

3.2.3.5　静态压缩变形模量

图 3.7 所示为不同水热耦合损伤红砂岩试样静态压缩变形模量(E_d)变化规律。其中，图 3.7(a)所示为 E_d 平均值；图 3.7(b)所示为随冻融／热冲击循环次数增加，红砂岩试样 E_d 的相对降低百分率。E_d 变化幅度与 E_e 相近，经 25 次冻融循环后，红砂岩 E_d 与饱水试样相比降幅达到 63.01%；经 40 次热冲击循环后，红砂岩 E_d 与干燥试样相比降幅达到 54.15%。

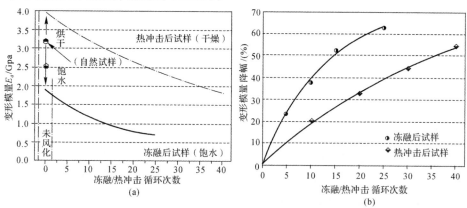

图 3.7　不同损伤状态下红砂岩变形模量(E_d)变化规律

(a)E_d；(b)不同次数冻融／热冲击循环后 E_d 相对降幅

红砂岩 E_d 随冻融循环或热冲击循环作用次数的增加逐渐降低,降速均逐渐减缓,采用指数函数能够较好地对其规律进行拟合。随着冻融及热冲击次数的增加,红砂岩 E_d 变化(单位:GPa) 符合

$$\left. \begin{aligned} &\mathrm{F-T}: E_d = 0.45 + 1.46e^{-0.072N}, \ \mathrm{Adj}.R^2 = 0.995 \\ &\mathrm{TS}: E_d = 0.52 + 3.43e^{-0.024N}, \quad \mathrm{Adj}.R^2 = 0.996 \end{aligned} \right\} \tag{3.7}$$

红砂岩 E_d 相对变化($\Delta_{r,Ed}$)(单位:%) 符合

$$\left. \begin{aligned} &\mathrm{F-T}: \Delta_{r,Ed} = 76.35 - 76.50e^{-0.072N}, \ \mathrm{Adj}.R^2 = 0.995 \\ &\mathrm{TS}: \Delta_{r,Ed} = 86.95 - 86.46e^{-0.024N}, \quad \mathrm{Adj}.R^2 = 0.996 \end{aligned} \right\} \tag{3.8}$$

3.2.3.6 静态压缩弹性变形比

由应力-应变曲线可知,红砂岩试样峰前变形具有显著的塑-弹-塑性特征,峰前变形可视为是由弹性变形和塑性变形组成的,即试样临界应变(ε_c)可表示为峰前弹性应变(ε_e)和峰前塑性应变(ε_p)之和。其中,峰前弹性应变和峰前塑性应变可由峰值应力、临界应变、弹性模量及变形模量表示如下:

$$\left. \begin{aligned} &\varepsilon_c = \varepsilon_e + \varepsilon_p \\ &\varepsilon_c = \frac{\sigma_p}{E_d} \\ &\varepsilon_e = \frac{\sigma_p}{E_e} \\ &\varepsilon_p = \frac{\sigma_p}{E_d} - \frac{\sigma_p}{E_e} \end{aligned} \right\} \tag{3.9}$$

为分析试样峰前变形过程的弹塑性特征,本章定义弹性变形比(K_{ε_e})为试样峰前弹性变形与总变形的比值,即

$$K_{\varepsilon_e} = \frac{\varepsilon_e}{\varepsilon_e + \varepsilon_p} \tag{3.10}$$

由式(3.9)中 ε_e 和 ε_p 的计算方法可知,弹性变形比(K_{ε_e})可由试样弹性模量和变形模量计算,即

$$K_{\varepsilon_e} = \frac{E_d}{E_e} \tag{3.11}$$

由式(3.11)计算各试样静态压缩弹性变形比,并绘制弹性变形比随各水热耦合损伤条件的变化图,如图 3.8 所示。可见,随水热耦合损伤条件的变化,红砂岩试样静态压缩弹性变形比并没有显著的规律,但其分布区间具有一定的一致性,均位于 0.55～0.71 之间。静态压缩荷载下红砂岩试样峰前变形中,弹性变形仍占主要地位,但塑性变形比例也比较大。

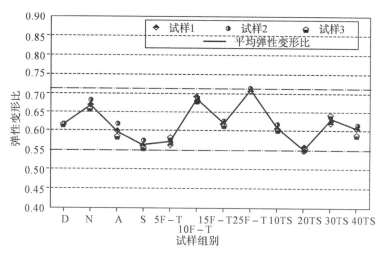

图 3.8　不同损伤状态下红砂岩弹性变形比变化规律(试样组别编码及试样编号见表 3.1)

3.2.4　水热耦合损伤对红砂岩破坏形态的影响

岩石是一种典型的非均质多相复合材料,是矿物的天然集合体[161-162]。岩石材料的承载力来源于矿物颗粒本身的强度和颗粒间黏结的强度,其破坏也可视为矿物颗粒的破裂或颗粒间的脱离,可能的形式有两种,即相互错开和相互分离。有学者从这一点出发,将岩石材料的破坏归结为两种最基本的形式,即剪切滑移和拉伸劈裂[163]。由于岩石材料成分和结构的复杂性,其具体破坏形态多种多样,但大多为这两种最基本形式的复合形式或源于这两种形式。

在进行红砂岩试样静态压缩试验前,采用单层保鲜膜以维持红砂岩试样受压破坏的姿态和描绘试样侧面裂隙,便于破坏形态分析。

3.2.4.1　冻融循环损伤

红砂岩饱水试样和冻融循环损伤试样均在饱水状态进行静态单轴压缩试验。其破坏形态如图 3.9 所示。可见,单轴压缩荷载下饱水红砂岩为典型的剪切破坏,有一个剪切破坏面斜向贯穿整个试样。经 5 次冻融循环后,仍为剪切破坏,有多条相互连接的剪切面。经 10 次、15 次冻融循环后,试样在压缩过程中于剪切滑移面处形成沿轴向的张拉破坏面,试样呈剪切-张拉破坏模式。经 25 次冻融循环后,试样在剪切面形成后不久即产生沿轴向的张拉破坏面,并贯通整个试样,试样以张拉破坏为主。

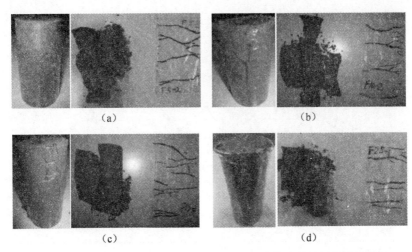

图 3.9　不同次数冻融(F－T)循环作用后红砂岩静态单轴压缩破坏形态
(a)0 F－T(饱水试样);(b)5 F－T;(c)10 F－T;(d)15 F－T;(e)25 F－T

图 3.10 所示为根据红砂岩试样典型破坏形态绘制的破坏形式图。可见,随着冻融循环次数的增加,红砂岩试样单轴静压破坏形式由以剪切破坏为主,逐步过滤到剪切-张拉破坏,再逐步过渡到张拉破坏为主。

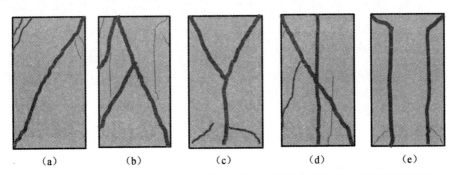

图 3.10　不同次数冻融(F－T)循环作用后红砂岩静态单轴压缩破坏形式示意图
(a)0 F－T(饱水试样);(b)5 F－T;(c)10 F－T;(d)15 F－T;(e)25 F－T

3.2.4.2　热冲击循环损伤

红砂岩干燥试样和热冲击循环损伤试样均在干燥状态进行静态单轴压缩试验,其破坏形态如图 3.11 所示。可见,干燥试样静压破坏以剪切破坏为主,两个主剪切面贯穿试样,在两端部残留典型的锥体。经不同次数热冲击循环后,红砂岩试样静压破坏呈剪切-张拉耦合模式。

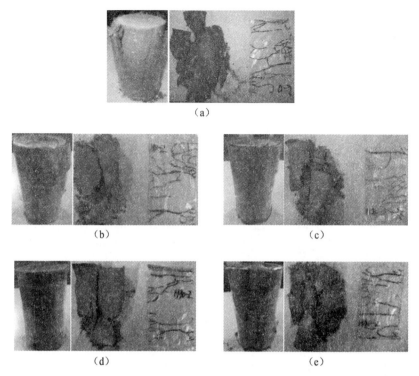

图 3.11　不同次数热冲击(TS)循环作用后红砂岩静态单轴压缩破坏形态
(a)0 TS（干燥试样）；(b)10 TS；(c)20 TS；(d)30 TS；(e)40 TS

　　图 3.12 所示为根据红砂岩典型破坏形态绘制的破坏形式图。由图可见,随着热冲击循环次数的增加,红砂岩试样剪切和张拉破坏面增多,试样破坏更为碎片化。

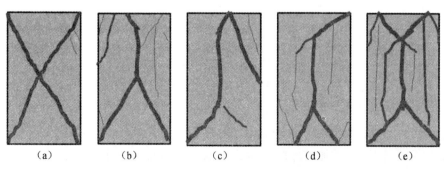

图 3.12　不同次数热冲击(TS)循环作用后红砂岩静态单轴压缩破坏形式示意图
(a)0 TS(干燥试样)；(b)10 TS；(c)20 TS；(d)30 TS；(e)40 TS

3.3 水热耦合损伤岩石静态拉伸力学行为

如 3.2 节中对岩石破坏形态的分析,张拉破坏是岩石破坏的基本形式之一。工程岩体常常处于复杂的应力状态中,由于岩石类脆性材料拉伸强度远低于其压缩强度,工程岩石破坏常常从拉应力区开始。抗拉强度常常成为岩石工程结构强度和稳定性的控制参量。对岩石拉伸力学特性的研究,理论价值和工程意义显著。

现有的岩石材料拉伸试验方法中,直接拉伸法在试样制备和夹持等方面存在诸多困难,间接试验法应用更为普遍。其中,巴西圆盘试验法是国际岩石力学学会(ISRM)推荐的岩石抗拉强度间接测定方法[164],已经成为岩土工程界测定岩石抗拉强度的基本方法。在我国,该方法已被列入国家标准《工程岩体试验方法标准》[143]中。试验时,沿圆盘试样的直径方向对称施加集中线荷载,使试样沿直径面劈裂。为改善试样加载端部的应力集中,王启智[165-166]等人提出采用平台巴西圆盘试样代替巴西圆盘试样进行劈裂拉伸试验。但平台巴西圆盘试验也存在诸多问题,如由于岩石试样刚度远小于试验机压头刚度,圆盘平台在压头作用下产生等位移压缩,圆盘平台上的应力两侧高而中间低,且圆盘平台与压头之间还会产生剪切力,试验中试样多不是从对称轴开始破裂,而是沿平台边缘所在面竖向破裂的[167],试验数据的处理还有待明确。因此,本书不对巴西圆盘试样加工平台,直接采用巴西圆盘试验测定试样的抗拉强度。

3.3.1 巴西圆盘试验

研究表明,由于圆盘试样的三维受力效应,当试样厚径比较大时,劈裂法测得的岩石抗拉强度值偏小[168],本书试样规格选为 $\Phi50$ mm$\times25$ mm 的圆盘试样,厚径比在标准[143]范围内取下限,即 0.5∶1。巴西圆盘试样由 2.2.1 节所述方法,经钻芯、切割、端面磨平等工序制得,两端面不平行度误差小于 0.05 mm,直径沿试样高度的误差不大于 0.3 mm,端面对于试样轴线垂直度偏差小于 0.25°。

水热耦合损伤条件设置与静态压缩试验相同,每一个试样组包括三块红砂岩试样。巴西圆盘试验采用电液伺服试验机进行,劈裂拉伸破坏过程中红砂岩试样加载点竖向荷载位移实时记录并绘制为荷载-位移曲线,如图 3.13 所示。

如图 3.13 所示,在加载过程中,竖向荷载在起始阶段(OA 段)斜率较小,逐渐增大,主要是因为红砂岩较软,特别是在饱水状态和经受水热耦合损伤后,抵抗变形能力较弱。在加载端部局部产生应力集中,导致红砂岩试样产生塑性变形。这种塑性变形一方面导致一定的竖向位移,但另一方面通过塑性变形的产生,在试样加载端部应力发生重分布,降低了应力集中的程度,避免了端部因应力集中发生压缩破坏而影响试样中心起裂。其后,竖向荷载在曲线 AB 段呈近似线性趋势增长,直至突然跌落(BC 段),试样发生劈裂破坏,从试样中心所在竖向平面一分为二。我们称这一条沿中心的劈裂裂纹为主裂纹。再其后,荷载在大幅跌落后又开始上升(CD 段),这是由于试样劈裂一分为二后,两个半圆盘仍具有承载能力,荷载作用于两个半圆盘两端的尖角部位引起荷载再次上升。为避免继续加载导致试样发生次生破坏,劈裂试验过程中应关注荷载-位移控制界面,荷载大幅跌落后如出现继续上升趋势时,应及时停止加载,观察试样劈裂破坏形态。

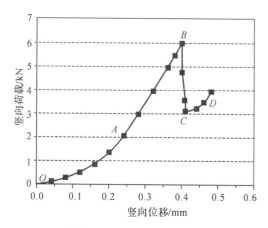
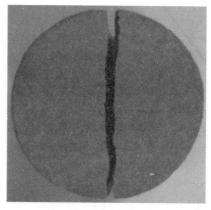

图 3.13　巴西圆盘试验中竖向荷载-位移曲线及典型试样劈裂破坏形态

如果未及时停止加载,则会出现如图 3.14 所示情况。试样在劈裂后荷载继续升高,劈裂后的两个半圆盘试样尖角部位承受偏心压应力发生弯折破坏,这种情况下产生的裂纹称之为次生裂纹。由于冻融作用后红砂岩试样受损伤严重,且在饱水状态下进行巴西圆盘试验,试样极易发生次生破坏。

值得注意的是,从次生裂隙的发育情况可以发现,此类次生裂隙多平行于圆盘试样主裂纹形成的劈裂破坏临空面发育,所形成的试样碎片多呈长条状。这明显不同于圆盘试样劈裂破坏前由于应力集中而发生的端部压碎破坏(多成倒锥体,松散破碎),而是圆盘试样劈裂后由于半圆受偏心压力而导致的弯折破坏,试样主裂纹产生的劈裂临空面是这种弯折破坏的必要前提条件。因此,图 3.14 中所示次生破坏发生在圆盘试样劈裂破坏之后,此时主裂纹已经扩展完毕,荷载已从最高值跌落,试样抗拉强度的确定过程已经完成,此类次生破坏不影响试验的有效性。但是,仍会导致巴西圆盘试样最终破坏形态的改变,在劈裂试验中应尽量避免。

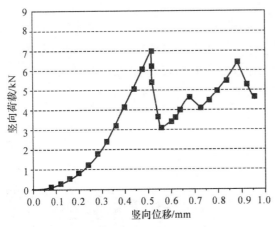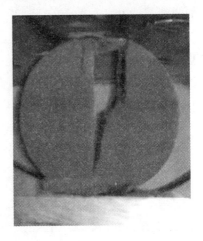

图 3.14　巴西试验中未及时停止加载导致试样二次破坏时竖向荷载-位移曲线及试样破坏形态

3.3.2　水热耦合损伤红砂岩劈裂拉伸破坏过程及破坏形态

3.3.2.1　荷载-位移曲线

图 3.15 所示为不同水热耦合损伤红砂岩试样劈裂拉伸破坏过程中试验机自动记录的加载点竖向荷载-位移曲线。为对比分析,图中坐标范围进行了统一。

由图 3.15(a)可知,含水率对红砂岩试样劈裂拉伸力学行为影响显著,干燥试样劈裂破坏荷载-位移曲线荷载峰值明显高于含水试样,劈裂前荷载增长迅速,劈裂后荷载跌落曲线陡直,试样脆性特征明显。与之相比,含水试样随着含水率的增大,荷载峰值降低、变形增大,破坏前荷载随位移增长变慢。饱水试样劈裂破坏后荷载跌落明显变缓,试样脆性降低。

由图 3.15(b)(c)可知,不同水热耦合损伤红砂岩试样劈裂破坏荷载-位移曲线变化较大。无论是冻融循环还是热冲击循环,随着循环次数的增加,试样荷载-位移曲线均出现荷载峰值下降,曲线初始压密段位移范围变大,荷载线性增长阶段斜率降低明显,劈裂破坏后荷载下降变缓等特征。对比分析图 3.15(b)和(c)可以发现,随着热冲击循环次数的增加,试样劈裂破坏时加载点位移显著增加。与之相比,不同次数冻融循环对红砂岩试样劈裂破坏荷载-位移曲线的影响主要表现为荷载峰值点的降低,对劈裂破坏时加载点的位移大小影响不大。

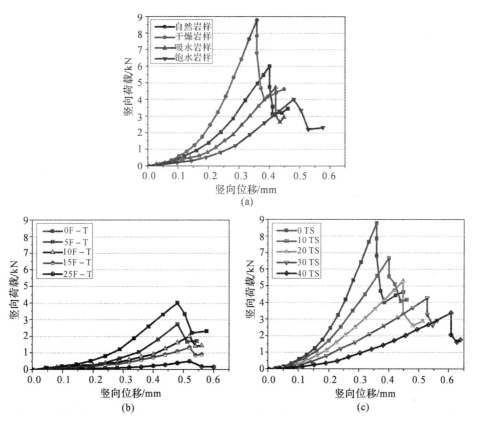

图 3.15 不同含水率及水热耦合损伤试样典型劈裂拉伸荷载-位移曲线
（a）不同含水状态下新鲜试样；（b）冻融循环损伤试样；（c）热冲击循环损伤试样

3.3.2.2 劈裂拉伸破坏形态

巴西圆盘试验中,试样最典型的破坏形态为从中心起裂并沿直径所在平面竖向劈裂,圆盘试样一分为二。但由于岩石材料的非均质性、加载控制因素、水热耦合损伤等原因,实际试验中圆盘试样的劈裂破坏形态常呈现多样性。图 3.16 和图 3.17 所示为不同水热耦合损伤红砂岩试样典型劈裂破坏形态。

由图 3.16 所示,不同次数冻融循环作用后,红砂岩试样呈典型的劈裂破坏模式。巴西圆盘试样基本从中心线处劈裂成对称的两半。由于试样的非均质性,部分试样劈裂破坏面出现偏移或弯折。冻融循环损伤红砂岩圆盘试样除劈裂破坏主裂纹外,部分试样在加载端处还出现竖向裂隙。由 3.3.1 节中所述内容可知,该裂隙多平行于圆盘试样主裂纹形成的劈裂破坏临空面发育,所形成的试样碎片多呈长条状,明显不同于圆盘试样劈裂破坏前由于应力集中而发生的端部压碎破坏（多成倒锥体,松散破碎）,而是圆盘试样劈裂后由于半圆盘受偏心压力而导致的弯折破坏。在冻融 15 次、25 次后的红砂岩圆盘试样上,还存在其他方向的径向裂纹,此类裂纹为冻融损伤导致的裂隙,非劈裂拉伸破坏所导致。

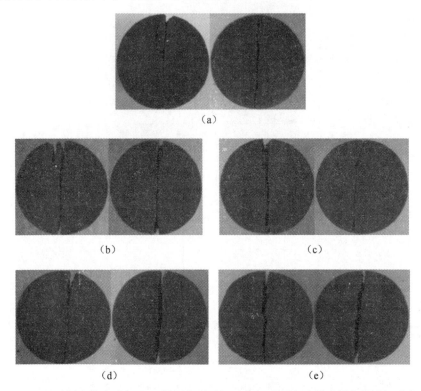

图 3.16 不同次数冻融(F-T)循环作用后红砂岩巴西圆盘试样劈裂拉伸破坏形态
(a)0 F-T(饱水试样);(b)5 F-T;(c)10 F-T;(d)15 F-T;(e)25 F-T

图 3.17 所示为经不同次数热冲击循环作用后红砂岩试样的劈裂破坏形态。巴西圆盘试样基本从中心线处劈裂成对称的两半,部分试样劈裂破坏面出现小幅偏折或弯曲。类似于冻融循环损伤试样,部分热冲击循环损伤红砂岩圆盘试样劈裂后由于半圆盘受偏心压力而导致端部尖角处弯折破坏,出现近似平行于临空面的竖向裂隙,所形成的试样碎片多呈长条状。

图 3.18(a)(b)所示分别为冻融和热冲击损伤红砂岩圆盘试样劈裂破坏面。可以发现,冻融损伤试样劈裂面产生许多碎屑状、毛刺状岩屑,说明红砂岩在冻融循环作用下矿物颗粒间黏结作用大大降低。热冲击损伤试样劈裂面出现大量深色色斑,该色斑在所有热冲击损伤试样劈裂面均不同程度存在,且随热冲击循环次数增多而变得密集。该现象应为热冲击循环过程中,试样中水反复迅速升温与迅速冷却并频繁发生水-汽相变作用所致。热蒸汽作用下,试样内部形成分散的小孔隙。在劈裂破坏后,分布在劈裂面位置的小孔隙孔隙壁与周围新劈裂面相比颜色较深,

进而呈现出深色斑点。

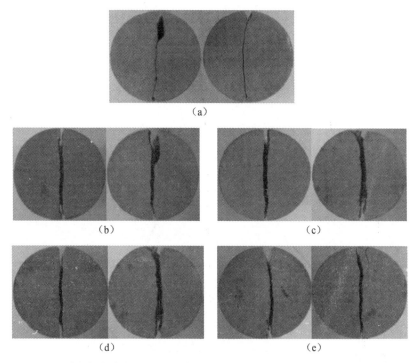

（a）

（b）　　　　　　（c）

（d）　　　　　　（e）

图 3.17　不同次数热冲击(TS)循环作用后红砂岩巴西圆盘试样劈裂拉伸破坏形态
(a)0 TS（干燥试样）;(b)10 TS;(c)20 TS;(d)30 TS;(e)40 TS

（a）　　　　　　（b）

图 3.18　冻融和热冲击损伤红砂岩巴西圆盘试样劈裂面形貌
(a)冻融循环;(b)热冲击循环

3.3.3　水热耦合损伤红砂岩劈裂拉伸力学特性

3.3.3.1　劈拉力学指标求解

由图 3.15 可知,红砂岩巴西圆盘试样在劈裂破坏前没有明显的屈服阶段。圆盘试样的应力状态可近似采用弹性力学理论进行求解。

如图 3.19 所示,劈裂试验中,通过试验机对试样沿直径对向施加线荷载 P。

根据圆盘径向受压的弹性解,圆盘中任一点 $A(x,y)$ 的应力状态[169] 可表示为

$$
\left.
\begin{aligned}
\sigma_x &= \frac{2P}{\pi h}\left(\frac{\sin^2\theta_1\cos\theta_1}{r_1}+\frac{\sin^2\theta_2\cos\theta_2}{r_2}\right)-\frac{2P}{\pi dh} \\[2mm]
\sigma_y &= \frac{2P}{\pi h}\left(\frac{\cos^3\theta_1}{r_1}+\frac{\cos^3\theta_2}{r_2}\right)-\frac{2P}{\pi dh} \\[2mm]
\tau_{xy} &= \frac{2P}{\pi h}\left(\frac{\cos^2\theta_1\sin\theta_1}{r_1}+\frac{\cos^2\theta_2\sin\theta_2}{r_2}\right)
\end{aligned}
\right\}
\tag{3.12}
$$

式中,h,d 分别为圆盘试样的厚度和直径,其他参数如图 3.19 所示。

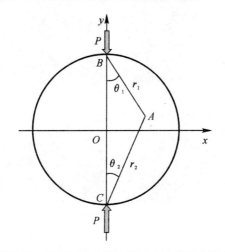

图 3.19　巴西圆盘受径向压力应力状态示意图

根据格里菲斯强度准则(Griffith Criterion)[170]:当 $\sigma_1+3\sigma_3 \geqslant 0$ 时

$$
\sigma_t = -\frac{(\sigma_1-\sigma_3)^2}{8(\sigma_1+\sigma_3)}
\tag{3.13}
$$

当 $\sigma_1+3\sigma_3 < 0$ 时

$$
\sigma_t = -\sigma_3
\tag{3.14}
$$

式中,σ_t 为试样单轴抗拉强度;σ_1,σ_3 分别为最大和最小主应力(以拉应力为负)。

据式(3.13)可求得圆盘试样圆心处($\theta_1=\theta_2=0$,$r_1=r_2=d/2$)应力状态为

$$
\left.
\begin{aligned}
\sigma_1 &= \sigma_y = \frac{6P}{\pi dh} \\[2mm]
\sigma_3 &= \sigma_x = -\frac{2P}{\pi dh}
\end{aligned}
\right\}
\tag{3.15}
$$

满足 $\sigma_1+3\sigma_3=0$,根据 Griffith 强度准则可求得试样劈裂拉伸强度(Splitting Tensile Strength,STS)为

$$
\text{STS} = \frac{2P_{\max}}{\pi dh}
\tag{3.16}
$$

式中,P_{max}为劈裂拉伸过程中竖向荷载最大值。

由图3.15可知,在巴西圆盘试验中,试样在达到荷载极值点之前未发生明显屈服。与单轴压缩曲线进行比较可以发现,劈裂拉伸荷载-位移曲线峰值前的线性段也能够反映试样的弹性性质。基于此,喻勇[171]等人认为,将加载点荷载-位移曲线中荷载值除以圆盘试样子午面面积,位移值除以圆盘直径,由此得到的新曲线(与原荷载-位移曲线具有相同的形状)直线段斜率具有模量的量纲,反映了岩石的弹性特征,并定义新曲线直线段斜率为劈裂模量E_t,即

$$E_t = \left(\frac{P_B - P_A}{dh}\right) \Big/ \left(\frac{D_B - D_A}{d}\right) \tag{3.17}$$

式中,P_B,P_A分别为图3.13中荷载-位移曲线B,A点荷载值;D_B,D_A分别为图3.13中B,A点位移值;d,h分别为圆盘试样的直径和厚度。

需要说明的是,式(3.17)所求的劈裂模量并不符合严格意义上模量的定义,即材料受力状态下应力与应变之比。但该定义方法确实能够反映巴西圆盘试样劈裂破坏过程的弹性变形特征,又符合模量的量纲,因此本书采用该方法分析红砂岩劈裂破坏的弹性变形特征。

依照式(3.16)、式(3.17)求得不同水热耦合损伤状态下红砂岩试样单轴抗拉强度与劈裂模量,如表3.2所示。

表3.2　不同水热耦合损伤状态下红砂岩试样单轴抗拉强度与劈裂模量

劈裂拉伸试验		试样编号 ST - H40 - 3	抗拉强度/MPa		劈裂模量/GPa	
			测试值	均值	测试值	均值
新鲜试样	自然 (N)	ST - N - 1	3.01	3.07	1.03	1.05
		ST - N - 2	3.41		1.16	
		ST - N - 3	2.80		0.95	
	干燥 (D)	ST - D - 1	4.40	4.48	1.78	1.80
		ST - D - 2	4.39		1.78	
		ST - D - 3	4.66		1.86	
	吸水 (A)	ST - A - 1	2.62	2.42	0.89	0.81
		ST - A - 2	2.43		0.78	
		ST - A - 3	2.22		0.75	
	饱水 (S)	ST - S - 1	2.12	2.05	0.63	0.59
		ST - S - 2	1.96		0.54	
		ST - S - 3	2.08		0.60	

续表

劈裂拉伸试验		试样编号 ST - H40 - 3	抗拉强度/MPa		劈裂模量/GPa	
			测试值	均值	测试值	均值
冻融循环损伤试样（饱水状态）	循环 5 次 (5 F - T)	ST - F5 - 1	1.41	1.39	0.53	0.52
		ST - F5 - 2	1.29		0.49	
		ST - F5 - 3	1.45		0.55	
	循环 10 次 (10 F - T)	ST - F10 - 1	0.93	1.02	0.32	0.36
		ST - F10 - 2	1.03		0.35	
		ST - F10 - 3	1.09		0.39	
	循环 15 次 (15 F - T)	ST - F15 - 1	0.69	0.68	0.19	0.19
		ST - F15 - 2	0.62		0.17	
		ST - F15 - 3	0.72		0.20	
	循环 25 次 (25 F - T)	ST - F25 - 1	0.24	0.26	0.09	0.09
		ST - F25 - 2	0.25		0.09	
		ST - F25 - 3	0.28		0.10	
热冲击循环损伤试样（干燥状态）	循环 10 次 (10 TS)	ST - H10 - 1	3.67	3.40	1.09	1.04
		ST - H10 - 2	3.22		1.01	
		ST - H10 - 3	3.32		1.03	
	循环 20 次 (20 TS)	ST - H20 - 1	2.47	2.70	0.63	0.68
		ST - H20 - 2	2.87		0.73	
		ST - H20 - 3	2.76		0.69	
	循环 30 次 (30 TS)	ST - H30 - 1	2.22	2.18	0.44	0.42
		ST - H30 - 2	2.10		0.40	
		ST - H30 - 3	2.21		0.43	
	循环 40 次 (40 TS)	ST - H40 - 1	1.70	1.72	0.31	0.32
		ST - H40 - 2	1.85		0.37	
		ST - H40 - 3	1.62		0.29	

3.3.3.2 静态抗拉强度

图 3.20 所示为巴西圆盘试验所得到的不同水热耦合损伤红砂岩试样抗拉强度(STS)变化规律。其中,图 3.20(a)所示为 STS 的平均值;图 3.20(b)所示为随冻融／热冲击循环次数增加,STS 的相对降低百分率。红砂岩自然试样经干燥后

STS 由 3.07 MPa 提高至 4.48 MPa,经饱水后降至 2.05 MPa,含水状态对 STS 影响显著。冻融损伤试样与饱水试样同在试样饱水状态下进行劈裂拉伸试验,冻融损伤试样 STS 随循环次数增加逐渐降低,经 5 次、10 次、15 次、25 次冻融循环后,红砂岩 STS 均值分别为 1.39 MPa,1.02 MPa,0.68 MPa,0.26 MPa,与饱水试样相比降幅分别达到 32.13%,50.36%,66.77%,87.30%。热冲击损伤试样与干燥试样同在试样干燥状态下进行劈裂拉伸试验,热冲击损伤红砂岩试样 STS 随循环次数增加逐渐降低。经 10 次、20 次、30 次、40 次热冲击循环后,红砂岩 STS 均值分别为 3.40 MPa,2.70 MPa,2.18 MPa,1.72 MPa,与干燥试样相比降幅分别达到 24.14%,39.83%,51.41%,61.69%。

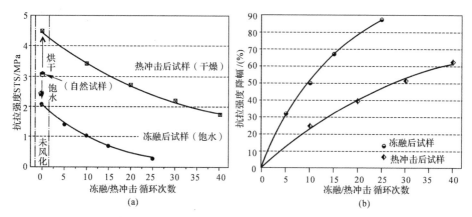

图 3.20   不同损伤状态下红砂岩抗拉强度(STS)变化规律
(a)STS;(b)不同次数冻融/热冲击循环后 STS 相对降幅

采用指数函数能够较好地对红砂岩 STS 随冻融及热冲击循环次数变化的规律进行拟合。红砂岩 STS 随循环作用次数增加的变化规律(单位:MPa)符合

$$\left.\begin{array}{l} \text{F-T:STS} = -0.18 + 2.22e^{-0.064N}, \text{Adj.}R^2 = 0.997 \\ \text{TS:STS} = 0.68 + 3.79e^{-0.032N}, \text{Adj.}R^2 = 0.998 \end{array}\right\} \quad (3.18)$$

红砂岩 STS 相对下降幅度($\Delta_{r,STS}$)(单位:%)符合

$$\left.\begin{array}{l} \text{F-T:}\Delta_{r,STS} = 108.96 - 108.29e^{-0.064N}, \text{Adj.}R^2 = 0.997 \\ \text{TS:}\Delta_{r,STS} = 84.76 - 84.46e^{-0.032N}, \text{Adj.}R^2 = 0.998 \end{array}\right\} \quad (3.19)$$

3.3.3.3   静态劈裂模量

图 3.21 所示为采用式(3.17)[171] 计算所得不同水热耦合损伤红砂岩试样劈裂模量(E_t)变化规律。其中,图 3.21(a)所示为 E_t 的平均值;图 3.21(b)所示为随冻融/热冲击循环次数增加,E_t 的相对降低百分率。自然状态下红砂岩 E_t 为 1.05 GPa,经干燥后增长为 1.80 GPa,经饱水后降至 0.59 GPa。红砂岩 E_t 随冻融

循环和热冲击循环次数增加均逐渐降低,经 25 次冻融循环后与饱水试样相比降幅达到 84.59%;经 40 次热冲击循环后与干燥试样相比降幅达到 82.04%。

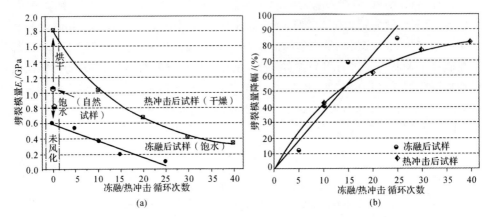

图 3.21　不同损伤状态下红砂岩劈裂模量(E_t)变化规律
(a)E_t;(b)不同次数冻融/热冲击循环后 E_t 的相对降幅

红砂岩 E_t 随冻融次数的增加近似线性降低,采用线性函数能够较好地对其规律进行拟合。与之相比,E_t 随热冲击循环作用次数的增加逐渐降低但降速减缓,采用指数函数能够较好地对其规律进行拟合。随着冻融及热冲击次数的增加,红砂岩 E_t 变化(单位:GPa)符合

$$\left.\begin{array}{l} \text{F-T:} E_t = 0.59 - 0.022N, \text{Adj.}R^2 = 0.928 \\ \text{TS:} E_t = 0.18 + 1.62e^{-0.062N}, \text{Adj.}R^2 = 0.998 \end{array}\right\} \quad (3.20)$$

红砂岩 E_t 相对下降幅度(Δ_{r,E_t})(单位:%)符合

$$\left.\begin{array}{l} \text{F-T:} \Delta_{r,E_t} = 0.79 + 3.64N, \text{Adj.}R^2 = 0.928 \\ \text{TS:} \Delta_{r,E_t} = 89.76 - 89.58e^{-0.062N}, \text{Adj.}R^2 = 0.998 \end{array}\right\} \quad (3.21)$$

与单轴压缩力学特性指标相似,冻融循环作用对红砂岩试样 STS 的影响也比热冲击循环作用更为显著。不过,红砂岩 E_t 的情况与 STS 不同。在 20 次循环范围内,冻融循环与热冲击循环对红砂岩 E_t 的影响差别不大,超过 20 次循环作用后,冻融循环损伤持续线性增长,而热冲击循环导致的 E_t 下降速率变缓。

对比不同水热耦合损伤条件下红砂岩试样压缩力学特征指标与拉伸力学特征指标的不同变化可知,水热耦合损伤导致的红砂岩抗拉力学特征指标变化幅度更大。以 UCS 与 STS 为例,本书水热耦合损伤条件下,红砂岩 UCS 下降幅度均小于 50%;但仅仅在 10 次冻融或 30 次热冲击循环作用之后,红砂岩 STS 下降幅度已超过 50%,经 25 次冻融或 40 次热冲击循环作用之后,STS 降幅更是分别达到了 87.30% 和 61.69%。

3.4　水热耦合损伤岩石变角剪切力学行为

由 3.2 节对岩石破坏形态的分析可知,剪切破坏是岩石破坏的基本形式之一。工程岩石的受剪破坏常不是单纯的剪切,而是正应力和剪应力共同作用下岩石超过了其极限应力状态[172]。因此,本书采用变角剪切试验,研究岩石在不同剪切角下的力学行为,进而分析不同水热耦合损伤条件对红砂岩剪切力学特性的影响规律。

3.4.1　变角剪切试验

变角剪切试验试样依 2.2.1 节所述方法经切割、端面磨平等工序制得,试样规格为 70 mm × 70 mm × 70 mm 的立方体试样,试样各端面不平行度误差小于 0.05 mm。水热耦合损伤条件设置与静压试验相同。

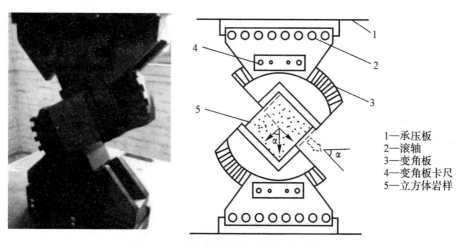

1—承压板
2—滚轴
3—变角板
4—变角板卡尺
5—立方体岩样

图 3.22　变角剪切夹具及剪切角示意图

如图 3.22 所示,变角剪切试验采用变角剪切夹具进行,在电液伺服试验机平台上完成。剪切夹具上、下两端均自带可侧向滚动的滚轴,以尽量消除试样剪切变形过程中水平方向摩擦,保证荷载沿竖直方向。剪切角(剪切面和水平面的夹角)设定为 40°,50° 和 60° 三个等级;每一个水热耦合损伤条件组均包含有 9 个红砂岩试样,每个剪切角等级各 3 个,试验结果均取均值进行分析。

试验前,调节变角板卡尺,将上、下两个剪切夹具变角板调至所设定剪切角并保证上、下角度一致。将立方体试样放置到夹具中央,保证侧面不突出夹具。置于压力机压头中心,调整压头高度使之与剪切夹具紧密接触。通过电液伺服系统控制加载,试验期间注意观察试样表面裂隙发育和破坏情况。

图 3.23 所示为变角剪切试验过程中红砂岩试样竖向荷载位移实时记录并绘制的荷载-位移曲线。不同剪切角条件下,红砂岩竖向荷载-位移曲线也具有显著的阶段特征。根据各阶段曲线形态和试样变形规律的不同,大致可分为压密阶段(OA)、线性变形阶段(AB)、屈服滑移阶段(BC)和破坏阶段(CD)。

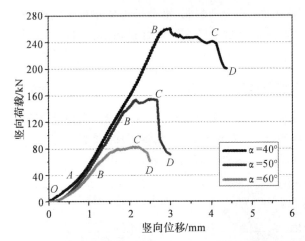

图 3.23　变角剪切试验中红砂岩试样典型竖向荷载-位移曲线(以饱水试样为例)

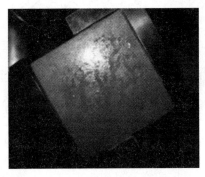

图 3.24　变角剪切加载初期红砂岩饱水试样表面大量水分渗出

不同剪切角下,加载初期均会呈现明显的压密阶段,红砂岩孔隙及缺陷渐渐被挤压闭合密实。进入压密阶段后,在饱水状态下进行剪切的试样会在挤压作用下由内部向表面渗水(见图 3.24)。随后,荷载随位移近似线性增长,荷载-位移曲线进入线性变形阶段,不同剪切角下该阶段曲线斜率无显著差异,所不同的是随着剪切角增大,线性变形段明显变短,屈服点(B 点)荷载值显著降低。该阶段试样表面无明显裂隙出现。荷载继续增大,试样内部微裂隙不断发育,试样变形增大,荷载-位移曲线进入屈服滑移阶段。该阶段荷载波动起伏,出现多个局部荷载高值,主要是因为这一阶段大量微裂隙不断发育并贯通;试样表面特别是剪切面附近逐渐有显裂纹出现。试样沿剪切滑移面错动,荷载降低;又由于试样矿物颗粒间摩擦咬合等相互作用,重回平衡状态,荷载又小幅升高;继而又由于荷载升高,剪切力的增大导致相互摩擦咬合的矿物颗粒等发生脱粒、变形、破坏等,摩擦作用减弱,试样再次发生剪切滑移,荷载降低。因此,荷载-位移曲线屈服滑移阶段呈现波动,位移增长明显。在试样屈服滑移阶段,一方面,剪切滑移面试样矿物颗粒不断被滑动摩擦破坏,相互摩擦咬合作用减弱,另一方面,脱落的矿物颗粒在剪切面内滚动起到润滑作用,进一步降低了摩擦咬合作用,荷载-位移曲线破坏阶段荷载迅速降低。破坏后试样剪切面上摩擦痕迹明显,有大量的脱落颗粒(见图 3.25)。

(a)

(b)

(c)

图 3.25　变角剪切试验中红砂岩试样典型破坏形态(以饱水试样为例)

(a)$\alpha = 40°$;(b)$\alpha = 50°$;(c)$\alpha = 60°$

图 3.25 所示为不同剪切角下红砂岩试样的典型破坏形态。可以发现,随着剪切角的增大,红砂岩试样碎块越少,剪切面越平整。剪切角为 40° 时,红砂岩试样

同时呈现出压缩和剪切破坏的特征,压剪作用下,试样侧面(无约束)发生明显破碎脱落,在侧面形成一组"X"状的共轭斜面破坏,试样呈哑铃形,减小了剪切面面积,剪切应力增大,进而沿剪切面发生剪切破坏;剪切角为60°时,红砂岩试样呈典型的剪切破坏形态,试样沿剪切面破坏成较为完整的两半,剪切滑移面平整,压缩破坏不明显;剪切角为50°时,试样破坏形态介于剪切角40°和60°之间,试样侧面较少碎片脱落,剪切面较为完整。

3.4.2　水热耦合损伤红砂岩剪切强度参数

3.4.2.1　剪切强度参数计算

变角剪切试验通过使用角度可调的夹具,使试样在竖向荷载作用下沿预设剪切角剪断。由静力学分析可以求解试验过程中试样的受力状态[173],即

$$\left.\begin{aligned}\tau &= \frac{P}{A}(\sin\alpha - f\cos\alpha)\\\sigma &= \frac{P}{A}(\cos\alpha + f\sin\alpha)\end{aligned}\right\} \tag{3.22}$$

式中,τ 为剪应力(MPa);σ 为正应力(MPa);P 为竖向荷载(N);A 为剪切面面积(mm²);α 为剪切角(°);f 为滚轴摩擦系数,可按 $f=\frac{1}{nD}$ 计算,其中,n,D 分别为滚轴根数和滚轴直径(mm)。

由式(3.22)及不同剪切角下红砂岩试样剪切破坏过程中的荷载最大值,可以求得不同剪切角下红砂岩试样剪切破坏的极限剪应力及相应的极限正应力,如表3.3所示。因数据量大,对于同一水热耦合损伤条件及同一剪切角下进行剪切试验的三块红砂岩试样,表3.3中其极限正应力与极限剪应力取均值列示。可见,相同水热耦合损伤条件下,红砂岩试样极限正应力与极限剪应力均随剪切角变大而降低,其中,极限正应力降速更快。剪切角为40°时,试样极限正应力大于极限剪应力,随着剪切角变大,当剪切角为60°时,试样极限正应力小于极限剪应力。

在相同剪切角条件下,不同水热耦合损伤条件下红砂岩试样极限剪应力与极限正应力变化也较为明显。对于新鲜试样,其极限剪应力与极限正应力均随含水率的升高而降低;对于冻融循环损伤试样,随着冻融循环次数的增加,红砂岩试样极限剪应力与极限正应力下降明显,幅度较大;对于热冲击循环损伤试样,极限剪应力与极限正应力也随着循环次数的增加而降低,但降幅较冻融循环略小。

表 3.3 不同剪切角下水热耦合损伤红砂岩试样平均极限剪应力与极限正应力

变角剪切试验		试验组编号	剪切角/(°)	极限正应力 σ/MPa	极限剪应力 τ/MPa
新鲜试样	自然 (N)	SS - N - 40	40	48.1	40.4
		SS - N - 50	50	20.3	24.2
		SS - N - 60	60	9.6	16.6
	干燥 (D)	SS - D - 40	40	63.9	53.7
		SS - D - 50	50	27.2	32.4
		SS - D - 60	60	12.4	21.4
	吸水 (A)	SS - A - 40	40	38.5	32.3
		SS - A - 50	50	18.6	22.1
		SS - A - 60	60	7.7	13.3
	饱水 (S)	SS - S - 40	40	34.4	28.9
		SS - S - 50	50	17.3	20.6
		SS - S - 60	60	7.2	12.5
冻融损伤试样	循环 5 次 (5 F - T)	SS - F5 - 40	40	29.5	24.8
		SS - F5 - 50	50	15.6	18.6
		SS - F5 - 60	60	6.3	10.8
	循环 10 次 (10 F - T)	SS - F10 - 40	40	26.4	22.1
		SS - F10 - 50	50	13.8	16.5
		SS - F10 - 60	60	5.9	10.2
	循环 15 次 (15 F - T)	SS - F15 - 40	40	21.6	18.1
		SS - F15 - 50	50	11.7	13.9
		SS - F15 - 60	60	5.1	8.8
	循环 25 次 (25 F - T)	SS - F25 - 40	40	14.7	12.3
		SS - F25 - 50	50	8.4	10.0
		SS - F25 - 60	60	4.5	7.8
热冲击损伤试样	循环 10 次 (10 TS)	SS - H10 - 40	40	53.6	45.0
		SS - H10 - 50	50	25.7	30.6
		SS - H10 - 60	60	10.6	18.4
	循环 20 次 (20 TS)	SS - H20 - 40	40	46.0	38.6
		SS - H20 - 50	50	22.5	26.8
		SS - H20 - 60	60	9.9	17.1
	循环 30 次 (30 TS)	SS - H30 - 40	40	40.1	33.6
		SS - H30 - 50	50	20.5	24.4
		SS - H30 - 60	60	9.2	15.9
	循环 40 次 (40 TS)	SS - H40 - 40	40	35.1	29.4
		SS - H40 - 50	50	18.9	22.6
		SS - H40 - 60	60	8.6	14.9

剪切强度表示材料抵抗剪切破坏的能力,常用黏聚力和内摩擦角两个参数表示。根据库伦准则[170](Coulomb Criterion),有

$$|\tau| = C + f\sigma = C + \sigma\tan\varphi \tag{3.23}$$

即在岩石压剪破坏中,一部分剪切力用来克服岩石颗粒黏聚力,使颗粒彼此脱离;另一部分用来克服摩擦力,使颗粒发生错动而最终破坏,其中,黏聚力与正应力无关,摩擦力与正应力成正比关系,如图 3.26 所示。

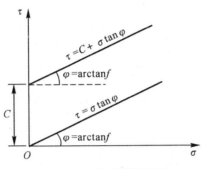

图 3.26 库伦准则的图示

式(3.23)与图 3.26 中,库伦准则参数的几何与物理意义如表 3.4 所示。

表 3.4 库伦准则参数意义

条件	几何意义	物理意义
$\sigma = 0, \|\tau\| = C$	C—τ 轴截距	C— 黏聚力,即无正压力时的剪切强度
$C = 0, \|\tau\| = f\sigma$	f— 直线斜率;φ— 直线倾角	$f = \tan\varphi$,内摩擦系数;φ— 内摩擦角

由此,可根据变角剪切试验结果由图解法求得剪切强度参数。不同水热耦合损伤条件及不同剪切角作用下红砂岩极限剪应力-极限正应力关系曲线如图 3.27 所示。

根据库伦准则,对图 3.27 中相同水热耦合损伤条件下红砂岩试样在不同剪切角下的极限剪应力和极限正应力进行线性拟合,将不同水热耦合损伤条件下红砂岩试样剪切强度包络线简化为直线形式。线性拟合结果即为不同水热耦合损伤条件下红砂岩试样的库伦强度准则表达式。

图 3.27(a) 所示为新鲜红砂岩不同含水率状态下剪切强度包络线,其库伦强度准则表达式分别为

$$\left.\begin{array}{l} 干燥岩样:\tau = 14.58 + \sigma\tan31.6° \\ 自然岩样:\tau = 11.19 + \sigma\tan31.4° \\ 吸水岩样:\tau = 9.52 + \sigma\tan31.2° \\ 饱水岩样:\tau = 9.05 + \sigma\tan30.6° \end{array}\right\} \tag{3.24}$$

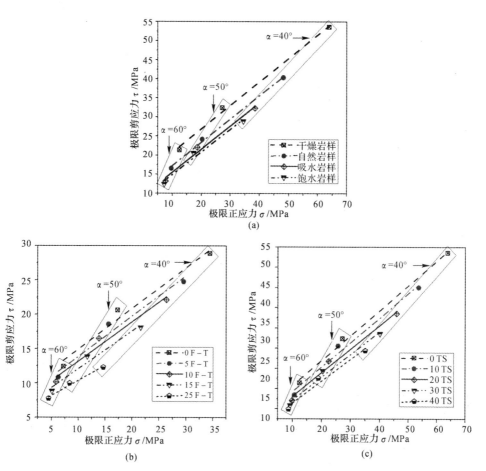

图 3.27　不同含水率及水热耦合损伤试样剪切强度包络线图

（a）不同含水状态下新鲜试样；（b）冻融循环损伤试样；（c）热冲击循环损伤试样

　　图 3.27（b）所示为经不同次数冻融循环后红砂岩剪切强度包络线。其库伦强度准则表达式分别为（0 F－T 即为饱水新鲜试样，未经冻融损伤）

$$
\left.
\begin{array}{l}
0\ \mathrm{F-T}：\tau=9.05+\sigma\tan30.6° \\
5\ \mathrm{F-T}：\tau=8.01+\sigma\tan30.4° \\
10\ \mathrm{F-T}：\tau=7.48+\sigma\tan29.8° \\
15\ \mathrm{F-T}：\tau=6.57+\sigma\tan28.9° \\
25\ \mathrm{F-T}：\tau=6.00+\sigma\tan23.7°
\end{array}
\right\}
\tag{3.25}
$$

　　图 3.27（c）所示为经不同次数热冲击循环后红砂岩剪切强度包络线。其库伦强度准则表达式分别为（0 TS 即为干燥新鲜试样，未经热冲击损伤）

$$\left.\begin{array}{l} 0\ \text{TS}: \tau = 14.58 + \sigma\tan31.6° \\ 10\ \text{TS}: \tau = 13.20 + \sigma\tan31.2° \\ 20\ \text{TS}: \tau = 12.27 + \sigma\tan30.2° \\ 30\ \text{TS}: \tau = 11.58 + \sigma\tan29.3° \\ 40\ \text{TS}: \tau = 11.08 + \sigma\tan28.3° \end{array}\right\} \tag{3.26}$$

式(3.24)～式(3.26)中,τ 和 σ 分别表示试样剪切破坏过程中的极限剪应力和极限正应力,单位均为 MPa。

根据表 3.4 所列各参数的几何及物理意义,由式(3.24)～式(3.26)所求得的不同条件下红砂岩库伦强度准则表达式,易得到不同水热耦合损伤条件下红砂岩黏聚力和内摩擦角(内摩擦因数)等剪切强度参数,如表 3.5 所示。

表 3.5　不同水热耦合损伤条件下红砂岩剪切强度参数

变角剪切试验		试验组编号	黏聚力 C / MPa	内摩擦因数 f	内摩擦角 φ	
					弧度	（°）
新鲜试样	自然,N	SS - N	11.19	0.610 2	0.547 9	31.39
	干燥,D	SS - D	14.58	0.616 0	0.552 1	31.63
	吸水,A	SS - A	9.52	0.604 7	0.543 8	31.16
	饱水,S	SS - S	9.05	0.590 9	0.533 7	30.58
冻融损伤试样	5 次,5 F - T	SS - F5	8.01	0.587 2	0.530 9	30.42
	10 次,10 F - T	SS - F10	7.48	0.571 8	0.519 4	29.76
	15 次,15 F - T	SS - F15	6.57	0.551 5	0.504 0	28.88
	25 次,25 F - T	SS - F25	6.00	0.438 1	0.412 9	23.66
热冲击损伤试样	10 次,10 TS	SS - H10	13.20	0.605 1	0.544 2	31.18
	20 次,20 TS	SS - H20	12.27	0.583 1	0.527 9	30.24
	30 次,30 TS	SS - H30	11.58	0.562 1	0.512 1	29.34
	40 次,40 TS	SS - H40	11.08	0.537 5	0.493 2	28.26

3.4.2.2　黏聚力

图 3.28 所示为变角剪切试验所得到的不同水热耦合损伤红砂岩试样黏聚力(C)变化规律。其中,图 3.28(a)所示为 C 的平均值;图 3.28(b)所示为随冻融/热冲击循环次数增加,红砂岩试样 C 的相对降低百分率。红砂岩自然试样经干燥后 C 由 11.19 MPa 提高至 14.58 MPa,经饱水后降至 9.05 MPa,含水率对 C 影响显著。红砂岩 C 随冻融和热冲击循环次数的增加均逐渐降低,经 25 次冻融循环后其均值与饱水试样相比降幅达到 33.70%,经 40 次热冲击循环后

其均值与干燥试样相比降幅达到 23.97%。

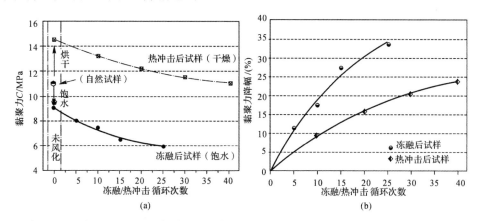

图 3.28　不同含水率及水热耦合损伤红砂岩黏聚力（C）变化规律

(a)C；(b)不同次数冻融/热冲击循环后 C 相对降幅

红砂岩 C 随冻融及热冲击循环作用次数的增加而逐渐降低，降低速率逐渐减小，采用指数函数能够较好地对这种收敛性下降规律进行拟合。红砂岩 C 变化（单位：MPa）规律分别符合

$$\left.\begin{array}{l} \text{F-T：} C=4.90+4.15\text{e}^{-0.055N}，\text{Adj.}R^2=0.979 \\ \text{TS：} C=9.91+4.66\text{e}^{-0.034N}，\text{Adj.}R^2=0.999 \end{array}\right\} \quad (3.27)$$

红砂岩 C 相对变化（$\Delta_{r,C}$）（单位：%）符合

$$\left.\begin{array}{l} \text{F-T：} \Delta_{r,C}=45.83-45.86\text{e}^{-0.055N}，\text{Adj.}R^2=0.979 \\ \text{TS：} \Delta_{r,C}=31.99-31.96\text{e}^{-0.034N}，\text{Adj.}R^2=0.999 \end{array}\right\} \quad (3.28)$$

3.4.2.3　内摩擦角

图 3.29 所示为变角剪切试验所得到的不同水热耦合损伤红砂岩试样内摩擦角（以角度表示，φ）的变化规律。其中，图 3.29(a) 所示为 φ 的平均值；图 3.29(b) 所示为随冻融／热冲击循环次数增加，红砂岩试样 φ 的相对降低百分率。冻融循环损伤红砂岩 φ 随循环次数增加逐渐降低，经 25 次冻融循环后其均值与饱水试样相比下降 22.64%。热冲击循环损伤红砂岩 φ 随循环次数增加逐渐降低，经 40 次热冲击循环后其均值下降 10.67%。

红砂岩 φ 随冻融及热冲击循环次数的增加而逐渐降低。其中，随热冲击次数的增加，降低速率略有增大；随着冻融次数的增加，φ 下降加快，特别是 25 次冻融循环以后下降速率明显增大。采用指数函数能够较好地对其进行拟合。红砂岩 φ 变化（单位：MPa）规律分别符合

$$\left.\begin{array}{l} \text{F-T：} \varphi=30.93-0.31\text{e}^{0.126N}，\text{Adj.}R^2=0.999 \\ \text{TS：} \varphi=34.61-2.92\text{e}^{0.020N}，\text{Adj.}R^2=0.994 \end{array}\right\} \quad (3.29)$$

红砂岩 φ 相对变化($\Delta_{\mathrm{r},\varphi}$)(单位:%)符合

$$\left.\begin{array}{l} \mathrm{F-T}:\Delta_{\mathrm{r},\varphi}=-1.14+1.03\mathrm{e}^{0.126N}\ ,\ \mathrm{Adj}.R^2=0.999\\ \mathrm{TS}:\Delta_{\mathrm{r},\varphi}=-9.40+9.23\mathrm{e}^{0.020N}\ ,\ \mathrm{Adj}.R^2=0.994 \end{array}\right\}\quad(3.30)$$

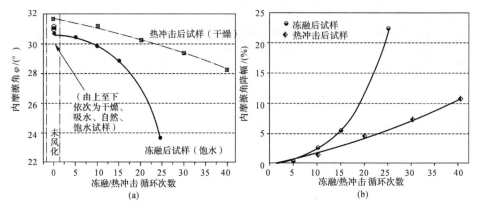

图 3.29　不同含水率及水热耦合损伤红砂岩内摩擦角(φ)变化规律

(a)φ;(b)不同次数冻融/热冲击循环后 φ 相对降幅

3.5　小　　结

　　本章以经受不同水热耦合损伤作用后的红砂岩试样为研究对象,进行了准静态荷载作用下的单轴压缩、劈裂拉伸和变角剪切试验;对不同含水状态的新鲜红砂岩试样和经不同次数冻融循环或热冲击循环后的红砂岩试样的力学参数进行研究;分析了水热耦合损伤对红砂岩静力学特性的影响规律。主要结论如下:

　　(1)红砂岩试样不同含水状态下力学特性变化明显。干燥试样承受压缩、劈拉、剪切荷载的能力均明显高于含水试样。随着含水率的增加,红砂岩试样抗压强度、抗拉强度、黏聚力、内摩擦角等强度指标降低明显,压缩荷载下的弹性模量、变形模量和拉伸试验中试样劈裂模量等变形特性指标也有不同程度降低,试样抵抗变形的能力减弱。

　　(2)水热耦合损伤对红砂岩试样力学特性指标劣化作用十分显著。随着冻融/热冲击循环次数增加,红砂岩各主要力学指标均有显著变化。抗压强度、抗拉强度、黏聚力、内摩擦角等强度指标降低明显,压缩荷载下的弹性模量、变形模量和拉伸试验中试样劈裂模量等变形特性指标也有不同程度降低,试样抵抗变形的能力减弱。相比较而言,冻融循环比热冲击循环劣化作用更为显著。

　　(3)水热耦合损伤对红砂岩试样变形破坏过程有明显影响。在单轴压缩、劈裂拉伸、变角剪切试验中,红砂岩试样随着冻融/热冲击循环次数增加均出现规律性

的变化,如加载曲线初期压密阶段更为明显,峰后荷载跌落减缓,试样脆性降低,延性特征增强等。

(4)水热耦合损伤对红砂岩试样压缩破坏形态也有较大影响。冻融损伤红砂岩随着冻融循环次数的增加,试样单轴压缩破坏形式由以剪切破坏为主,逐步到剪切-张拉破坏,再逐步过渡到以张拉破坏为主;热冲击损伤红砂岩随着热冲击循环次数的增加,试样单轴压缩破坏剪切和张拉破坏面增多,更为碎片化。

第 4 章
水热耦合损伤岩石冲击力学行为

4.1 引　　言

地震动、爆破开挖、机械施工、设备振动等诱发的动荷载作用对岩石工程有很大影响;对国防军事和重要战略工程而言,其设计施工还必须考虑武器打击作用下的毁伤效果和生存问题。由于工程岩石所赋存的水热耦合损伤环境,研究水热耦合损伤岩石冲击荷载下的力学行为,具有显著的理论价值和工程意义。

SHPB 技术测试方法巧妙、应变率范围关键、入射波形易于控制[174],经过几十年的研究改进,已经成为获得中高应变率范围内材料应力-应变关系和动力学特性指标的重要手段[175,189]。本章采用 SHPB 试验技术,对经受不同水热耦合损伤作用后的红砂岩试样进行不同应变率等级下的冲击压缩和冲击劈拉试验。分析不同水热耦合损伤条件和应变率等因素对冲击压缩荷载下红砂岩应力-应变曲线、压缩强度、变形模量、破坏形态以及冲击劈拉荷载下红砂岩应力-时间曲线、劈拉强度、破坏形态的影响规律。

4.2　岩石 SHPB 冲击加载试验概述

4.2.1　SHPB 试验基本原理与数据处理

SHPB 试验系统主要包括动力系统、杆件系统、数据采集和处理系统等。本试验所采用 $\Phi 100\ mm$ SHPB 试验系统构成示意图及主要装置如图 4.1 所示。入射杆、透射杆、吸能杆长度分别为 $4.5\ m$,$2.5\ m$,$1.8\ m$,打击杆长度选定为 $0.5\ m$,发射炮管最大装弹长度(发射炮管内打击杆的加速段长度)为 $4.15\ m$。所有杆件直径均为 $100\ mm$,采用 48CrMoA 合金钢材料,其密度、泊松比、弹性模量分别为 $7\ 850\ kg/m^3$,$0.25\sim0.3$,$210\ GPa$。

SHPB 试验中,打击杆与输入杆发生共轴撞击,在输入杆中激发一入射波 ε_i。当入射波到达试样(波阻抗比杆件小) 时,试样在其作用下发生变形,入射波发生透、反射,反射波 ε_r 回到输入杆中,透射波 ε_t 经过试样进入透射杆中。假定波导杆横截面积、弹性模量、波速分别为 A,E,C。根据一维弹性应力波理论,可以推导得到入射杆、透射杆与试样相接触的端面的力和位移。

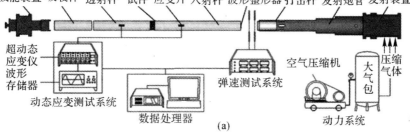

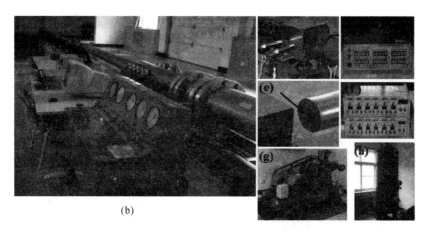

图 4.1　$\varPhi$100 mm SHPB 系统构成示意图及主要装置

(a)SHPB 系统构成示意图;(b)SHPB 系统总体;(c)(d)激光测速系统;

(e)波形整形器;(f)超动态应变仪;(g)空压机;(h)大气包

根据入射波和反射波,可以求得入射杆与试样相接触的端面(试样前端面)的力和位移分别为

$$P_1 = EA(\varepsilon_i + \varepsilon_r) \tag{4.1}$$

$$u_1 = C\int_0^t (\varepsilon_i - \varepsilon_r)\mathrm{d}\tau \tag{4.2}$$

根据透射波,可以求得透射杆与试样相接触的端面(试样后端面)的力和位移分别为

$$P_2 = EA\varepsilon_t \tag{4.3}$$

$$u_2 = C\int_0^t \varepsilon_t \mathrm{d}\tau \tag{4.4}$$

根据式(4.1)～式(4.4)对试样做变形协调和受力平衡分析,可进一步推导得

到其应变率、应变和应力。

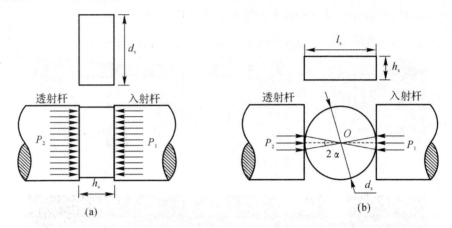

图 4.2　SHPB 冲击试验试样受力示意图

(a)冲击压缩试验圆柱体试样；　(b)冲击劈拉试验平台巴西圆盘试样

　　如图 4.2(a)所示，对于 SHPB 冲击压缩试验，采用 Φ96 mm×48 mm 的圆柱体试样，冲击加载过程中试样前、后端面分别与入射杆和透射杆保持紧密接触，则可认为其受力为前、后端面受力的均值，应变率为前、后端面速率的差。假定试样高度(厚度)和横截面积分别为 h_s，A_s，即可推导得到试样上的应变率 ε_s、应变 ε_s、和应力 σ_s 为

$$\dot{\varepsilon}_s = \frac{C}{h_s}(\varepsilon_i - \varepsilon_r - \varepsilon_t) \tag{4.5}$$

$$\varepsilon_s = \frac{C}{h_s}\int_0^t (\varepsilon_i - \varepsilon_r - \varepsilon_t)\,\mathrm{d}\tau \tag{4.6}$$

$$\sigma_s = \frac{EA}{2A_s}(\varepsilon_i + \varepsilon_r + \varepsilon_t) \tag{4.7}$$

　　式(4.5)～式(4.7)三式即为 SHPB 压缩试验中求解试样应变率、应变和应力的三波公式。

　　如图 4.2(b)所示，对于 SHPB 冲击劈拉试验，采用 Φ96 mm×30 mm，平台角 $2\alpha = 20°$的平台巴西圆盘试样。假定试样高度(厚度)和直径分别为 h_s，d_s，根据式(4.2)、式(4.4) 可求得巴西平台试样沿冲击方向的压缩应变率和压缩应变：

$$\dot{\varepsilon}_s = \frac{C}{l_s}(\varepsilon_i - \varepsilon_r - \varepsilon_t) \tag{4.8}$$

$$\varepsilon_s = \frac{C}{l_s}\int_0^t (\varepsilon_i - \varepsilon_r - \varepsilon_t)\,\mathrm{d}\tau \tag{4.9}$$

式中，$l_s = d_s\cos\left(\dfrac{10\pi}{180}\right)$为平台巴西圆盘试样的平台间距。

根据式(4.1)、式(4.3)可求得巴西平台试样所受的平均荷载为

$$F_s = \frac{EA}{2}(\varepsilon_i + \varepsilon_r + \varepsilon_t) \qquad (4.10)$$

王启智等人[165-166]根据 Griffith 强度准则提出可以通过对巴西圆盘(完整圆盘)试样弹性解进行修正的方法求得平台巴西圆盘试样中心的拉应力,即

$$\sigma_t = -k\,\frac{2F_s}{\pi d_s h_s} \qquad (4.11)$$

并通过解析方法求得了修正系数 k 随平台角 2α 变化的公式,当 $2\alpha = 20°$ 时,$k \approx 0.96$[165-166]。取巴西圆盘试样冲击劈拉过程中的荷载最大值可计算试样的动态劈拉强度 STS^d,即

$$STS^d = 0.96 \times \frac{2F_{s(max)}}{\pi d_s h_s} \qquad (4.12)$$

4.2.2 SHPB 试验干扰因素控制

SHPB 技术已经广泛应用于材料动力学性能测试,但仍存在许多因素干扰其测试精度和结果有效性[176],诸如弥散效应、波动效应、惯性效应、摩擦效应、二维效应等。针对这些影响因素,在试验设计中分别进行了分析论证和有效控制,确保了试验的有效性。

(1)弥散效应。波导杆中质点存在横向惯性运动,导致入射脉冲的不同频率谐波传播速度互不相同,从而引起弥散效应。波形弥散常导致电阻应变片测得的应变波形出现高频振荡,导致所获得的材料应力-应变曲线失真。为尽量减少弥散效应影响,本试验采用如下措施:由于岩石类材料的非均质性,采用 $\Phi100$ mm 大直径波导杆,试验中选用长度为 0.5 m 的打击杆,使波导杆半径 r 与应力脉冲宽度 λ 满足 $r/\lambda \leqslant 0.1$ 的要求[177];此外,采用波形整形技术能够进一步过滤高频谐波、延长脉冲宽度。因此,波形弥散的影响可以忽略不计。

(2)波动效应。在脉冲作用的最初阶段,波动作用导致试样应力不均匀,影响应力-应变曲线,特别是其初始阶段的准确性。为尽量减小波动效应影响,获得较长的均匀加载时间,本书对试样尺寸进行了优化设计,采用 0.5∶1 的厚径比,采用应力波整形技术延长入射波的上升沿,有效降低了试样的应力不均匀性[178]。

(3)惯性效应。SHPB 试验中,外力对试样做功除导致岩石变形外,还有部分导致试样运动,引起惯性效应。研究表明,与应力不均匀性相比,惯性效应导致的误差,对结果影响较小,可以忽略[178]。

(4)摩擦效应。由于界面处试样与压杆在应力波作用下的横向运动不同,在界面处产生摩擦力会影响试样应力分布的径向均匀性。本试验中,试样长径比为0.5∶1,试样与压杆界面采用石墨和润滑剂充分润滑($\mu = 0.02 \sim 0.06$),根据

Klepczko 和 Malinewski 的修正公式,试样半径 r 和厚度 l 满足 $2\mu r/3l \ll 1$ 的条件[179],可以不予考虑。

(5)二维效应。当试样的径向尺寸与压杆相差较大时,由于面积失匹会引起应力波传播的二维效应。降低二维效应最主要的是使试样直径与压杆尽量接近。本试验中,考虑到试样受力过程中的横向变形,初始尺寸控制为直径 96 mm,与杆径(100 mm)匹配性较好。

4.2.3 SHPB 波形整形技术及其效用

由 4.2.2 中分析可知,波形整形技术是 SHPB 试验中的关键技术之一,对消除入射脉冲高频振荡,降低弥散效应影响,减小试样应力不均匀性等具有较好效果,合理的整形器设计还可以实现恒应变率加载[180]。波形整形器设计要使整形后入射波满足两个要求,一是要保证足够的峰值,二是要有足够长的上升沿时间,使试样内部应力均匀。作为一种高纯度的延性金属,紫铜对岩石类脆性材料 SHPB 试验入射波整形效果优良,紫铜经退火后晶粒结构发生变化[181]、吸能效果提升、整形效果更佳[182-183]。本书选用厚度为 1 mm,直径为 15~35 mm 的 T2 紫铜圆片,经 390℃退火处理后作为波形整形器材料。试验前,根据弹速等级选用不同直径的整形器(弹速越大,整形器直径越大),粘贴于入射杆前端面中心位置。

在不同气压和装弹长度等控制条件下,采用不同直径波形整形器与之匹配,可以获得较好的整形效果,如图 4.3(a)所示为整形器冲击前、后的形态变化,图 4.3(b)所示为未使用整形器和采用不同直径整形器时的入射波形。可以看出,在打击杆强烈的撞击下,整形器产生明显塑性变形,吸收一部分脉冲能量,使入射波陡峭的上升沿变得平缓,能够有效地消除入射波高频振荡,降低弥散效应。

由图 4.3(b)还可发现,退火紫铜波形整形器能够显著增大脉冲宽度,增加脉冲上升沿时间。未采用整形器时,入射脉冲上升沿时间约为 75 μs,脉冲宽度约为 280 μs;采用整形器后,上升沿时间增加至约 100 μs,脉冲宽度增至约 370 μs。较大的入射脉冲上升沿时间有利于试样破坏前进入应力均匀状态。根据应力均匀性假定,当试样前、后端面受力相等时,可认为试样处于应力均匀状态,此时有

$$\varepsilon_i + \varepsilon_r = \varepsilon_t \tag{4.13}$$

式中,ε_i,ε_r 和 ε_t 分别表示入射、反射和透射应变。

由此,可以定义应力不均匀系数 δ[184],即

$$\delta = \frac{\int_0^t (\varepsilon_i + \varepsilon_r)\,d\tau - \int_0^t (\varepsilon_t)\,d\tau}{\int_0^t (\varepsilon_t)\,d\tau} \tag{4.14}$$

通过比较入射波、反射波的叠加信号和透射波信号的匹配关系来衡量试样的

应力不均匀性大小。同时,将应力不均匀系数 $\delta < 5\%$ 的起始时刻定义为试样达到应力均匀的时刻 t_u,将试样应力达到峰值的时刻定义为试样破坏时刻 t_f,以便于比较分析。

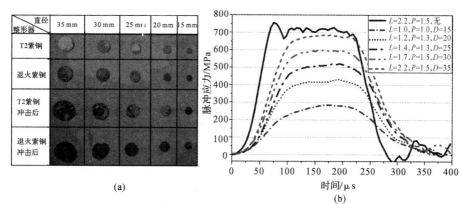

(a)

(b)

图 4.3　波形整形器冲击前后形态变化及其整形效果

L 为装弹长度,m;P 为发射气压,MPa;D 为整形器直径,mm("无"表示未使用整形器)

(a) 冲击前、后波形整形器形态;(b) 采用不同直径整形器时的入射波形

图 4.4(a) ～ 图 4.8(a) 所示为选取了不同水热耦合损伤状态红砂岩试样在不同打击杆控制条件[185-186]和波形整形器尺寸下测得的入射波 i、透射波 t 和反射波 r 波形,以及入射波和反射波的叠加波形 i+r;图 4.4(b) ～ 图 4.8(b) 所示为根据式(4.14)得到的应力不均匀性时程曲线和根据式(4.7)得到的试样应力时程曲线。由图 4.4～图 4.8 可以分析采用波形整形器后试样在不同弹速下的应力均匀性情况。

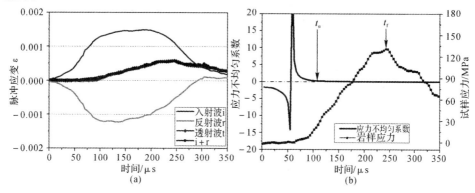

(a)

(b)

图 4.4　试样 1(冻融 5 次,饱水)

装弹长度 $L = 1.0$ m,气压 $P = 1.0$ MPa,整形器直径 $D = 15$ mm

(a)波形;(b)应力不均匀系数及应力时程曲线

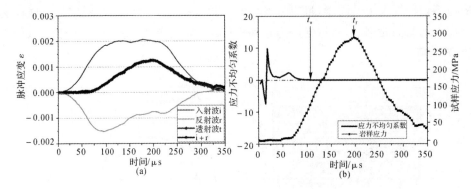

图 4.5　试样 2(热冲击 10 次,干燥)

装弹长度 $L=1.2$ m,气压 $P=1.3$ MPa,整形器直径 $D=20$ mm

(a)波形;(b)应力不均匀系数及应力时程曲线

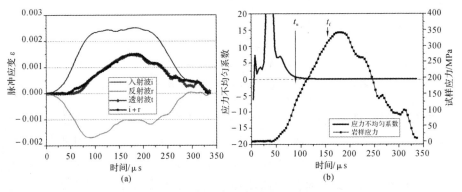

图 4.6　试样 3(新鲜试样,干燥)

装弹长度 $L=1.4$ m,气压 $P=1.3$ MPa,整形器直径 $D=25$ mm

(a)波形;(b)应力不均匀系数及应力时程曲线

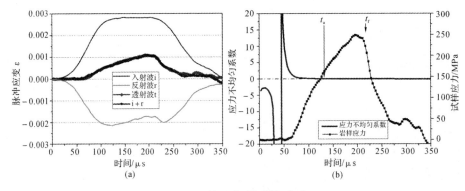

图 4.7　试样 4(新鲜试样,饱水)

装弹长度 $L=1.7$ m,气压 $P=1.5$ MPa,整形器直径 $D=30$ mm

(a)波形;(b)应力不均匀系数及应力时程曲线

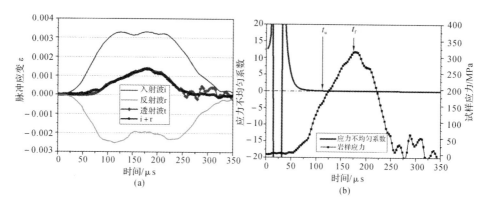

图 4.8　试样 5(新鲜试样,自然含水)

装弹长度 $L = 2.2$ m,气压 $P = 1.5$ MPa,整形器直径 $D = 35$ mm

(a)波形;(b)应力不均匀系数及应力时程曲线

　　由图 4.4~图 4.8 可见,采用波形整形器后,SHPB 试验中从入射杆上测得的入射波和反射波的叠加信号,与从透射杆上测得的透射波信号基本重叠,匹配性较好。从应力不均匀系数和应力时程曲线来看,不同条件下试验的试样基本均在 100~120 μs 间达到应力均匀。对比试样应力不均匀系数和应力时程曲线可见,试样应力均匀时刻 t_u 均在试样破坏时刻 t_f 之前,即试样在破坏之前就已经达到应力均匀分布,而且在整个应力波作用过程中的绝大多数时间内均保持应力均匀状态。

　　大量波形整形技术试验及研究表明,通过调整整形器尺寸能够较好地实现近似恒应变率加载[187-188]。SHPB 试验中对应变率的定义方法多样,为更准确地反映试样主要变形阶段的应变率特征,本试验取试样达到应力均匀时刻 t_u 和破坏时刻 t_f 之间的应变率均值作为该试样冲击破坏的平均应变率。仍以图 4.4 ~ 图 4.8 中各试样为例,图 4.9 所示为其应变率时程曲线。可见,试样在其变形破坏的主要阶段(t_u ~ t_f)保持了较好的恒应变率状态。

4.2.4　水热耦合损伤红砂岩 SHPB 试验变量控制

　　应变率是材料在荷载作用下应变速率的表征,顾名思义,应变率将受荷载和试样两方面因素影响。如 4.2.1 节所述,SHPB 试验中高应变率加载来自于打击杆与入射杆高速撞击所激发的入射脉冲。对于特定的试样,入射脉冲是试样应变率等力学行为参数指标的直接决定因素。

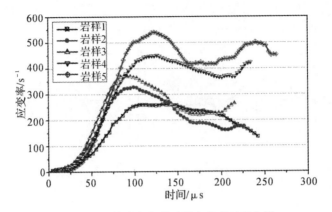

图 4.9　试样冲击变形过程应变率时程曲线

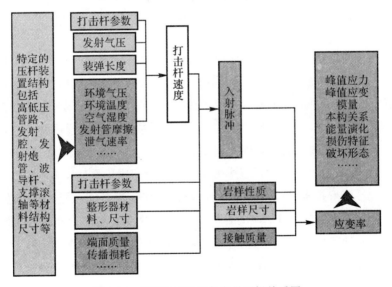

图 4.10　SHPB 试验中各变量逻辑关系图

　　由于 SHPB 试验系统的复杂性和开放性,诸多因素能够对入射脉冲形成不同程度的影响。图 4.10 所示为 SHPB 试验中各变量相互影响的逻辑关系图,可以见到,对于特定的 SHPB 系统,入射脉冲受打击杆形状、速度、长度、波形整形器材料与尺寸、端面接触质量等相关因素影响。其中,打击杆速度又可以通过选择打击杆尺寸、发射气压和装弹长度(指打击杆在发射炮管内的加速段长度)等控制,同时受到环境条件、构件摩擦等的影响。

　　为控制入射波形,以尽量减少控制变量,降低不可控随机变量影响程度为原则,对上述诸多影响因素进行分类控制。为此,选用固定的打击杆(长 0.5 m,标准圆柱体杆);统一选用退火紫铜材料制作波形整形器,并且厚度固定为 1 mm;试样尺寸固定不变;试验避开清晨、中午、晚上等温度变化大和降雨、降雪等湿度变化大的时间;采用润滑剂等降低摩擦阻力等。在此基础上,通过调整发射气压和装弹长度获取不同的打击杆速度,并选用匹配的整形器直径,如此来控制入射脉冲。

入射脉冲是一种应力波,可以用传播介质中某质点的应变、应力等参数随时间的变化函数或图形来表示,较规则的应力波还可以用一些特征参数来近似表征,比如幅值、延时、上升沿、下降沿等。由图 4.3(b)可知,采用整形器后,不同控制条件下的入射波总延时和上升沿时间变化不大,幅值和脉冲应力上升速率变化规律相似,采用幅值能够较好地表征不同入射脉冲的波形信息。因此本试验采用入射波波幅来表征入射脉冲等级。

基于 SHPB 试验进行岩石的动态力学特性研究,分析试样在不同等级应变率下的力学特性变化,就必须对入射脉冲进行有效控制。另一方面,为研究不同水热耦合损伤条件对岩石动态力学特性的影响规律,就需要调整入射脉冲,以进行不同损伤状态红砂岩在相同应变率等级下的冲击试验。

图 4.11 与图 4.12 所示分别为 SHPB 冲击压缩和冲击劈拉试验中不同控制条件下各组试样的入射波波幅和应变率。图中,L 为装弹长度(打击杆加速段长度);P 为发射气压,图 4.12 所示冲击劈拉试验所有等级发射气压 P 均为 0.4 MPa,故只列示装弹长度 L 值。各试样组别代号含义与表 2.2 相同。

图 4.11 所示为本章 SHPB 冲击压缩试验不同控制条件下入射波波幅和试样应变率。可见,对于同一组别试样,通过控制入射波波幅,可以进行试样在不同应变率下的冲击压缩试验,试验结果可用于不同水热耦合损伤红砂岩动态压缩力学特性的应变率效应研究,如图 4.11(b)中竖框所列;对于经受不同水热耦合损伤条件的红砂岩试样,由于试样本身的性质差异,通过调整不同的入射波波幅,可以实现相同应变率等级下的冲击压缩试验,试验结果可用于相同应变率等级下红砂岩动态压缩力学特性的水热耦合损伤效应研究,如图 4.11(b)中横框所列。

图 4.12 所示为本章 SHPB 冲击劈拉试验不同控制条件下入射波波幅和试样冲击方向压缩应变率。与压缩试验相似,对于同一组别试样,通过控制入射波波幅,可以进行试样在不同应变率下的冲击劈拉试验,试验结果可用于不同水热耦合损伤红砂岩试样冲击劈拉力学特性的应变率效应研究,如图 4.12(b)中竖框所列;对于经受不同水热耦合损伤条件的红砂岩试样,通过调整不同的入射波波幅,可以实现相同应变率等级下的冲击劈拉试验,试验结果可用于相同应变率等级下红砂岩动态劈拉力学特性的水热耦合损伤效应研究,如图 4.12(b)中横框所列。

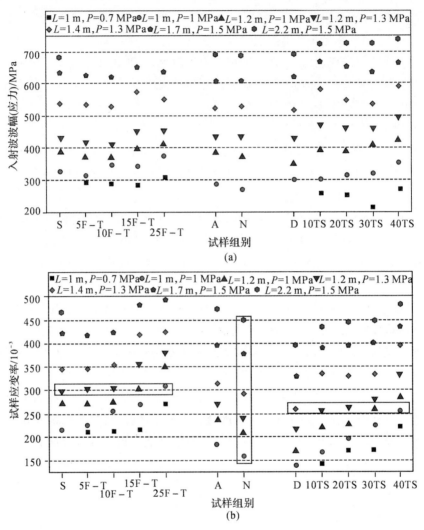

图 4.11　SHPB 冲击压缩试验不同控制条件下入射波波幅和应变率
(a)不同控制条件下入射波波幅；(b)不同控制条件下试样应变率

　　材料力学特性的应变率相关性研究是其动力学行为研究的重要方面。根据国内外学者大量的试验及理论研究结果，岩石类材料力学性能的应变率效应显著，这一点得到了普遍认可[189]。在此，即以应变率为主要控制变量，研究水热耦合损伤岩石力学行为的应变率效应和水热耦合损伤对岩石不同应变率下力学行为的影响规律。

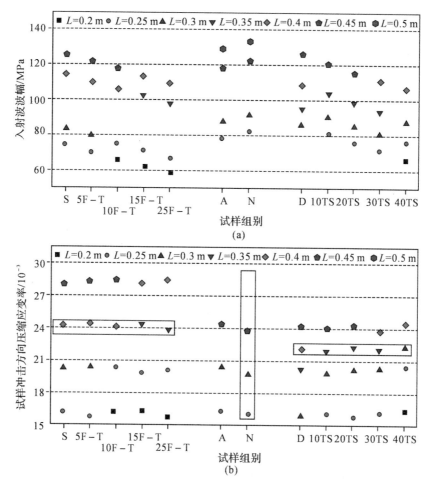

图 4.12 SHPB 冲击劈拉试验不同控制条件下入射波波幅和应变率
(a)不同控制条件下入射波波幅;(b)不同控制条件下试样冲击方向压缩应变率

4.3 冻融循环损伤岩石冲击压缩力学行为

依照 2.3 节中所述程序,分别制备了经受 0 次(未经冻融损伤,即饱水试样)、5 次、10 次、15 次、25 次冻融循环损伤的 $\Phi 96$ mm×48 mm 圆柱体红砂岩试样。基于 SHPB 系统,对经受不同次数冻融循环损伤的红砂岩试样进行不同应变率等级的冲击压缩试验,以探究冻融循环和应变率对红砂岩动态压缩力学行为的影响,所有组别试样均在饱水状态进行试验。

4.3.1 冻融损伤红砂岩动态压缩应力-应变曲线

如 4.2.1 节中所述,基于试验过程中采集的入射波、透射波及反射波信息,经三波法处理可得到试样冲击压缩破坏全过程的应力-应变曲线,如图 4.13 所示。

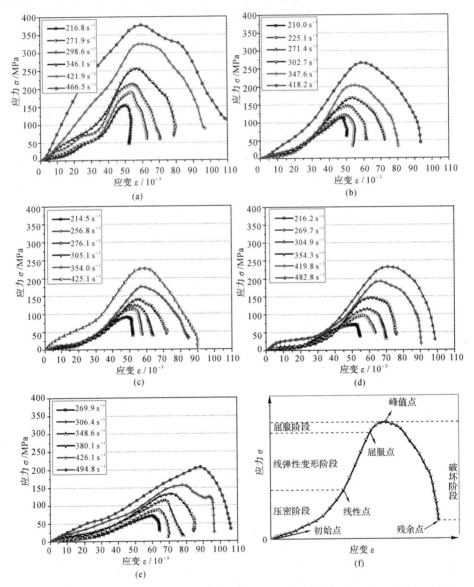

图 4.13 不同次数冻融(F-T)循环损伤红砂岩试样不同应变率下冲击压缩应力-应变曲线

(a)0 F-T(饱水试样);(b)5 F-T;(c)10 F-T;(d)15 F-T;

(e)25 F-T;(f)红砂岩动态压缩应力-应变曲线阶段特征

图 4.13 所示为经受 0 次、5 次、10 次、15 次、25 次冻融循环的红砂岩试样不同应变率下的动态压缩应力-应变曲线。可见,冻融损伤红砂岩冲击压缩破坏过程具有明显的阶段性,其应力-应变曲线可大致分为压密、线弹性变形、屈服和破坏四个阶段,如图 4.13(f)所示。图 4.13(a)所示为饱水试样,未经冻融损伤,该组试样压密阶段曲线斜率随应变率增大有较大幅度的提高;与之相比,图 4.13(b)(c)(d)(e)所示试样经受冻融损伤后,压密阶段曲线斜率普遍较低,仅在较高应变率(400 s^{-1}以上)时有所提高。经受相同次数冻融循环损伤的红砂岩,随着应变率的增大,峰值点应力逐渐提高,应变呈增大趋势;曲线的最大应变明显增大。

4.3.2 冻融损伤红砂岩动态压缩力学特性的应变率效应

由应力-应变曲线可以计算得到不同应变率下冻融损伤红砂岩的动态压缩力学特性指标。计算方法与静态压缩力学特性指标相同,如图 3.3 所示。本书分别以 UCS^d,ε_c^d,E_e^d 和 E_d^d 表示红砂岩试样的动态单轴抗压强度、动态临界应变、动态弹性模量和动态变形模量。计算所得冻融损伤红砂岩动态压缩力学特性指标如表 4.1 所示。

表 4.1 经不同次数冻融循环损伤后红砂岩试样动态压缩力学特性指标

冻融循环组别	试验编号	应变率 $\dot{\varepsilon}/\mathrm{s}^{-1}$	抗压强度 UCS^d/MPa	临界应变 ε_c^d	弹性模量 E_e^d/GPa	变形模量 E_d^d/GPa
冻融 0 次（饱水试样）（S,0 F-T）	DC-S-1	216.8	154.1	0.049 5	8.60	3.11
	DC-S-2	271.9	190.0	0.053 6	9.26	3.55
	DC-S-3	298.6	211.8	0.054 3	10.04	3.90
	DC-S-4	346.1	256.3	0.057 1	9.30	4.49
	DC-S-5	421.9	324.8	0.059 2	8.18	5.49
	DC-S-6	466.5	377.5	0.059 4	9.65	6.35
冻融循环5 次（5 F-T）	DC-F5-1	210.0	114.1	0.047 5	4.22	2.40
	DC-F5-2	225.1	120.8	0.048 3	4.45	2.50
	DC-F5-3	271.4	145.3	0.050 8	6.05	2.86
	DC-F5-4	302.7	169.1	0.053 5	5.37	3.16
	DC-F5-5	347.6	204.0	0.055 1	8.19	3.70
	DC-F5-6	418.2	266.5	0.060 1	6.86	4.44

续表

冻融循环组别	试验编号	应变率 $\dot{\varepsilon}/s^{-1}$	抗压强度 UCS^d/MPa	临界应变 ε_c^d	弹性模量 E_e^d/GPa	变形模量 E_d^d/GPa
冻融循环 10 次 (10 F - T)	DC - F10 - 1	214.5	91.2	0.047 9	3.32	1.90
	DC - F10 - 2	256.8	113.7	0.051 8	4.15	2.20
	DC - F10 - 3	276.1	123.0	0.052 9	4.82	2.32
	DC - F10 - 4	305.1	140.4	0.055 0	5.88	2.55
	DC - F10 - 5	354.0	175.6	0.056 6	5.76	3.10
	DC - F10 - 6	425.1	226.6	0.059 3	6.67	3.82
冻融循环 15 次 (15 F - T)	DC - F15 - 1	216.2	71.9	0.051 2	2.58	1.41
	DC - F15 - 2	269.7	97.0	0.055 9	3.03	1.74
	DC - F15 - 3	304.9	114.3	0.058 8	4.07	1.94
	DC - F15 - 4	354.3	146.1	0.061 9	6.13	2.36
	DC - F15 - 5	419.8	192.6	0.065 4	6.09	2.94
	DC - F15 - 6	482.8	232.3	0.070 8	6.24	3.28
冻融循环 25 次 (25 F - T)	DC - F25 - 1	269.9	72.1	0.059 3	2.03	1.22
	DC - F25 - 2	306.4	88.1	0.063 5	2.36	1.39
	DC - F25 - 3	348.6	113.2	0.068 0	2.44	1.66
	DC - F25 - 4	380.1	133.0	0.072 4	3.18	1.84
	DC - F25 - 5	426.1	157.0	0.077 6	3.31	2.02
	DC - F25 - 6	494.8	207.1	0.088 5	3.00	2.34

4.3.2.1 动态单轴抗压强度

图 4.14 所示为随着应变率升高,不同次数冻融循环损伤后红砂岩试样动态单轴抗压强度(UCS^d)的变化规律。对于经受相同次数冻融循环损伤的红砂岩试样,UCS^d 随应变率提高而不断增大。其增长趋势近似呈线性。采用线性方程对 UCS^d 随应变率的变化规律进行拟合,可得

$$\left.\begin{array}{l} UCS^d = -50.95 + 0.90\dot{\varepsilon}, Adj.R^2 = 0.991 \ (0 \ F - T) \\ UCS^d = -46.53 + 0.73\dot{\varepsilon}, Adj.R^2 = 0.985 \ (5 \ F - T) \\ UCS^d = -53.37 + 0.65\dot{\varepsilon}, Adj.R^2 = 0.993 \ (10 \ F - T) \\ UCS^d = -67.45 + 0.61\dot{\varepsilon}, Adj.R^2 = 0.993 \ (15 \ F - T) \\ UCS^d = -94.03 + 0.60\dot{\varepsilon}, Adj.R^2 = 0.993 \ (25 \ F - T) \end{array}\right\} \quad (4.15)$$

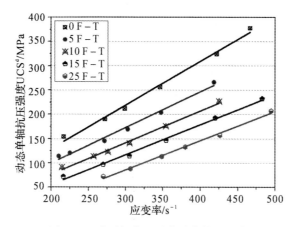

图 4.14 冻融损伤红砂岩动态抗压强度

根据图 4.14 和线性拟合方程式(4.15)可知,经不同次数冻融循环后的红砂岩 UCS^d 对应变率的敏感性略有不同。随着冻融循环次数的增加,拟合方程等号右侧一次项系数不断减小,单位应变率提高导致的 UCS^d 增大幅度减小。除此之外,随冻融次数的增加,线性拟合方程常数项也呈现规律性变化。

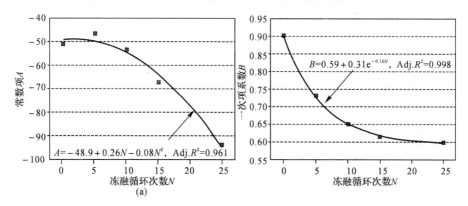

图 4.15 UCS^d-$\dot{\varepsilon}$ 线性拟合方程中常数项和一次项系数随冻融次数的变化规律

(a)常数项系数,A;(b)一次项(应变率项)系数,B

图 4.15 分析了不同次数冻融循环损伤后红砂岩 UCS^d-$\dot{\varepsilon}$ 线性拟合方程中常数项和应变率项系数的变化规律。图中,假定该拟合方程形式为 $UCS^d = A + B\dot{\varepsilon}$,式中,$A$ 为常数项系数,B 为一次项(应变率项)系数。由此,在本试验应变率范围内,经不同次数冻融循环损伤后红砂岩试样在不同应变率条件下的 UCS^d 符合

$$UCS^d = -48.9 + 0.26N - 0.08N^2 + (0.59 + 0.31e^{-0.16N})\dot{\varepsilon} \quad (4.16)$$

式(4.15)及式(4.16)中,UCS^d 为动态单轴抗压强度,MPa;$\dot{\varepsilon}$ 为应变率,s^{-1};N 为冻融循环次数。

4.3.2.2 动态压缩临界应变

图 4.16 所示为不同应变率下冻融损伤红砂岩试样动态临界应变(ε_c^d)的变化规律。可见,经受不同次数冻融循环损伤的红砂岩其 ε_c^d 均随应变率的升高而近似呈线性增大,但增速有显著区别。经 0 次、5 次、10 次冻融循环损伤的红砂岩其 ε_c^d 随应变率升高增速较小,经 15 次、25 次冻融循环损伤后则增速较大,其中经 25 次冻融循环损伤试样的 ε_c^d 随应变率升高增速最大。采用线性方程能够对 ε_c^d 随应变率的变化规律进行较好地拟合,拟合方程为

$$\left.\begin{aligned}
\varepsilon_c^d &= 42.34 + 0.04\dot{\varepsilon}, \ \text{Adj.}R^2 = 0.915 \ (0 \ \text{F-T}) \\
\varepsilon_c^d &= 34.83 + 0.06\dot{\varepsilon}, \ \text{Adj.}R^2 = 0.992 \ (5 \ \text{F-T}) \\
\varepsilon_c^d &= 38.18 + 0.05\dot{\varepsilon}, \ \text{Adj.}R^2 = 0.937 \ (10 \ \text{F-T}) \\
\varepsilon_c^d &= 36.60 + 0.07\dot{\varepsilon}, \ \text{Adj.}R^2 = 0.991 \ (15 \ \text{F-T}) \\
\varepsilon_c^d &= 24.03 + 0.13\dot{\varepsilon}, \ \text{Adj.}R^2 = 0.993 \ (25 \ \text{F-T})
\end{aligned}\right\} \tag{4.17}$$

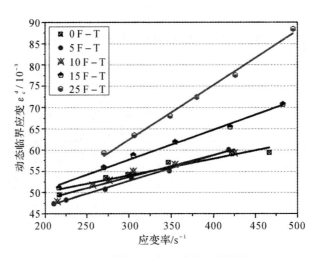

图 4.16 冻融循环损伤红砂岩动态临界应变

图 4.17 所示分析了随冻融循环次数增加,红砂岩 ε_c^d-$\dot{\varepsilon}$ 线性拟合方程中常数项和应变率项系数的变化规律。图中,假定该拟合方程形式为 $\varepsilon_c^d = A + B\dot{\varepsilon}$,式中,$A$ 为常数项系数,B 为一次项(应变率项)系数。

由此,在本试验应变率范围内,经不同次数冻融循环损伤后红砂岩试样在不同应变率条件下的 ε_c^d 符合

$$\varepsilon_c^d = 41.9 - 2.06N + 0.21N^2 - 0.006N^3 +$$
$$(40.6 + 4.2N - 0.37N^2 + 0.014N^3)\dot{\varepsilon} \times 10^{-3} \tag{4.18}$$

式(4.17)及式(4.18)中,ε_c^d 为红砂岩试样动态临界应变,10^{-3};$\dot{\varepsilon}$ 为应变率,s^{-1};N 为冻融循环次数。

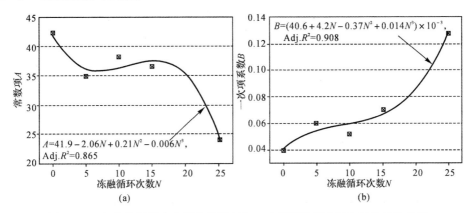

图 4.17 $\varepsilon_c^d - \dot{\varepsilon}$ 线性拟合方程中常数项和一次项系数随冻融次数的变化规律

（a）常数项系数,A；（b）一次项（应变率项）系数,B

4.3.2.3　动态压缩弹性模量及变形模量

图 4.18 所示为不同次数冻融循环损伤后红砂岩试样动态弹性模量（E_e^d）及变形模量（E_d^d）随应变率的变化规律。如图 4.18(a) 所示,相同次数冻融循环损伤后,红砂岩试样的 E_e^d 随应变率的提高整体呈增大趋势,但有所起伏,特别是在应变率较高时 E_e^d 增长速度减慢,甚至出现降低或波动。这主要是由于冻融损伤试样变形破坏过程中应力-应变曲线的高度非线性所导致的,在计算弹性变形时选取线弹性变形段的误差也有所影响。与之相比,E_d^d 将试样峰前的弹性及塑性变形均考虑在内,其值为峰值点的应力值与应变值之比,规律性较强。如图 4.18(b) 所示,经不同次数冻融循环作用后红砂岩试样的 E_d^d 随应变率的升高呈线性单调递增趋势,增长速度基本稳定。对 E_d^d 随应变率的变化规律进行线性拟合,拟合方程为

$$\left.\begin{array}{l}E_d^d = 0.098\,5 + 0.013\,0\dot{\varepsilon}, \; \mathrm{Adj}.R^2 = 0.982 \; (0\,\mathrm{F-T}) \\[4pt] E_d^d = 0.251\,8 + 0.009\,9\dot{\varepsilon}, \; \mathrm{Adj}.R^2 = 0.991 \; (5\,\mathrm{F-T}) \\[4pt] E_d^d = -0.186\,0 + 0.009\,3\dot{\varepsilon}, \; \mathrm{Adj}.R^2 = 0.988 \; (10\,\mathrm{F-T}) \\[4pt] E_d^d = -0.225\,8 + 0.007\,3\dot{\varepsilon}, \; \mathrm{Adj}.R^2 = 0.992 \; (15\,\mathrm{F-T}) \\[4pt] E_d^d = -0.128\,1 + 0.005\,1\dot{\varepsilon}, \; \mathrm{Adj}.R^2 = 0.992 \; (25\,\mathrm{F-T})\end{array}\right\} \quad (4.19)$$

式中,E_d^d 为红砂岩动态变形模量,GPa;$\dot{\varepsilon}$ 为应变率,s^{-1};N 为冻融循环次数。

图 4.19 所示分析了随冻融循环次数增加,红砂岩 $E_d^d - \dot{\varepsilon}$ 线性拟合方程中常数项和应变率项系数的变化规律。图中,假定该拟合方程形式为 $E_d^d = A + B\dot{\varepsilon}$,式中,

A 为常数项系数，B 为一次项（应变率项）系数。可以看出，$E_d^d - \dot{\varepsilon}$ 线性拟合方程中常数项随冻融循环次数的增加变化规律不明显，一次项（应变率项）系数随冻融循环次数的增加呈线性降低趋势。这表明随着冻融损伤的加剧，红砂岩不仅在相同应变率下的 E_d^d 不断降低，而且 E_d^d 对应变率升高的敏感性也在降低。

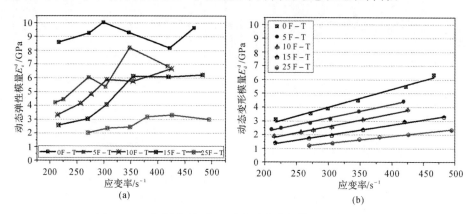

图 4.18　冻融循环损伤红砂岩动态弹性模量及变形模量
（a）弹性模量；（b）变形模量

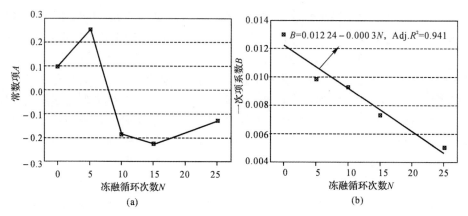

图 4.19　$E_d^d - \dot{\varepsilon}$ 线性拟合方程中常数项和一次项系数随冻融循环次数的变化规律
（a）常数项系数，A；（b）一次项（应变率项）系数，B

采用 3.2.3.6 节所述方法，即弹性变形比，分析冻融损伤红砂岩受冲击压缩峰前变形过程的弹塑性特征。由式(3.11)，红砂岩动态弹性变形比可依下式计算：

$$K_{\varepsilon e}^d = \frac{E_d^d}{E_e^d} \tag{4.20}$$

式中，$K_{\varepsilon e}^d$ 为动态弹性变形比；E_e^d，E_d^d 分别为试样动态弹性模量和变形模量。

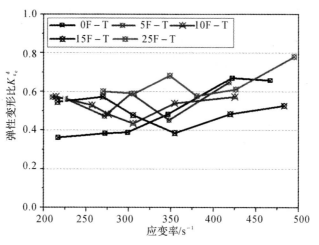

图 4.20   冻融循环损伤红砂岩动态弹性变形比

由式(4.20)计算各试样受冲击压缩峰前变形过程的弹性变形比,并绘制不同次数冻融循环损伤后红砂岩动态弹性变形比随应变率的变化,如图 4.20 所示。可见,红砂岩试样动态压缩弹性变形比分布区间具有一定的一致性,大多位于0.35 ~ 0.7 之间。与静态压缩变形过程相比,动态冲击压缩荷载下红砂岩试样峰前变形中,弹性变形的比例略微降低。

4.3.3   冻融损伤红砂岩冲击压缩模量-应变曲线

模量是衡量荷载作用下材料抵抗变形能力的重要指标。由图 4.13 可知,冻融损伤红砂岩冲击压缩应力-应变曲线具有明显的非线性特征,其变形能力不仅与红砂岩自身性质有关,还随应力水平而不断变化。切线模量(E_t^d)是材料应力-应变曲线的一阶导数,随应力(应变)而实时变化,能够真实地反应材料压缩破坏过程中抵抗变形能力随应变增长的变化情况。

通过计算并绘制切线模量-应变曲线,分析不同冻融循环次数和应变率对红砂岩冲击压缩过程抵抗变形能力的影响。由于 SHPB 试验中所采集应力-应变数据实为离散点数据,因此,实际计算中任一应变点(i)处切线模量计算值(($E_t^d)_i$)取该应变点前后两个应变点($i+1$ 和 $i-1$)间的应力-应变曲线斜率,即

$$(E_t^d)_i = \frac{\sigma_{i+1} - \sigma_{i-1}}{\varepsilon_{i+1} - \varepsilon_{i-1}} \qquad (4.21)$$

由式(4.21)计算并绘制不同次数冻融循环后红砂岩在不同应变率下的冲击压缩破坏全过程 E_t^d-ε 曲线,如图 4.21 所示。由于曲线起始阶段应力值较小,计算所得切

线模量相对误差较大,故图 4.21 中未对应变(0 ~ 0.01)区间进行分析。

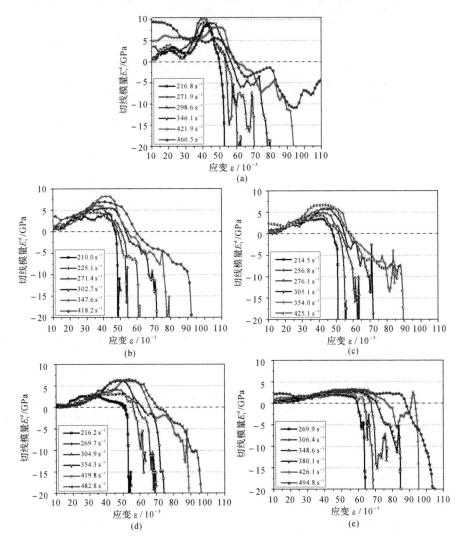

图 4.21　不同次数冻融(F - T)循环损伤红砂岩在不同应变率下冲击压缩切线模量-应变曲线

(a)0 F - T(饱水试样);(b)5 F - T;(c)10 F - T;(d)15 F - T;(e)25 F - T

　　由图 4.21 可见,冻融损伤红砂岩冲击压缩破坏过程具有明显的非线性特征,其 E_t^d-ε 曲线随应变增大不断变化。与图 4.13 对比分析可见,红砂岩在压缩过程中,压密、线弹性变形、屈服和破坏四个阶段 E_t^d 变化特征各有不同。压密阶段 E_t^d 变化较为复杂,其中饱水试样(未冻融)压密阶段 E_t^d 随应变增大前期呈波动变化,后期逐渐增加;冻融损伤红砂岩压密阶段 E_t^d 随应变增大整体呈增长趋势。试样在冲击压缩过程中，E_t^d 在线弹性变形阶段处于最大值，且基本保持不变。屈服阶段试样 E_t^d 随应变增长逐渐降低，直至峰值点处降为 0。峰值点后试样进入破坏阶段，该阶段试样应力逐渐降低，应变继续增长，E_t^d 除少数局部范围外大多为负值，并迅速降低（绝对值增大），部分试样破坏阶段 E_t^d 随应变增长存在非单调变化。

冻融损伤红砂岩破坏阶段的 E_t^d 变化存在特征明显不同的两个阶段：破坏阶段前期（峰值后附近）试样 E_t^d 随应变的增长基本延续了屈服阶段的降速；破坏阶段后期试样 E_t^d 随应变的继续增长急速下降，试样在很小的应变范围内即迅速破坏。

应变率对红砂岩的 E_t^d 影响明显。对于经受相同次数冻融循环后的红砂岩，随应变率升高其 E_t^d 最大值（即线弹性变形阶段 E_t^d）整体呈增大趋势，屈服阶段及前文所述破坏阶段前期应变范围变大，E_t^d 随应变增长的降低速率减小。冻融循环次数对红砂岩 E_t^d 的影响也较为明显，相同等级应变率作用下，经受较多次数冻融循环作用后的红砂岩试样峰前 E_t^d 整体减小，试样抵抗变形的能力减弱。

值得注意的是，E_t^d 最大值（即线弹性变形阶段 E_t^d）随应变率增大或冻融次数减小存在不增反降的现象。典型的如经 5 次冻融循环损伤后红砂岩应变率为 $347.6\ s^{-1}$ 和 $418.2\ s^{-1}$ 下的变化情况。对图 4.21(b) 进行分析可知，应变率为 $418.2\ s^{-1}$ 下红砂岩试样线弹性变形阶段 E_t^d 较应变率为 $347.6\ s^{-1}$ 下小，但线弹性变形阶段应变范围大大增加，试样在较大的应变范围内保持了较高的抵抗变形能力而没有迅速进入屈服破坏阶段。这是冻融损伤红砂岩试样冲击压缩变形的非线性特征的表现之一，也说明在对弹性模量、变形模量分析的同时，研究试样冲击压缩全过程切线模量-应变曲线，对全面深入分析试样的抵抗变形能力很有必要。

4.4 热冲击循环损伤岩石冲击压缩力学行为

依照 2.3 中所述程序，分别制备了经受 0 次（未经热冲击损伤，即干燥试样）、10 次、20 次、30 次、40 次热冲击循环损伤的 $\Phi96\ mm \times 48\ mm$ 圆柱体红砂岩试样。基于 SHPB 系统，对经受不同次数热冲击循环损伤的红砂岩试样进行不同应变率等级的冲击压缩试验，以探究热冲击循环和应变率对红砂岩动态压缩力学行为的影响，所有组别试样均在干燥状态进行试验。

4.4.1 热冲击损伤红砂岩冲击压缩应力-应变曲线

图 4.22(a)(b)(c)(d)(e)所示分别为经受 0 次、10 次、20 次、30 次、40 次热冲击循环损伤的红砂岩试样在不同应变率下的冲击压缩应力-应变曲线。与冻融损

伤试样相似,热冲击损伤红砂岩动态压缩应力-应变曲线也具有明显的压密、线弹
性变形、屈服和破坏四个阶段。经受相同次数热冲击循环损伤的红砂岩试样,随应
变率升高其应力-应变曲线压密阶段应变范围逐渐变小,峰值点应力值和应变值均
呈增大趋势,整个应力-应变曲线的最大应变也逐渐增大。

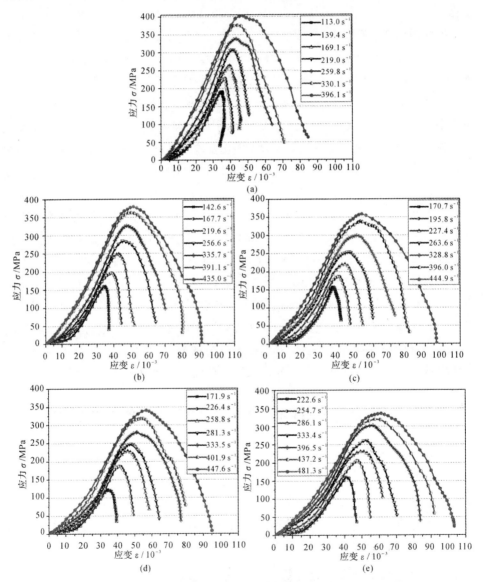

图 4.22 不同次数热冲击(TS)循环损伤红砂岩试样不同应变率下的冲击压缩应力-应变曲线

(a)0 TS (干燥试样);(b)10 TS;(c)20 TS;(d)30 TS;(e)40 TS

4.4.2 热冲击损伤红砂岩动态压缩力学特性的应变率效应

由冲击压缩应力-应变曲线同样可以计算得到经不同次数热冲击循环损伤后红砂岩试样在不同应变率条件下的动态压缩力学特性指标,包括动态单轴抗压强度(UCS^d)、动态临界应变(ε_c^d)、动态弹性模量(E_e^d)和动态变形模量(E_d^d)。计算结果如表 4.2 所示。

表 4.2 经不同次数热冲击循环损伤后红砂岩试样动态压缩力学特性指标

热冲击循环组别	试验编号	应变率 $\dot{\varepsilon}/s^{-1}$	抗压强度 UCS^d/MPa	临界应变 ε_c^d	弹性模量 E_e^d/GPa	变形模量 E_d^d/GPa
热冲击 0 次（干燥试样）(D, 0 TS)	DC - D - 1	113.0	191.1	0.035 3	9.83	5.42
	DC - D - 2	139.4	228.7	0.037 2	13.45	6.16
	DC - D - 3	169.1	263.3	0.039 7	11.02	6.63
	DC - D - 4	219.0	309.0	0.041 7	13.40	7.41
	DC - D - 5	259.8	338.4	0.042 9	12.82	7.89
	DC - D - 6	330.1	376.2	0.044 2	11.55	8.51
	DC - D - 7	396.1	402.1	0.046 5	11.16	8.65
热冲击循环 10 次 (10 TS)	DC - H10 - 1	142.6	160.0	0.034 6	9.12	4.62
	DC - H10 - 2	167.7	196.9	0.038 7	10.04	5.08
	DC - H10 - 3	219.6	248.9	0.043 1	10.26	5.78
	DC - H10 - 4	256.6	284.7	0.045 2	10.22	6.29
	DC - H10 - 5	335.7	326.5	0.047 7	10.44	6.85
	DC - H10 - 6	391.1	362.7	0.050 3	9.96	7.21
	DC - H10 - 7	435.0	379.5	0.051 6	10.06	7.35
热冲击循环 20 次 (20 TS)	DC - H20 - 1	170.7	157.1	0.036 3	11.38	4.32
	DC - H20 - 2	195.8	187.6	0.040 1	10.69	4.67
	DC - H20 - 3	227.4	220.2	0.043 6	10.20	5.05
	DC - H20 - 4	263.6	254.1	0.046 0	10.53	5.52
	DC - H20 - 5	328.8	299.5	0.050 3	9.86	5.95
	DC - H20 - 6	396.0	338.3	0.052 6	10.90	6.44
	DC - H20 - 7	444.9	358.4	0.053 4	9.86	6.71

续表

热冲击 循环组别	试验编号	应变率 $\dot{\varepsilon}/s^{-1}$	抗压强度 UCS^d/MPa	临界应变 ε_c^d	弹性模量 E_e^d/GPa	变形模量 E_d^d/GPa
热冲击 循环 30 次 (30 TS)	DC - H30 - 1	171.9	122.2	0.034 2	7.23	3.57
	DC - H30 - 2	226.4	187.6	0.041 5	10.10	4.52
	DC - H30 - 3	258.8	228.7	0.046 0	10.03	4.97
	DC - H30 - 4	281.3	248.7	0.048 1	10.01	5.17
	DC - H30 - 5	333.5	280.5	0.051 5	9.90	5.45
	DC - H30 - 6	401.9	318.3	0.055 0	9.89	5.79
	DC - H30 - 7	447.6	341.6	0.057 0	8.58	5.99
热冲击 循环 40 次 (40 TS)	DC - H40 - 1	222.6	160.2	0.040 6	7.04	3.94
	DC - H40 - 2	254.7	206.1	0.047 4	7.80	4.35
	DC - H40 - 3	286.1	231.2	0.050 7	8.33	4.56
	DC - H40 - 4	333.4	261.4	0.053 0	9.19	4.93
	DC - H40 - 5	396.5	302.8	0.056 5	9.76	5.36
	DC - H40 - 6	437.2	321.6	0.059 1	9.29	5.44
	DC - H40 - 7	481.3	336.1	0.061 2	8.23	5.49

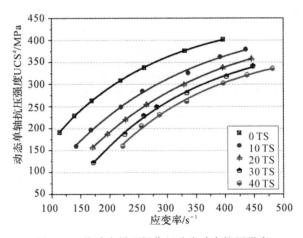

图 4.23　热冲击循环损伤红砂岩动态抗压强度

4.4.2.1　动态单轴抗压强度

图 4.23 所示为随应变率升高,不同次数热冲击循环损伤红砂岩试样动态单轴抗压强度(UCS^d)的变化规律。对于经受相同次数热冲击循环损伤的红砂岩试样,UCS^d 随着应变率提高而不断增大,但增速逐渐放缓。采用指数函数对 UCS^d 随应变率的变化规律进行拟合,拟合方程为

$$UCS^d = 457.13 - 494.06e^{-0.005\,5\dot{\epsilon}},\ Adj.R^2 = 0.999\ (0\ TS)$$
$$UCS^d = 455.10 - 560.05e^{-0.004\,6\dot{\epsilon}},\ Adj.R^2 = 0.997\ (10\ TS)$$
$$UCS^d = 446.53 - 606.00e^{-0.004\,3\dot{\epsilon}},\ Adj.R^2 = 0.999\ (20\ TS)$$
$$UCS^d = 409.40 - 693.35e^{-0.005\,1\dot{\epsilon}},\ Adj.R^2 = 0.997\ (30\ TS)$$
$$UCS^d = 392.94 - 757.14e^{-0.005\,4\dot{\epsilon}},\ Adj.R^2 = 0.995\ (40\ TS)$$

(4.22)

图 4.24 分析了红砂岩 $UCS^d - \dot{\epsilon}$ 指数拟合方程中常数项、幂项系数和指数中自变量(应变率)系数随热冲击循环次数的变化规律。图中,假定该拟合方程形式为 $UCS^d = A + Be^{R\dot{\epsilon}}$,式中,$A$ 为常数项系数,B 为幂项系数,e 为自然对数的底数,R 为指数中自变量(应变率)系数。

由此,在本书试验应变率范围内,经不同次数热冲击循环损伤后红砂岩试样在不同应变率条件下的 UCS^d 符合

$$UCS^d = 458.8 - 0.10N - 0.04N^2 - $$
$$(490.26 + 6.59N)e^{\left[(-5.4+0.095N-0.0024N^2)\times 10^{-3}\right]\dot{\epsilon}}$$

(4.23)

式(4.22)、式(4.23)中,UCS^d 为红砂岩试样动态单轴抗压强度,MPa;$\dot{\epsilon}$ 为应变率,s^{-1};N 为热冲击循环次数。

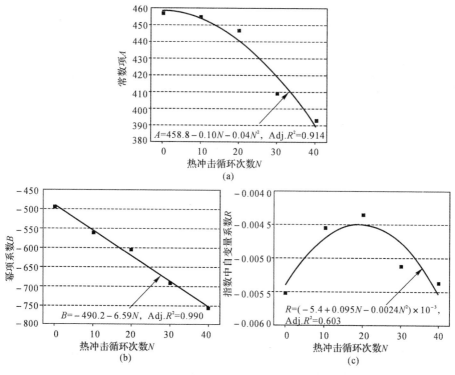

图 4.24　$UCS^d - \dot{\epsilon}$ 指数拟合方程参数随热冲击次数的变化规律

(a)常数项系数,A;(b)幂项系数,B;(c)指数中自变量(应变率)系数,R

4.4.2.2　动态压缩临界应变

图 4.25 所示为随应变率升高,不同次数热冲击损伤红砂岩动态临界应变(ε_c^d)的变化规律。

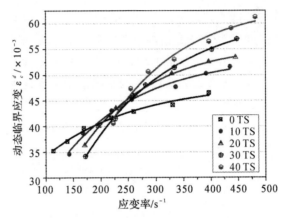

图 4.25　热冲击循环损伤红砂岩动态临界应变

图中可见一个明显的应变率范围,位于 200 s^{-1} 至 250 s^{-1} 区间,低于该区间,红砂岩 ε_c^d 随热冲击循环次数的增加而减小;高于该区间,ε_c^d 随热冲击循环次数的增加而增大。与 UCS^d 变化规律相似,经受不同次数热冲击循环损伤的红砂岩试样 ε_c^d 均随应变率的升高逐渐增大,但增速减缓。同样采用指数方程对 ε_c^d 随应变率的变化规律进行拟合,拟合方程如式为

$$
\left.
\begin{aligned}
\varepsilon_c^d &= 48.21 - 25.87 e^{-0.006\,2\dot{\varepsilon}}, \quad \mathrm{Adj.}R^2 = 0.982 \ (0\ \mathrm{TS}) \\
\varepsilon_c^d &= 53.46 - 49.60 e^{-0.007\,0\dot{\varepsilon}}, \quad \mathrm{Adj.}R^2 = 0.986 \ (10\ \mathrm{TS}) \\
\varepsilon_c^d &= 55.78 - 73.15 e^{-0.007\,8\dot{\varepsilon}}, \quad \mathrm{Adj.}R^2 = 0.998 \ (20\ \mathrm{TS}) \\
\varepsilon_c^d &= 61.89 - 80.26 e^{-0.006\,2\dot{\varepsilon}}, \quad \mathrm{Adj.}R^2 = 0.998 \ (30\ \mathrm{TS}) \\
\varepsilon_c^d &= 63.56 - 116.94 e^{-0.007\,5\dot{\varepsilon}}, \quad \mathrm{Adj.}R^2 = 0.973 \ (40\ \mathrm{TS})
\end{aligned}
\right\}
\tag{4.24}
$$

式中,ε_c^d 为试样动态临界应变,10^{-3};$\dot{\varepsilon}$ 为应变率,s^{-1};N 为热冲击循环次数。

由图 4.25 和指数拟合方程(见式(4.24))可见,不同次数热冲击循环损伤后红砂岩 ε_c^d 随应变率的增长速率有所不同,随着热冲击循环次数的增加而增快。

图 4.26 所示分析了红砂岩 ε_c^d-$\dot{\varepsilon}$ 指数拟合方程($\varepsilon_c^d = A + B e^{R\dot{\varepsilon}}$)中常数项、幂项系数和指数中自变量(应变率)系数随热冲击循环次数的变化规律。可以看出,ε_c^d-$\dot{\varepsilon}$ 指数拟合方程指数中自变量(应变率)系数随热冲击循环次数的增加变化规律不明显,常数项随热冲击循环次数的增加线性增加,幂项系数为负值,其绝对值也随热冲击循环次数的增加线性增加。随着所经受热冲击循环次数的增加,红砂

岩 ε_c^d 对应变率升高的敏感性有所增强。

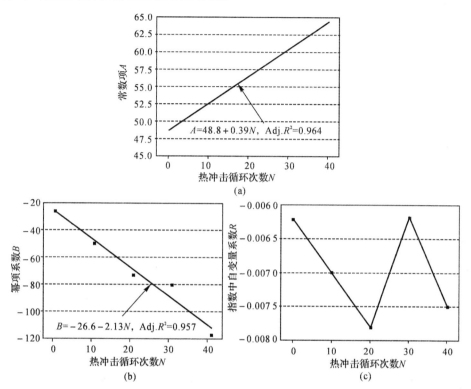

图 4.26 ε_c^d-$\dot{\varepsilon}$ 指数拟合方程参数随热冲击循环次数的变化规律

(a)常数项系数,A;(b)幂项系数,B;(c)指数中自变量(应变率)系数,R

4.4.2.3 动态压缩弹性模量及变形模量

图 4.27 所示为不同次数热冲击循环损伤后红砂岩动态弹性模量(E_e^d)及变形模量(E_d^d)随应变率的变化规律。与冻融损伤试样类似,与 E_e^d 相比,E_d^d 随热冲击循环次数和应变率变化的规律性较强。由图 4.29(b)所示,经不同次数热冲击循环作用后 E_d^d 随应变率的升高呈线性单调递增趋势,增长速度基本稳定。对 E_d^d 随应变率的变化规律进行线性拟合,拟合方程为

$$
\left.
\begin{aligned}
E_d^d &= 4.61 + 0.011\ 3\dot{\varepsilon}, \ \mathrm{Adj}.R^2 = 0.908\ (0\ \mathrm{TS}) \\
E_d^d &= 3.61 + 0.009\ 2\dot{\varepsilon}, \ \mathrm{Adj}.R^2 = 0.944\ (10\ \mathrm{TS}) \\
E_d^d &= 3.06 + 0.008\ 5\dot{\varepsilon}, \ \mathrm{Adj}.R^2 = 0.970\ (20\ \mathrm{TS}) \\
E_d^d &= 2.64 + 0.008\ 0\dot{\varepsilon}, \ \mathrm{Adj}.R^2 = 0.876\ (30\ \mathrm{TS}) \\
E_d^d &= 2.79 + 0.006\ 0\dot{\varepsilon}, \ \mathrm{Adj}.R^2 = 0.930\ (40\ \mathrm{TS})
\end{aligned}
\right\}
\quad (4.25)
$$

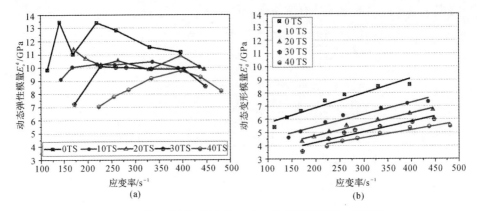

图 4.27　热冲击循环损伤红砂岩动态弹性模量及变形模量

(a) 弹性模量；(b) 变形模量

　　图 4.28 分析了红砂岩 $E_{\mathrm{d}}^{\mathrm{d}}\text{-}\dot{\varepsilon}$ 线性拟合方程中常数项和应变率项系数随热冲击循环次数的变化规律。图中，假定该拟合方程形式为 $E_{\mathrm{d}}^{\mathrm{d}}=A+B\dot{\varepsilon}$，式中，$A$ 为常数项系数，B 为一次项（应变率项）系数。

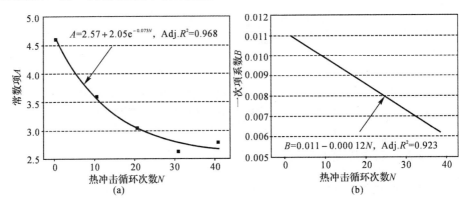

图 4.28　$E_{\mathrm{d}}^{\mathrm{d}}\text{-}\dot{\varepsilon}$ 线性拟合方程中常数项和一次项系数随热冲击循环次数的变化规律

(a) 常数项系数，A；(b) 一次项（应变率项）系数，B

　　由图 4.28 可以看出，$E_{\mathrm{d}}^{\mathrm{d}}\text{-}\dot{\varepsilon}$ 线性拟合方程中常数项随热冲击循环次数的增加呈指数下降趋势，下降速率逐渐减缓，一次项（应变率项）系数随热冲击循环次数的增加呈线性降低趋势。这表明随着热冲击损伤的加剧，红砂岩不仅在相同应变率下的 $E_{\mathrm{d}}^{\mathrm{d}}$ 不断降低，而且 $E_{\mathrm{d}}^{\mathrm{d}}$ 对应变率升高的敏感性也在降低。

　　由此，在本试验应变率范围内，经不同次数热冲击循环损伤后红砂岩试样在不同应变率条件下的 $E_{\mathrm{d}}^{\mathrm{d}}$ 符合

$$E_{\mathrm{d}}^{\mathrm{d}}=2.57+2.05\mathrm{e}^{-0.073N}+(0.011-0.000\,12N)\dot{\varepsilon} \qquad (4.26)$$

式(4.25)、式(4.26)中，E_d^d 为红砂岩试样动态变形模量，GPa；$\dot{\varepsilon}$ 为应变率，s^{-1}；N 为热冲击循环次数。

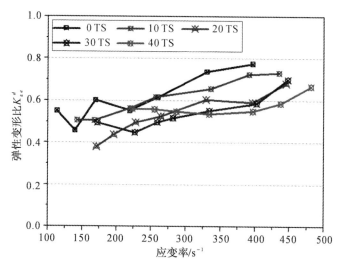

图 4.29　热冲击循环损伤红砂岩动态弹性变形比

依式(4.20)计算热冲击损伤红砂岩动态压缩峰前弹性变形比($K_{\varepsilon e}^d$)，分析红砂岩受冲击压缩峰前变形过程的弹塑性特征，结果如图 4.29 所示。与冻融循环损伤红砂岩相比，热冲击循环损伤红砂岩峰前弹性变形比略微提高，多分布于 0.4～0.8 之间。经受相同次数热冲击循环损伤的红砂岩随应变率的升高，动态压缩弹性变形比呈波动上升趋势。

4.4.3　热冲击损伤红砂岩冲击压缩模量-应变曲线

采用与分析冻融损伤红砂岩冲击压缩过程切线模量(E_t^d)变化规律相同的方法，本节通过计算并绘制切线模量-应变曲线，分析不同次数热冲击循环作用后和不同等级应变率下红砂岩冲击压缩过程中试样抵抗变形能力的变化规律。

图 4.30 所示分别为不同应变率下，经受 0 次、10 次、20 次、30 次、40 次热冲击循环损伤的红砂岩试样冲击压缩切线模量-应变曲线。由于曲线起始阶段应力值较小，计算所得切线模量相对误差较大，故图 4.30 中未对应变(0～0.01)区间进行分析。

对比分析应力-应变曲线(见图 4.22)和切线模量-应变曲线(见图 4.30)可见，热冲击损伤红砂岩冲击压缩破坏过程具有明显的非线性特征，E_t^d 随应变增大不断变化，且在压密、线弹性变形、屈服和破坏四个阶段 E_t^d 变化特征各有不同。

压密阶段 E_t^d 随应变增大呈逐渐增加趋势；经受相同次数热冲击循环损伤的红砂岩试样，其压密阶段 E_t^d 整体随应变率的升高而增大。

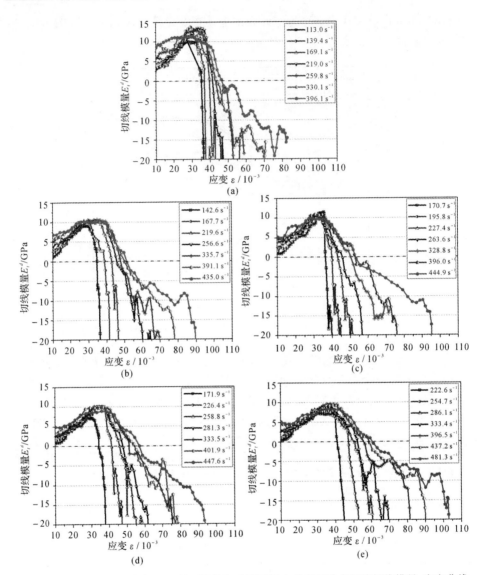

图 4.30　不同次数热冲击(TS)循环损伤红砂岩不同应变率下冲击压缩切线模量-应变曲线

(a)0 TS(干燥试样)；(b)10 TS；(c)20 TS；(d)30 TS；(e)40 TS

　　试样冲击压缩过程中，E_t^d 在线弹性变形阶段处于最大值且基本保持不变，但不同热冲击损伤及应变率条件下线弹性变形阶段应变范围不同，部分试样该阶段应变范围较小。对于经受相同次数热冲击循环损伤后的红砂岩试样，随应变率升高其 E_t^d 最大值(即线弹性变形阶段 E_t^d)整体呈增大趋势。

　　屈服阶段试样 E_t^d 随应变增长逐渐降低，直至峰值点处降为 0；经受相同次数热冲击循环损伤的红砂岩试样，其屈服阶段应变范围随应变率升高而增长，E_t^d 降低速率随应变率的升高而减小。

峰值点后试样进入破坏阶段,该阶段 E_i^d 为负值。当应变率较小时,试样破坏阶段 E_i^d 迅速降低(绝对值增大),随着应变率的升高下降速率减慢,部分试样破坏阶段 E_i^d 随应变增长存在非单调变化。

与冻融循环损伤试样相似,热冲击循环损伤红砂岩试样 E_i^d 最大值(即线弹性变形阶段 E_i^d)随应变率增大或热冲击循环次数减小也存在不增反降的现象。但该情况下,其线弹性变形阶段应变范围有所增加,试样在较大的应变范围内保持了较高的抵抗变形能力而没有迅速进入屈服破坏阶段。

4.5 水热耦合损伤岩石冲击劈拉力学行为

依 4.2.1 节中所述,基于 SHPB 系统,采用劈裂试验法进行不同水热耦合损伤条件下红砂岩的动态拉伸试验,试样为 $\Phi 96 \text{ mm} \times 30 \text{ mm}$,平台角 $2\alpha = 20°$ 的平台巴西圆盘。冲击劈拉过程中,平台巴西圆盘试样冲击压缩方向应变及应变率分别依式(4.8)、式(4.9)计算;试样中心点垂直于冲击方向拉伸应力依式(4.11)计算。依 4.2.4 节中所述,冲击劈拉试验以平台巴西圆盘试样冲击方向压缩应变率为主要控制条件,各水热耦合损伤组别冲击方向应变率控制等级如图 4.12 所示。

4.5.1 冻融循环损伤红砂岩冲击劈拉力学行为

依照 2.3 节中所述程序,分别制备了经受 0 次(未经冻融损伤,即饱水试样)、5次、10 次、15 次、25 次冻融循环损伤的红砂岩平台巴西圆盘试样。基于 SHPB 系统,对经受不同次数冻融循环损伤的红砂岩试样进行不同应变率等级的冲击劈拉试验,以探究冻融循环和应变率对红砂岩动态拉伸力学行为的影响,所有组别试样均在饱水状态进行试验。

4.5.1.1 拉应力-时程曲线

基于试验过程中采集的入射波、透射波及反射波信息,依式(4.11)可计算得到冲击劈拉破坏全过程巴西圆盘试样中心点的拉应力-时程曲线,如图 4.31 所示。

由图 4.31 可见,冻融循环次数和应变率均对红砂岩动态劈拉过程拉应力-时程曲线具有明显的影响。经受相同次数冻融循环作用的红砂岩试样,随着冲击方向压缩应变的升高,试样中心点拉应力增长速率更快,拉应力-时程曲线峰前斜率更大,拉应力峰值更高,达到应力峰值所需的时间更短。在相同等级应变率作用下,随着所经受冻融循环次数的增加,红砂岩试样动态劈拉过程拉应力-时程曲线拉应力峰值显著降低。

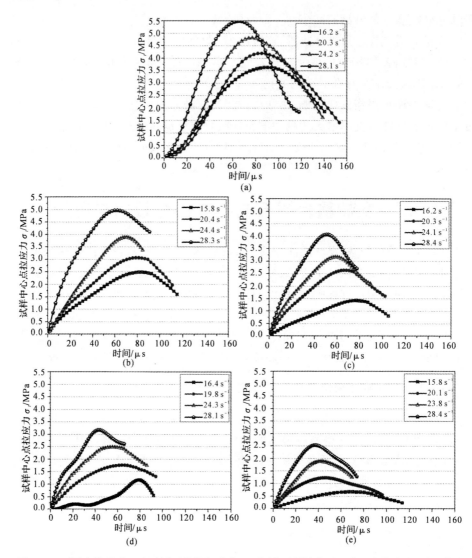

图 4.31 不同次数冻融(F－T)循环损伤红砂岩巴西圆盘试样劈拉过程中心点拉应力-时程曲线
(a)0 F－T(饱水试样);(b)5 F－T;(c)10 F－T;(d)15 F－T;(e)25 F－T

4.5.1.2 动态劈裂拉伸强度

依式(4.12),取冲击劈裂拉伸破坏过程中巴西圆盘试样中心点垂直于冲击方向拉应力最大值为试样的动态拉伸强度(STS^d)。经受不同次数冻融循环作用,红砂岩试样在不同应变率下的 STS^d 如表 4.3 和图 4.32 所示。

表 4.3 经不同次数冻融循环损伤后红砂岩试样动态劈裂拉伸强度

冻融循环组别	试验编号	应变率 $\dot{\varepsilon}/\mathrm{s}^{-1}$	劈裂拉伸强度 $\mathrm{STS^d/MPa}$
冻融 0 次 （饱水试样） (S, 0 F - T)	DT - S - 1	16.2	3.63
	DT - S - 2	20.3	4.2
	DT - S - 3	24.2	4.81
	DT - S - 4	28.1	5.48
冻融循环 5 次 (5 F - T)	DT - F5 - 1	15.8	2.49
	DT - F5 - 2	20.4	3.07
	DT - F5 - 3	24.4	3.88
	DT - F5 - 4	28.3	4.97
冻融循环 10 次 (10 F - T)	DT - F10 - 1	16.2	1.43
	DT - F10 - 2	20.3	2.64
	DT - F10 - 3	24.1	3.17
	DT - F10 - 4	28.4	4.08
冻融循环 15 次 (15 F - T)	DT - F15 - 1	16.4	1.17
	DT - F15 - 2	19.8	1.76
	DT - F15 - 3	24.3	2.48
	DT - F15 - 4	28.1	3.18
冻融循环 25 次 (25 F - T)	DT - F25 - 1	15.8	0.67
	DT - F25 - 2	20.1	1.23
	DT - F25 - 3	23.8	1.88
	DT - F25 - 4	28.4	2.54

如图 4.32 所示，对于经受相同次数冻融循环损伤的红砂岩试样，$\mathrm{STS^d}$ 随着应变率提高而不断增大，其增长趋势近似呈线性。采用线性方程对其变化规律进行拟合，拟合方程为

$$\left.\begin{aligned}
\mathrm{STS^d} &= 1.08 + 0.16\dot{\varepsilon}, \ \mathrm{Adj}.R^2 = 0.997 \ (0 \ \mathrm{F - T}) \\
\mathrm{STS^d} &= -0.79 + 0.20\dot{\varepsilon}, \ \mathrm{Adj}.R^2 = 0.954 \ (5 \ \mathrm{F - T}) \\
\mathrm{STS^d} &= -1.85 + 0.21\dot{\varepsilon}, \ \mathrm{Adj}.R^2 = 0.972 \ (10 \ \mathrm{F - T}) \\
\mathrm{STS^d} &= -1.63 + 0.17\dot{\varepsilon}, \ \mathrm{Adj}.R^2 = 0.999 \ (15 \ \mathrm{F - T}) \\
\mathrm{STS^d} &= -1.74 + 0.15\dot{\varepsilon}, \ \mathrm{Adj}.R^2 = 0.996 \ (25 \ \mathrm{F - T})
\end{aligned}\right\} \quad (4.27)$$

式中,STS^d 为红砂岩试样动态劈裂拉伸强度,MPa;$\dot{\varepsilon}$ 为应变率,s^{-1};N 为冻融循环次数。

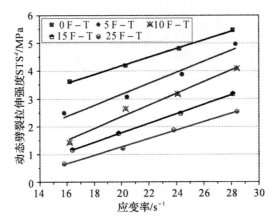

图 4.32　冻融循环损伤红砂岩动态拉伸强度

4.5.1.3　冲击劈拉破坏形态

图 4.33 ～ 图 4.37 所示分别为经受 0 次、5 次、10 次、15 次、25 次冻融循环损伤的红砂岩巴西圆盘试样在不同应变率下的冲击劈拉破坏形态。

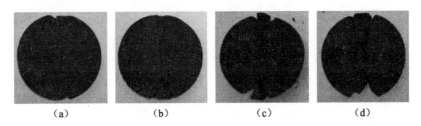

（a）　　　　　（b）　　　　　（c）　　　　　（d）

图 4.33　未经受冻融损伤(0 F - T)红砂岩巴西圆盘试样冲击劈拉破坏形态

(a)$\dot{\varepsilon}=16.2\ s^{-1}$;(b)$\dot{\varepsilon}=20.3\ s^{-1}$;(c)$\dot{\varepsilon}=24.2\ s^{-1}$;(d)$\dot{\varepsilon}=28.1\ s^{-1}$

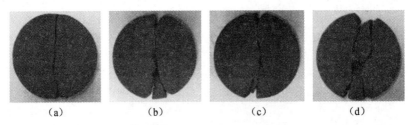

（a）　　　　　（b）　　　　　（c）　　　　　（d）

图 4.34　经受 5 次冻融循环损伤(5 F - T)红砂岩巴西圆盘试样冲击劈拉破坏形态

(a)$\dot{\varepsilon}=15.8\ s^{-1}$;(b)$\dot{\varepsilon}=20.4\ s^{-1}$;(c)$\dot{\varepsilon}=24.4\ s^{-1}$;(d)$\dot{\varepsilon}=28.3\ s^{-1}$

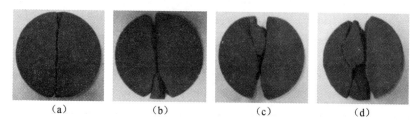

图 4.35 经受 10 次冻融循环损伤(10 F - T)红砂岩巴西圆盘试样冲击劈拉破坏形态

(a)$\dot{\varepsilon}=16.2\ s^{-1}$;(b)$\dot{\varepsilon}=20.3\ s^{-1}$;(c)$\dot{\varepsilon}=24.1\ s^{-1}$;(d)$\dot{\varepsilon}=28.4\ s^{-1}$

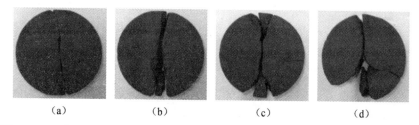

图 4.36 经受 15 次冻融循环损伤(15 F - T)红砂岩巴西圆盘试样冲击劈拉破坏形态

(a)$\dot{\varepsilon}=16.4\ s^{-1}$;(b)$\dot{\varepsilon}=19.8\ s^{-1}$;(c)$\dot{\varepsilon}=24.3\ s^{-1}$;(d)$\dot{\varepsilon}=28.1\ s^{-1}$

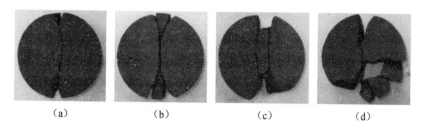

图 4.37 经受 25 次冻融循环损伤(25 F - T)红砂岩巴西圆盘试样冲击劈拉破坏形态

(a)$\dot{\varepsilon}=15.8\ s^{-1}$;(b)$\dot{\varepsilon}=20.1\ s^{-1}$;(c)$\dot{\varepsilon}=23.8\ s^{-1}$;(d)$\dot{\varepsilon}=28.4\ s^{-1}$

图 4.33 ～ 图 4.37 中试样下部与入射杆接触,为受冲击前端;试样上部与透射杆接触,为受冲击后端。可以发现,冻融损伤红砂岩巴西圆盘试样冲击劈拉破坏形态以从圆盘中心区域沿冲击方向劈裂为近似对称的两半为主。从试样破坏形态来看,冻融损伤红砂岩平台巴西圆盘试样冲击劈拉破坏符合中心起裂条件,试验结果有效。观察冻融损伤红砂岩冲击劈拉破坏形态可见,试样宏观破裂面(裂纹)主要有四种类型:

(1)中心起裂面。所有的冲击劈拉平台巴西圆盘试样均以此类破裂面为主,这也是劈拉试验有效性的保证。由于红砂岩试样的非均质性及冻融损伤的影响,中心起裂面多不严格位于圆盘中心,而是处于中心附近区域,呈近似直线的曲线形将平台巴西圆盘劈裂为两半。

(2)中心平行多条劈裂面,少数试样出现。

(3)平台端面三角裂纹,多使得平台巴西圆盘试样沿平台边沿形成三角形的锥形破坏,受冲击前端较后端更为严重。

(4)径向裂纹。该类裂纹多为红砂岩圆盘试样径向初始冻融裂纹在冲击劈拉过程中受扰动与其他裂纹贯通所致。

冻融循环次数和应变率等级对红砂岩平台巴西圆盘试样冲击劈拉破坏形态有显著影响。经受相同次数冻融循环作用的红砂岩巴西圆盘试样,随着应变率的升高,由单条中心劈裂面逐渐变成多条劈裂面,端面三角区破碎变得严重。在相同等级应变率作用下,经受冻融循环次数较多的红砂岩平台巴西圆盘试样劈裂破坏形态更为不规则,端面破碎区更为严重。

4.5.2 热冲击循环损伤红砂岩冲击劈拉力学行为

依照 2.3 节中所述程序,分别制备了经受 0 次(未经热冲击损伤,即干燥试样)、10 次、20 次、30 次、40 次热冲击循环损伤的红砂岩平台巴西圆盘试样。基于 SHPB 系统,对经受不同次数热冲击循环损伤的红砂岩试样进行不同应变率等级的冲击劈拉试验,以探究热冲击循环和应变率对红砂岩动态拉伸力学行为的影响,所有组别试样均在干燥状态进行试验。

4.5.2.1 拉应力-时程曲线

经受不同次数热冲击循环损伤的红砂岩平台巴西圆盘试样冲击劈拉破坏全过程的试样中心点拉应力-时程曲线可依式(4.11)计算,如图 4.38 所示。可见,热冲击循环次数和应变率均对红砂岩动态劈拉过程拉应力-时程曲线具有明显的影响。经受相同次数热冲击循环作用的红砂岩试样在较高应变率等级下,试样中心点拉应力增长速率更快,拉应力-时程曲线峰前斜率更大,拉应力峰值更高,达到应力峰值所需的时间更短,峰值后拉应力下降速率也更快。在相同等级应变率下,随着热冲击循环次数的增加,红砂岩动态劈拉过程拉应力-时程曲线拉应力峰值显著降低。

4.5.2.2 动态劈裂拉伸强度

依式(4.12),经受不同次数热冲击循环作用后红砂岩试样在不同应变率下的动态拉伸强度(STS^d)如表 4.4 和图 4.39 所示。

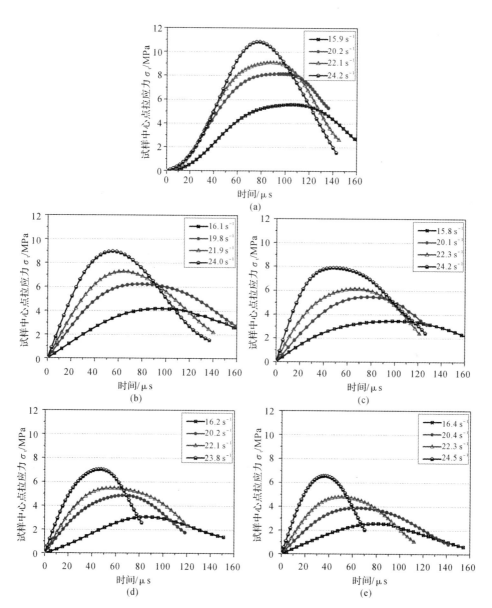

图 4.38　不同次数热冲击(TS)损伤红砂岩巴西圆盘试样
冲击劈拉过程中心点拉应力-时程曲线

(a)0 TS(干燥试样)；(b)10 TS；(c)20 TS；(d)30 TS；(e)40 TS

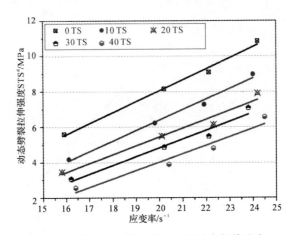

图 4.39 热冲击循环损伤红砂岩动态拉伸强度

表 4.4 经不同次数热冲击循环损伤后红砂岩试样动态劈裂拉伸强度

热冲击 循环组别	试验编号	应变率 $\dot{\varepsilon}/s^{-1}$	劈裂拉伸强度 STS^d/MPa
热冲击 0 次 （干燥试样） （D, 0 TS）	DT - D - 1	15.9	5.59
	DT - D - 2	20.2	8.16
	DT - D - 3	22.1	9.10
	DT - D - 4	24.2	10.84
热冲击循环 10 次 （10 TS）	DT - H10 - 1	16.1	4.18
	DT - H10 - 2	19.8	6.23
	DT - H10 - 3	21.9	7.27
	DT - H10 - 4	24.0	8.98
热冲击循环 20 次 （20 TS）	DT - H20 - 1	15.8	3.46
	DT - H20 - 2	20.1	5.48
	DT - H20 - 3	22.3	6.13
	DT - H20 - 4	24.2	7.90
热冲击循环 30 次 （30 TS）	DT - H30 - 1	16.2	3.07
	DT - H30 - 2	20.2	4.86
	DT - H30 - 3	22.1	5.47
	DT - H30 - 4	23.8	7.06
热冲击循环 40 次 （40 TS）	DT - H40 - 1	16.4	2.57
	DT - H40 - 2	20.4	3.89
	DT - H40 - 3	22.3	4.80
	DT - H40 - 4	24.5	6.56

如图 4.39 所示,对于经受相同次数热冲击循环损伤的红砂岩试样,STS^d 随着应变率提高而不断增大,其增长趋势近似呈线性。采用线性方程对其变化规律进行拟合,拟合方程为

$$\left.\begin{array}{l}
STS^d = -4.31 + 0.62\dot{\varepsilon}, \; Adj.R^2 = 0.989 \; (0 \; TS) \\
STS^d = -5.45 + 0.59\dot{\varepsilon}, \; Adj.R^2 = 0.985 \; (10 \; TS) \\
STS^d = -4.53 + 0.50\dot{\varepsilon}, \; Adj.R^2 = 0.947 \; (20 \; TS) \\
STS^d = -5.09 + 0.50\dot{\varepsilon}, \; Adj.R^2 = 0.944 \; (30 \; TS) \\
STS^d = -5.47 + 0.47\dot{\varepsilon}, \; Adj.R^2 = 0.924 \; (40 \; TS)
\end{array}\right\} \quad (4.28)$$

式中变量与式(4.27)相同。

4.5.2.3 冲击劈拉破坏形态

图 4.40～图 4.44 所示分别为经受 0 次、10 次、20 次、30 次、40 次热冲击循环损伤的红砂岩巴西圆盘试样在不同应变率下的冲击劈拉破坏形态。图中试样下部与入射杆接触,为受冲击前端;试样上部与透射杆接触,为受冲击后端。可以发现,与冻融损伤试样相似,热冲击损伤红砂岩巴西圆盘试样冲击劈拉破坏形态也是以从圆盘中心区域沿冲击方向劈裂为近似对称的两半为主,符合中心起裂条件,试验结果有效。

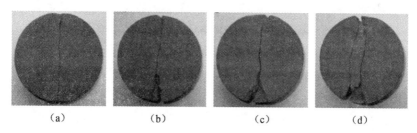

（a） （b） （c） （d）

图 4.40 未经受热冲击损伤红砂岩巴西圆盘试样(0 TS)冲击劈拉破坏形态

(a)$\dot{\varepsilon}$=15.9 s^{-1};(b)$\dot{\varepsilon}$=20.2 s^{-1};(c)$\dot{\varepsilon}$=22.1 s^{-1};(d)$\dot{\varepsilon}$=24.2 s^{-1}

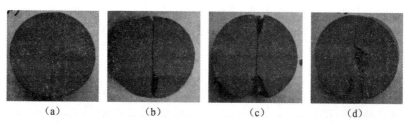

（a） （b） （c） （d）

图 4.41 经受 10 次热冲击循环损伤红砂岩巴西圆盘试样(10 TS)冲击劈拉破坏形态

(a)$\dot{\varepsilon}$=16.1 s^{-1};(b)$\dot{\varepsilon}$=19.8 s^{-1};(c)$\dot{\varepsilon}$=21.9 s^{-1};(d)$\dot{\varepsilon}$=24.0 s^{-1}

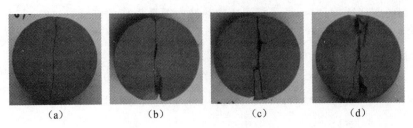

图 4.42　经受 20 次热冲击循环损伤红砂岩巴西圆盘试样(20 TS)冲击劈拉破坏形态

(a)$\dot{\varepsilon}=15.8\ \mathrm{s}^{-1}$;(b)$\dot{\varepsilon}=20.1\ \mathrm{s}^{-1}$;(c)$\dot{\varepsilon}=22.3\ \mathrm{s}^{-1}$;(d)$\dot{\varepsilon}=24.2\ \mathrm{s}^{-1}$

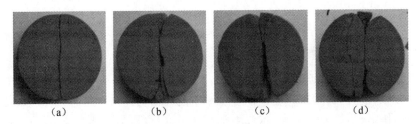

图 4.43　经受 30 次热冲击循环损伤红砂岩巴西圆盘试样(30 TS)冲击劈拉破坏形态

(a)$\dot{\varepsilon}=16.2\ \mathrm{s}^{-1}$;(b)$\dot{\varepsilon}=20.2\ \mathrm{s}^{-1}$;(c)$\dot{\varepsilon}=22.1\ \mathrm{s}^{-1}$;(d)$\dot{\varepsilon}=23.8\ \mathrm{s}^{-1}$

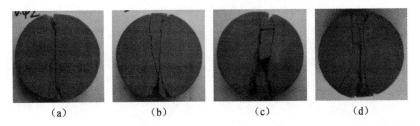

图 4.44　经受 40 次热冲击循环损伤红砂岩巴西圆盘试样(40 TS)冲击劈拉破坏形态

(a)$\dot{\varepsilon}=16.4\ \mathrm{s}^{-1}$;(b)$\dot{\varepsilon}=20.4\ \mathrm{s}^{-1}$;(c)$\dot{\varepsilon}=22.3\ \mathrm{s}^{-1}$;(d)$\dot{\varepsilon}=24.5\ \mathrm{s}^{-1}$

　　与冻融损伤试样相似,热冲击损伤红砂岩平台巴西圆盘试样受冲击劈拉破坏后,破裂面(裂纹)主要有四种类型:中心起裂面;中心平行多条劈裂面;平台端面三角裂纹和径向裂纹。与冻融损伤试样相比,热冲击损伤试样平台端面三角区域破碎情况较轻,由热冲击初始损伤所致的径向裂纹不明显。

　　热冲击循环次数和应变率等级对红砂岩平台巴西圆盘试样冲击劈拉破坏形态的影响与冻融循环试样相似。热冲击损伤红砂岩巴西圆盘试样,随着应变率的升高和热冲击次数的增加,由单条中心劈裂面逐渐变成多条劈裂面,端面三角区破碎变得严重。

4.6　小　　结

本章基于 SHPB 系统，对经受不同水热耦合损伤的红砂岩试样进行了不同应变率作用下的冲击压缩和劈裂试验，分析了冻融循环、热冲击循环以及应变率对红砂岩动态压缩、拉伸力学行为的影响规律。本章主要结论如下：

（1）本书选用退火紫铜制作 SHPB 试验入射波波形整形器，能够有效增长入射波上升沿时间，消除高频振荡，保证试样应力均匀性，并能实现近似恒应变率加载。针对特定水热耦合损伤状态的红砂岩试样，通过控制发射气压和装弹长度并选用匹配的入射波整形器直径来控制试样应变率，作为 SHPB 试验的主要控制变量，控制效果良好。

（2）水热耦合损伤红砂岩试样冲击压缩破坏过程具有明显的非线性特征，应力-应变曲线可大致分为压密、线弹性变形、屈服和破坏四个阶段。应变率对水热耦合损伤红砂岩动态压缩力学行为有显著影响。经受相同次数冻融或热冲击循环作用后，冻融损伤红砂岩试样动态抗压强度、临界应变、变形模量均随应变率的增高线性增大；热冲击损伤红砂岩试样动态抗压强度、临界应变随应变率的增高呈指数型增长，增长速率减缓，动态变形模量随应变率升高呈线性增长趋势。随应变率升高，经受相同水热耦合损伤红砂岩动态弹性模量呈波动上升趋势。

（3）水热耦合损伤红砂岩试样冲击压缩破坏过程切线模量-应变（$E_t^d - \varepsilon$）曲线非线性特征显著：压密阶段 E_t^d 随应变增大整体呈增长趋势；线弹性变形阶段 E_t^d 处于最大值且基本保持不变；屈服阶段 E_t^d 随应变增长逐渐降低，直至峰值点处降为 0；破坏阶段前期（峰值后附近）试样 E_t^d 随应变的增长基本延续了屈服阶段的降速，后期试样 E_t^d 随应变的继续增长急速下降，试样在很小的应变变化范围内即迅速破坏。

（4）应变率对水热耦合损伤红砂岩 E_t^d 影响明显。随应变率升高，E_t^d 最大值（即线弹性变形阶段切线模量）整体呈增大趋势；屈服阶段及破坏阶段前期应变范围变大，E_t^d 随应变增长的降低速率减小。相同等级应变率作用下，经受较多次数冻融或热冲击循环作用后的红砂岩试样峰前 E_t^d 整体减小，试样抵抗变形的能力减弱。

（5）采用平台巴西圆盘试样进行红砂岩的冲击劈拉试验。在相同水热耦合损伤条件下，应变率的升高对红砂岩抗拉强度有增强效应。水热耦合损伤红砂岩平台巴西圆盘试样动态劈拉破坏形态以从圆盘中心区域沿冲击方向劈裂为近似对称的两半为主，符合中心起裂条件，试验结果有效。试样破裂面（裂纹）主要包含四种类型：中心起裂面、中心平行多条劈裂面、平台端面三角裂纹和径向裂纹。

第5章
考虑应变率的岩石水热耦合损伤劣化模型研究

5.1 引　言

在自然条件下,岩石冻融及热冲击损伤多是长期的反复的水热耦合损伤过程。在此期间,岩石各项力学特性指标随冻融或热冲击反复作用而逐渐劣化。为分析水热耦合损伤岩石力学特性随冻融及热冲击反复作用的劣化规律,对经受不同次数冻融或热冲击循环作用后的试样进行力学试验是一种重要的研究方法,但也存在一定的缺陷。首先,岩石力学试验所得结果是各力学指标随冻融、热冲击循环次数增长而变化的离散数据,虽然能够通过对结果的拟合大致分析其变化趋势,但缺乏具有明确物理力学意义的参数用以表征岩石水热耦合损伤的劣化特征。其次,受试验条件所限,采用试验方法分析试样长期水热耦合损伤仍有一定难度。

岩石水热耦合损伤模型研究受到了国内外诸多学者的关注,Mutlutürk[147]、刘泉声[190]等人均基于试验分析提出了经受长期冻融或热冲击循环作用后岩石力学特性指标的预测模型。其中,Mutlutürk 提出的指数型衰减模型因形式简洁、模型参数物理力学意义明确、与试验结果一致性好等因素得到了广泛的应用。但是,上述学者所建模型均针对岩石的静态力学参数进行分析,模型未考虑岩石的应变率效应,难以直接用于分析岩石动态力学特性指标受冻融及热冲击损伤变化规律。

因此,本章依据第 3,4 章中水热耦合损伤岩石力学试验结果,基于对红砂岩水热耦合损伤规律及应变率效应的分析,构建水热耦合损伤岩石静态及动态力学特征指标随冻融或热冲击反复作用的衰减模型。基于模型参数,分析岩石水热耦合损伤劣化规律及其应变率效应,对岩石静态及动态力学特性指标的长期变化规律进行初步预测。

5.2　考虑应变率的岩石力学指标衰减模型

控制系统[191]在按数学模型分类时,将用数学模型可表示为一阶线性常微分方程的过程称为一阶过程(first order process),不考虑系统的具体物理过程,一阶系统在数学上的解具有最简单的指数函数形式,其幂指数可以取正值或负值。当幂指数为负时,函数值将随时间(或次数等)的增长而不断降低。假定岩石在冻融或热冲击循环作用下的力学特性衰减过程为一阶过程,则岩石力学特性指标的衰减幅度(或衰减速率)与任一次冻融或热冲击循环起始时岩石的力学特性指标值成正比[147],即

$$-\{dI/dN\} = \lambda I \tag{5.1}$$

式中,I 指岩石的完整性指标(Integrity),计算时可根据需要选用强度、模量等参量表示;N 为冻融或热冲击等循环作用次数;$\{dI/dN\}$ 为 I 的劣化速率,负号意思是 I 逐渐降低;λ 为衰减常数。

假设岩石初始未损伤状态完整性指标为 I_0,经受 N 次冻融或热冲击循环作用后完整性指标为 I_N,对式(5.1)在 $I_0 \sim I_N$ 间进行积分可得

$$\ln(I_0/I_N) = \lambda N \tag{5.2}$$

式(5.2)以指数形式表示即为由试样初始状态完整性指标 I_0 和衰减常数 λ 求解经受 N 次冻融或热冲击循环作用后完整性指标 I_N 的计算模型,即

$$I_N = I_0 e^{-\lambda N} \tag{5.3}$$

值得注意的是,该模型是一个描述型模型而非机理型模型,也就是说,该模型阐述了试样在冻融或热冲击循环作用下完整性指标的变化规律,但没有揭示其变化的原因。该模型的价值在于模型提供了一些有价值的参数,可以用来评估岩石在某一循环损伤环境中的衰减特性。在该模型中,衰减因子($e^{-\lambda N}$)表示试样经受 N 次冻融或热冲击循环作用后完整性指标残余值占初始值的比例,即 I_N/I_0;衰减常数(λ)表示经受任一冻融或热冲击循环过程,试样完整性指标的相对劣化值。

此外,作为描述物质衰减特性的重要概念,半衰期($N_{1/2}$)也可由衰减常数(λ)计算而来。该模型中,半衰期表示岩石完整性指标衰减为原值一半所需的冻融或热冲击循环次数,将 $I_N = I_0/2$ 代入式(5.3)可得岩石半衰期为

$$N_{1/2} = \frac{\ln 2}{\lambda} \tag{5.4}$$

在该模型的假定条件(即假定试样损伤为一阶过程)下,半衰期($N_{1/2}$)是一个与试样初始状态无关的量,如图5.1所示。

在岩石与损伤环境一定的情况下,式(5.1)~式(5.4)中衰减常数(λ)为定值。由于岩石是一种典型的率敏感材料,其力学特性随应变率会发生显著变化。因此,为采用式(5.1)~式(5.4)研究岩石动态力学特性指标随循环损伤作用次数的变化规律,必须考虑加载条件即应变率对衰减常数(λ)的影响。

因此,考虑岩石应变率效应,将衰减常数视为应变率的函数,即 $\lambda = \lambda(\dot{\varepsilon})$,在此基础上构建考虑应变率效应的岩石循环损伤劣化模型,以指数形式可表示为

$$\frac{I_N}{I_0} = e^{-\lambda(\dot{\varepsilon}) N} \tag{5.5}$$

同时,半衰期也是应变率的函数,即为

$$N_{1/2} = \frac{\ln 2}{\lambda(\dot{\varepsilon})}$$ (5.6)

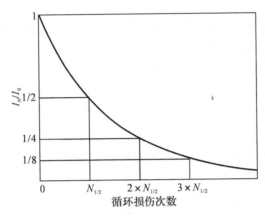

图 5.1 试样受循环损伤作用衰减模型示意图

5.3 冻融及热冲击循环损伤岩石抗压强度衰减模型研究

5.3.1 不同应变率条件下的抗压强度衰减模型

由第 3,4 章分析可知,冻融及热冲击循环作用对红砂岩抗压强度(UCS)影响显著。相同等级应变率作用下红砂岩 UCS 随冻融及热冲击循环次数变化规律如图 5.2 所示。图 5.2 中,应变率等级为 $10^{-5}\,\mathrm{s}^{-1}$ 的数据由准静态试验获得,其他应变率等级数据由基于 SHPB 系统的冲击试验获得;图 5.2(a)(b)中的应变率数据分别来自于冻融循环损伤试样(饱水状态)及热冲击循环损伤试样(干燥状态),应变率等级有所不同。

由图 5.2 可知,在相同应变率等级作用下,红砂岩试样抗压强度随冻融循环次数或热冲击循环次数的增加,均逐渐减小。在不同应变率等级下,减小幅度有所不同。为构建红砂岩抗压强度衰减模型,对某一特定应变率等级,分别以未经受冻融循环和热冲击循环损伤的红砂岩试样为基准,对经受不同次数冻融或热冲击循环损伤的红砂岩试样抗压强度进行无量纲化处理,如图 5.3 所示。

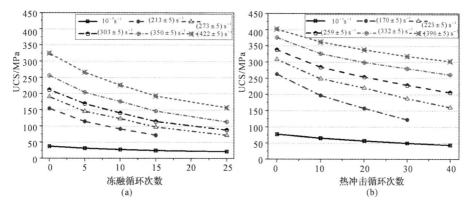

图 5.2　红砂岩 UCS 随冻融和热冲击次数的变化规律

(a)冻融损伤试样,F－T;(b)热冲击损伤试样,TS

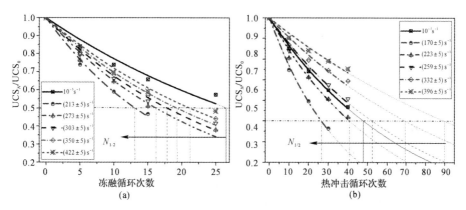

图 5.3　红砂岩 UCS_N/UCS_0 随冻融和热冲击次数的变化规律

(a)冻融损伤试样,F－T;(b)热冲击损伤试样,TS

　　由图 5.3 可知,红砂岩静态抗压强度衰减规律与动态抗压强度衰减规律并不相同。在较高应变率等级下,动态抗压强度随冻融或热冲击循环损伤的衰减幅度较小。

　　采用拟合法对模型参数——衰减常数 $\lambda(\dot{\varepsilon})$ ——进行求解。根据衰减模型函数形式(见式(5.5)),采用指数函数分别对不同应变率下红砂岩 UCS_N/UCS_0 随冻融循环和热冲击循环次数增加的变化规律进行拟合,拟合曲线如图 5.3 所示。

　　对于冻融循环损伤红砂岩试样,根据指数函数拟合结果,其不同应变率条件下抗压强度随冻融循环次数增加的衰减模型为

$$\dot{\varepsilon} = 10^{-5}\,\mathrm{s}^{-1}: \qquad \frac{\mathrm{UCS}_N}{\mathrm{UCS}_0} = \mathrm{e}^{-0.025\,7N}, \ \mathrm{Adj}.R^2 = 0.951$$

$$\dot{\varepsilon} = (213 \pm 5)\,\mathrm{s}^{-1}: \qquad \frac{\mathrm{UCS}_N}{\mathrm{UCS}_0} = \mathrm{e}^{-0.052\,8N}, \ \mathrm{Adj}.R^2 = 0.994$$

$$\dot{\varepsilon} = (273 \pm 5)\,\mathrm{s}^{-1}: \qquad \frac{\mathrm{UCS}_N}{\mathrm{UCS}_0} = \mathrm{e}^{-0.042\,9N}, \ \mathrm{Adj}.R^2 = 0.985$$

$$\dot{\varepsilon} = (303 \pm 5)\,\mathrm{s}^{-1}: \qquad \frac{\mathrm{UCS}_N}{\mathrm{UCS}_0} = \mathrm{e}^{-0.038\,9N}, \ \mathrm{Adj}.R^2 = 0.987 \qquad (5.7)$$

$$\dot{\varepsilon} = (350 \pm 5)\,\mathrm{s}^{-1}: \qquad \frac{\mathrm{UCS}_N}{\mathrm{UCS}_0} = \mathrm{e}^{-0.036\,0N}, \ \mathrm{Adj}.R^2 = 0.983$$

$$\dot{\varepsilon} = (422 \pm 5)\,\mathrm{s}^{-1}: \qquad \frac{\mathrm{UCS}_N}{\mathrm{UCS}_0} = \mathrm{e}^{-0.032\,7N}, \ \mathrm{Adj}.R^2 = 0.978$$

对于热冲击循环损伤红砂岩试样,根据指数函数拟合结果,其不同应变率条件下抗压强度随热冲击循环次数增加的衰减模型为

$$\dot{\varepsilon} = 10^{-5}\,\mathrm{s}^{-1}: \qquad \frac{\mathrm{UCS}_N}{\mathrm{UCS}_0} = \mathrm{e}^{-0.014\,5N}, \ \mathrm{Adj}.R^2 = 0.997$$

$$\dot{\varepsilon} = (170 \pm 5)\,\mathrm{s}^{-1}: \qquad \frac{\mathrm{UCS}_N}{\mathrm{UCS}_0} = \mathrm{e}^{-0.026\,2N}, \ \mathrm{Adj}.R^2 = 0.996$$

$$\dot{\varepsilon} = (223 \pm 5)\,\mathrm{s}^{-1}: \qquad \frac{\mathrm{UCS}_N}{\mathrm{UCS}_0} = \mathrm{e}^{-0.017\,0N}, \ \mathrm{Adj}.R^2 = 0.988$$

$$\dot{\varepsilon} = (259 \pm 5)\,\mathrm{s}^{-1}: \qquad \frac{\mathrm{UCS}_N}{\mathrm{UCS}_0} = \mathrm{e}^{-0.013\,3N}, \ \mathrm{Adj}.R^2 = 0.980 \qquad (5.8)$$

$$\dot{\varepsilon} = (332 \pm 5)\,\mathrm{s}^{-1}: \qquad \frac{\mathrm{UCS}_N}{\mathrm{UCS}_0} = \mathrm{e}^{-0.010\,0N}, \ \mathrm{Adj}.R^2 = 0.956$$

$$\dot{\varepsilon} = (396 \pm 5)\,\mathrm{s}^{-1}: \qquad \frac{\mathrm{UCS}_N}{\mathrm{UCS}_0} = \mathrm{e}^{-0.007\,7N}, \ \mathrm{Adj}.R^2 = 0.970$$

5.3.2 衰减模型参数应变率效应分析

根据考虑应变率的岩石循环损伤劣化模型形式(见式(5.5))可知,式(5.7)与式(5.8)幂指数中循环损伤次数 N 的系数即为不同应变率条件下试样抗压强度的衰减常数 λ,其值随应变率变化而不同。根据式(5.6)可由衰减常数 λ 计算得到相应应变率条件下试样抗压强度经冻融或热冲击循环作用的半衰期 $N_{1/2}$。

不同应变率条件下红砂岩经受冻融和热冲击循环作用抗压强度的衰减常数和半衰期如表 5.1 所示。

表 5.1   不同应变率条件下红砂岩循环损伤抗压强度衰减常数和半衰期

损伤组别	应变率等级 s^{-1}	单轴抗压强度，UCS	
		衰减常数，λ	半衰期，$N_{1/2}$
冻融循环损伤红砂岩	10^{-5}	0.025 7	27.0
	213±5	0.052 8	13.1
	273±5	0.042 9	16.2
	303±5	0.038 9	17.8
	350±5	0.036 0	19.2
	422±5	0.032 7	21.2
热冲击循环损伤红砂岩	10^{-5}	0.014 5	47.9
	170±5	0.026 2	26.5
	223±5	0.017 0	40.9
	259±5	0.013 3	52.3
	332±5	0.010 0	69.6
	396±5	0.007 7	89.9

　　如5.2节中所述，在红砂岩经受冻融或热冲击循环损伤抗压强度衰减模型中，衰减常数表示经受任一冻融或热冲击循环过程试样抗压强度的相对劣化值，其值越大，衰减越快。半衰期表示红砂岩抗压强度衰减为原值一半所需的冻融或热冲击循环次数，其值越小，衰减越快。由表5.1可知，红砂岩静态抗压强度与动态抗压强度衰减规律并没有明显的一致性。对动态抗压强度而言，随着应变率的升高，红砂岩经受冻融循环或热冲击循环损伤的衰减常数不断减小，半衰期不断增大，表明红砂岩动态抗压强度受冻融和热冲击循环损伤的衰减速率逐渐减小。冻融循环损伤与热冲击循环损伤相比，在相近应变率下红砂岩抗压强度冻融循环损伤衰减常数更大，半衰期更短，表明冻融损伤红砂岩抗压强度衰减更快。

　　图5.4所示为随应变率升高，红砂岩经受冻融循环损伤抗压强度衰减模型参数的变化规律。可见，与动态抗压强度相比，红砂岩经受冻融循环损伤静态抗压强度衰减常数较小，半衰期较长，静态抗压强度在冻融循环作用下比动态抗压强度衰减慢。对于动态抗压强度，在本试验应变率范围（约为 210 s^{-1}＜$\dot{\varepsilon}$＜430 s^{-1}）内抗压强度衰减常数随应变率呈指数型降低趋势，半衰期随应变率增长近似呈线性增长趋势。分别采用指数函数和线性函数对其变化规律进行拟合，如图5.4所示。

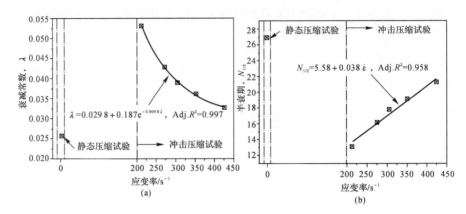

图 5.4　随应变率升高红砂岩经受冻融循环损伤抗压强度衰减模型参数的变化规律

(a)衰减常数，λ；(b)半衰期，$N_{1/2}$

由拟合方程可知，本书应变率范围内红砂岩经受冻融循环作用抗压强度衰减常数和半衰期可表示为

$$\left.\begin{aligned}\dot{\varepsilon}=10^{-5}\ \text{s}^{-1}: &\qquad\qquad \lambda=0.025\ 7\\210\ \text{s}^{-1}<\dot{\varepsilon}<430\ \text{s}^{-1}: &\qquad \lambda=0.029\ 8+0.187\text{e}^{-0.009\ 84\dot{\varepsilon}}\end{aligned}\right\} \tag{5.9}$$

$$\left.\begin{aligned}\dot{\varepsilon}=10^{-5}\ \text{s}^{-1}: &\qquad\qquad N_{1/2}=27.0\\210\ \text{s}^{-1}<\dot{\varepsilon}<430\ \text{s}^{-1}: &\qquad N_{1/2}=5.58+0.038\dot{\varepsilon}\end{aligned}\right\} \tag{5.10}$$

图 5.5 所示为随应变率升高，红砂岩经受热冲击循环损伤抗压强度衰减模型参数的变化规律。与冻融循环相似，红砂岩经受热冲击循环损伤静态抗压强度与动态抗压强度衰减模型参数变化规律并不一致。对于动态抗压强度，在本试验应变率范围（$170\ \text{s}^{-1}<\dot{\varepsilon}<400\ \text{s}^{-1}$）内抗压强度衰减常数随应变率呈指数型降低趋势，半衰期随应变率增长近似呈线性增长趋势。分别采用指数函数和线性函数对其变化规律进行拟合，如图 5.5 所示。

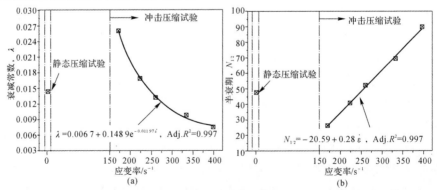

图 5.5　随应变率升高红砂岩经受热冲击循环损伤抗压强度衰减模型参数的变化规律

(a)衰减常数，λ；(b)半衰期，$N_{1/2}$

由拟合方程可知,本试验应变率范围内红砂岩经受热冲击循环作用抗压强度衰减常数和半衰期可表示为

$$\left.\begin{aligned} \dot{\varepsilon} = 10^{-5} \text{ s}^{-1}: \qquad & \lambda = 0.014\ 5 \\ 170\ \text{s}^{-1} < \dot{\varepsilon} < 400\ \text{s}^{-1}: \qquad & \lambda = 0.006\ 7 + 0.149 \mathrm{e}^{-0.012\ 0 \dot{\varepsilon}} \end{aligned}\right\} \tag{5.11}$$

$$\left.\begin{aligned} \dot{\varepsilon} = 10^{-5} \text{ s}^{-1}: \qquad & N_{1/2} = 47.9 \\ 170\ \text{s}^{-1} < \dot{\varepsilon} < 400\ \text{s}^{-1}: \qquad & N_{1/2} = -20.59 + 0.28 \dot{\varepsilon} \end{aligned}\right\} \tag{5.12}$$

5.3.3　考虑应变率的红砂岩循环损伤抗压强度衰减模型

由式(5.9)可得考虑应变率的红砂岩冻融循环损伤抗压强度衰减模型为

$$\left.\begin{aligned} \dot{\varepsilon} = 10^{-5} \text{ s}^{-1}: \qquad & \frac{\text{UCS}_N}{\text{UCS}_0} = \mathrm{e}^{-0.025\ 7N} \\ 210\ \text{s}^{-1} < \dot{\varepsilon} < 430\ \text{s}^{-1}: \qquad & \frac{\text{UCS}_N}{\text{UCS}_0} = \mathrm{e}^{-\left(0.029\ 8 + 0.187 \mathrm{e}^{-0.009\ 84 \dot{\varepsilon}}\right)N} \end{aligned}\right\} \tag{5.13}$$

同时,由式(5.11)可得考虑应变率的红砂岩热冲击循环损伤抗压强度衰减模型为

$$\left.\begin{aligned} \dot{\varepsilon} = 10^{-5} \text{ s}^{-1}: \qquad & \frac{\text{UCS}_N}{\text{UCS}_0} = \mathrm{e}^{-0.014\ 5N} \\ 170\ \text{s}^{-1} < \dot{\varepsilon} < 400\ \text{s}^{-1}: \qquad & \frac{\text{UCS}_N}{\text{UCS}_0} = \mathrm{e}^{-\left(0.006\ 7 + 0.149 \mathrm{e}^{-0.012\ 0 \dot{\varepsilon}}\right)N} \end{aligned}\right\} \tag{5.14}$$

由5.3.2节可知,考虑应变率的红砂岩冻融和热冲击循环损伤抗压强度衰减模型是经迭代拟合得到的,每一步迭代均会产生一定的拟合误差,且最终模型方程为分段式方程,每一步参数拟合的效果难以直接用于评价最终模型与试验数据的拟合效果。为此,需要根据该模型计算红砂岩不同应变率及冻融或热冲击循环次数作用下的抗压强度值,分析计算值与试验值之间的误差,通过计算模型的校正判定系数以分析该衰减模型的优劣。

如2.4.2节中所述,校正判定系数是判定系数扣除了回归方程项数影响的相关系数,能够更为准确地反应模型的优劣。Adj.R^2 值越接近于1,说明相关性越强,模型效果越优。其定义式为

$$\text{Adj.}R^2 = 1 - \frac{\sum (Y - Y_{\text{est}})^2 / (n - p)}{\sum (Y - \bar{Y})^2 / (n - 1)} \tag{5.15}$$

式中符号含义同2.4.2节中式(2.7)。

式(5.13)和式(5.14)所构建分别为红砂岩冻融及热冲击循环损伤抗压强度衰减模型,与抗压强度的绝对值无关。为此,在采用衰减模型计算红砂岩不同次数损伤循环作用后的抗压强度时,以试验所得未经损伤的红砂岩抗压强度作为 $N=0$ 时的基准值。表5.2和表5.3分别为红砂岩冻融和热冲击循环损伤抗压强度衰减模型校正判定系数计算表。

表 5.2 红砂岩冻融循环损伤抗压强度衰减模型校正判定系数计算表

动压应变率等级		冻融次数 N	UCS 计算值 MPa	UCS 试验值 MPa	残差平方 $(Y-Y_{est})^2$	离差平方 $(Y-\bar{Y})^2$
等级/s^{-1}	应变率/s^{-1}					
10^{-5}		0	38.1	38.1	0.0	9 896.2
		5	33.5	32.1	2.0	11 131.9
		10	29.5	28.2	1.6	11 968.3
		15	25.9	25.1	0.7	12 654.4
		25	20.1	21.9	3.5	13 385.6
213	216.8	0	154.1	154.1	0.0	272.3
	210.0	5	118.4	114.1	18.0	552.0
	214.5	10	90.9	91.2	0.1	2 158.2
	216.2	15	69.8	71.9	4.5	4 314.5
273	271.9	0	190.0	190.0	0.0	2 746.4
	271.4	5	153.6	145.3	68.4	59.8
	276.1	10	124.2	123.0	1.4	214.1
	269.7	15	100.4	97.0	11.2	1 646.6
	269.9	25	65.6	72.1	42.9	4 285.2
303	298.6	0	211.8	211.8	0.0	5 502.1
	302.7	5	174.0	169.1	23.9	993.5
	305.1	10	143.0	140.4	6.5	8.0
	304.9	15	117.5	114.3	10.4	545.2
	306.4	25	79.3	88.1	77.4	2 449.3
350	346.1	0	256.3	256.3	0.0	14 085.8
	347.6	5	214.3	204.0	107.1	4 403.4
	354.0	10	179.2	175.6	12.8	1 446.1
	354.3	15	149.9	146.1	13.8	72.9
	348.6	25	104.8	113.2	71.0	594.7
422	421.9	0	324.8	324.8	0.0	35 023.4
	418.2	5	275.7	266.5	85.8	16 599.8
	425.1	10	234.1	226.6	56.3	7 915.4
	419.8	15	198.7	192.6	37.5	3 025.2
	426.1	25	143.2	157.0	189.1	375.8
计算单元	$Adj.R^2=1-\dfrac{\sum(Y-Y_{est})^2/(n-p)}{\sum(Y-\bar{Y})^2/(n-1)}$			UCS 试验值 平均值	总残差 平方和	总离差 平方和
				137.6	846.0	168 326.1
	总样本数:$n=29$	总变量数:$p=3$		校正判定系数		0.995

表5.3 红砂岩热冲击循环损伤抗压强度衰减模型校正判定系数计算表

动压应变率等级		热冲击次数 N	UCS计算值 MPa	UCS试验值 MPa	残差平方 $(Y-Y_{est})^2$	离差平方 $(Y-\bar{Y})^2$
等级/s⁻¹	应变率/s⁻¹					
10^{-5}		0	77.4	77.4	0.00	24 046.82
		10	66.9	65.9	1.09	27 741.44
		20	57.9	57.3	0.33	30 666.39
		30	50.1	50.3	0.07	33 159.58
		40	43.3	44.0	0.48	35 505.68
170	169.1	0	263.3	263.3	0.00	953.84
	167.7	10	202.9	196.9	35.50	1 261.18
	170.7	20	156.3	157.1	0.64	5 673.77
	171.9	30	120.4	122.2	3.11	12 152.11
223	219.0	0	309.0	309.0	0.00	5 862.76
	219.6	10	260.8	248.9	141.52	271.46
	227.4	20	220.1	220.2	0.01	149.22
	226.4	30	185.8	187.6	3.08	2 014.84
	222.6	40	156.8	160.2	11.66	5 213.84
259	259.8	0	338.4	338.4	0.00	11 228.00
	256.6	10	296.1	284.7	129.70	2 730.72
	263.6	20	259.0	254.1	24.30	470.44
	258.8	30	226.7	228.7	4.14	14.01
	254.7	40	198.3	206.1	60.27	694.73
332	330.1	0	376.2	376.2	0.00	20 666.56
	335.7	10	342.2	326.5	246.45	8 846.96
	328.8	20	311.3	299.5	138.06	4 499.50
	333.5	30	283.1	280.5	6.95	2 309.60
	333.4	40	257.6	261.4	14.88	838.81
396	396.1	0	402.1	402.1	0.00	28 787.29
	391.1	10	371.2	362.7	72.65	16 972.56
	396.0	20	342.8	338.3	19.40	11 215.24
	401.9	30	316.4	318.3	3.35	7 366.18
	396.5	40	292.2	302.8	112.82	4 946.19
计算单元	$Adj.R^2 = 1 - \dfrac{\sum(Y-Y_{est})^2/(n-p)}{\sum(Y-\bar{Y})^2/(n-1)}$			UCS试验值平均值	总残差平方和	总离差平方和
				232.4	1 030.4	306 259.7
	总样本数:$n=29$	总变量数:$p=3$		校正判定系数		0.996

由表 5.2 和表 5.3 中计算结果可知,红砂岩冻融和热冲击循环损伤抗压强度衰减模型校正判定系数分别为 0.995 和 0.996,非常接近于 1,衰减模型拟合程度很高,模型有效。

5.4 冻融及热冲击循环损伤岩石变形模量衰减模型研究

5.4.1 不同应变率条件下的变形模量衰减模型

与抗压强度类似,红砂岩压缩变形模量(E_d)受冻融及热冲击循环作用影响也很明显。图 5.6 所示为基于准静态试验(10^{-5} s^{-1})和 SHPB 冲击压缩试验所获取的不同应变率等级条件下红砂岩 E_d 随冻融及热冲击循环次数变化规律。由图 5.6 可知,在相同应变率等级作用下红砂岩试样变形模量随冻融循环次数或热冲击循环次数的增加,均逐渐减小。不同应变率等级下,减小幅度有所不同。

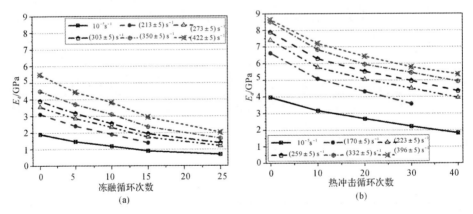

图 5.6　红砂岩 E_d 随冻融和热冲击次数的变化规律

(a)冻融损伤试样,F-T;(b)热冲击损伤试样,TS

采用与抗压强度衰减模型相同的方法构建红砂岩变形模量衰减模型,以未经受冻融循环和热冲击循环损伤的红砂岩试样作为基准,对经受不同次数冻融循环和热冲击循环损伤的红砂岩试样变形模量进行无量纲化处理,如图 5.7 所示。

由图 5.7 可知,除静态变形模量外,应变率等级越高,红砂岩动态变形模量随冻融循环和热冲击循环损伤的衰减幅度越小。根据衰减模型函数形式(见式

(5.5)),采用指数函数分别对不同应变率下红砂岩 E_{dN}/E_{d0} 随冻融循环和热冲击循环次数增加的变化规律进行拟合,拟合曲线如图 5.7 所示。

根据指数函数拟合结果,冻融循环损伤红砂岩试样不同应变率条件下变形模量随冻融循环次数增加的衰减模型如下:

$$
\begin{aligned}
&\dot{\varepsilon} = 10^{-5}\ \mathrm{s}^{-1}: && \frac{E_{dN}}{E_{d0}} = \mathrm{e}^{-0.045\,3N}, \ \mathrm{Adj.}R^2 = 0.984 \\[2mm]
&\dot{\varepsilon} = (213 \pm 5)\ \mathrm{s}^{-1}: && \frac{E_{dN}}{E_{d0}} = \mathrm{e}^{-0.051\,4N}, \ \mathrm{Adj.}R^2 = 0.998 \\[2mm]
&\dot{\varepsilon} = (273 \pm 5)\ \mathrm{s}^{-1}: && \frac{E_{dN}}{E_{d0}} = \mathrm{e}^{-0.044\,3N}, \ \mathrm{Adj.}R^2 = 0.996 \\[2mm]
&\dot{\varepsilon} = (303 \pm 5)\ \mathrm{s}^{-1}: && \frac{E_{dN}}{E_{d0}} = \mathrm{e}^{-0.043\,3N}, \ \mathrm{Adj.}R^2 = 0.996 \\[2mm]
&\dot{\varepsilon} = (350 \pm 5)\ \mathrm{s}^{-1}: && \frac{E_{dN}}{E_{d0}} = \mathrm{e}^{-0.040\,0N}, \ \mathrm{Adj.}R^2 = 0.996 \\[2mm]
&\dot{\varepsilon} = (422 \pm 5)\ \mathrm{s}^{-1}: && \frac{E_{dN}}{E_{d0}} = \mathrm{e}^{-0.039\,8N}, \ \mathrm{Adj.}R^2 = 0.996
\end{aligned}
\tag{5.16}
$$

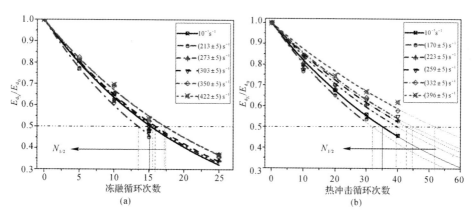

图 5.7　红砂岩 E_{dN}/E_{d0} 随冻融和热冲击循环次数的变化规律

(a) 冻融损伤试样,F-T;　(b) 热冲击损伤试样,TS

热冲击循环损伤红砂岩试样不同应变率条件下变形模量随热冲击循环次数增加的衰减模型为

$$\dot{\varepsilon} = 10^{-5}\ \mathrm{s}^{-1}: \qquad \frac{E_{dN}}{E_{d0}} = e^{-0.019\,7N},\ \mathrm{Adj}.R^{2} = 0.997$$

$$\dot{\varepsilon} = (170 \pm 5)\ \mathrm{s}^{-1}: \qquad \frac{E_{dN}}{E_{d0}} = e^{-0.021\,7N},\ \mathrm{Adj}.R^{2} = 0.985$$

$$\dot{\varepsilon} = (223 \pm 5)\ \mathrm{s}^{-1}: \qquad \frac{E_{dN}}{E_{d0}} = e^{-0.017\,3N},\ \mathrm{Adj}.R^{2} = 0.957$$

$$\dot{\varepsilon} = (259 \pm 5)\ \mathrm{s}^{-1}: \qquad \frac{E_{dN}}{E_{d0}} = e^{-0.016\,1N},\ \mathrm{Adj}.R^{2} = 0.964 \qquad (5.17)$$

$$\dot{\varepsilon} = (332 \pm 5)\ \mathrm{s}^{-1}: \qquad \frac{E_{dN}}{E_{d0}} = e^{-0.015\,4N},\ \mathrm{Adj}.R^{2} = 0.950$$

$$\dot{\varepsilon} = (396 \pm 5)\ \mathrm{s}^{-1}: \qquad \frac{E_{dN}}{E_{d0}} = e^{-0.013\,3N},\ \mathrm{Adj}.R^{2} = 0.964$$

5.4.2 衰减模型参数应变率效应分析

根据考虑应变率的岩石循环损伤劣化模型方程,式(5.16)与式(5.17)幂指数中循环损伤次数 N 的系数即为不同应变率条件下红砂岩变形模量的衰减常数 λ,其值随应变率变化而不同。根据式(5.6)可由衰减常数 λ 计算得到相应应变率条件下试样经冻融或热冲击循环作用其变形模量的半衰期 $N_{1/2}$。不同应变率条件下红砂岩经受冻融和热冲击循环作用其变形模量的 λ 和 $N_{1/2}$ 如表5.4所示。

表5.4 不同应变率条件下红砂岩循环损伤变形模量衰减常数和半衰期

损伤组别	应变率等级 s^{-1}	压缩变形模量,E_d	
		衰减常数,λ	半衰期,$N_{1/2}$
冻融循环损伤红砂岩	10^{-5}	0.0453	15.3
	213 ± 5	0.0514	13.5
	273 ± 5	0.0443	15.7
	303 ± 5	0.0433	16.0
	350 ± 5	0.0400	17.3
	422 ± 5	0.0399	17.4
热冲击循环损伤红砂岩	10^{-5}	0.0197	35.2
	170 ± 5	0.0217	32.0
	223 ± 5	0.0173	40.0
	259 ± 5	0.0161	43.1
	332 ± 5	0.0154	45.2
	396 ± 5	0.0133	52.2

对比红砂岩冻融及热冲击条件下抗压强度和变形模量的衰减常数及半衰期可以发现：静态压缩条件下，红砂岩变形模量衰减常数明显大于抗压强度衰减常数，半衰期则明显较短，静压承载能力比抗变形能力衰减更快。动压条件下这一规律与应变率相关，低应变率下，红砂岩抗压强度随冻融和热冲击循环作用的衰减速度快于变形模量；而在高应变率下，规律则恰好相反，变形模量衰减较快。

图5.8所示为随应变率升高，红砂岩经受冻融循环变形模量衰减模型参数的变化规律。可知，红砂岩静压变形模量并不严格符合动压变形模量衰减规律随应变率变化的变化特征。对于动态变形模量，随着应变率的升高，红砂岩经受冻融循环损伤的衰减常数不断减小，半衰期不断增大，表明红砂岩动态变形模量受冻融循环损伤的衰减速率逐渐减小。在本试验应变率范围（210 s^{-1}＜$\dot{\varepsilon}$＜430 s^{-1}）内变形模量衰减常数随应变率呈指数型降低趋势，半衰期随应变率增长呈指数型增长趋势。采用指数函数分别对其变化规律进行拟合，如图5.8所示。

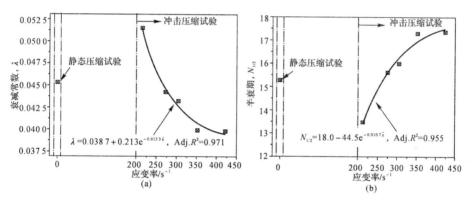

图5.8　随应变率升高红砂岩经受冻融循环损伤变形模量衰减模型参数的变化规律
(a)衰减常数，λ；　(b)半衰期，$N_{1/2}$

根据拟合结果，本试验应变率范围内红砂岩经受冻融循环作用变形模量衰减常数和半衰期可表示为

$$\left. \begin{array}{ll} \dot{\varepsilon}=10^{-5}\ \mathrm{s}^{-1}: & \lambda=0.045\ 3 \\ 210\ \mathrm{s}^{-1}<\dot{\varepsilon}<430\ \mathrm{s}^{-1}: & \lambda=0.038\ 7+0.213\mathrm{e}^{-0.013\ 3\dot{\varepsilon}} \end{array} \right\} \quad (5.18)$$

$$\left. \begin{array}{ll} \dot{\varepsilon}=10^{-5}\ \mathrm{s}^{-1}: & N_{1/2}=15.3 \\ 210\ \mathrm{s}^{-1}<\dot{\varepsilon}<430\ \mathrm{s}^{-1}: & N_{1/2}=18.0-44.5\mathrm{e}^{-0.010\ 7\dot{\varepsilon}} \end{array} \right\} \quad (5.19)$$

图5.9所示为随应变率升高，红砂岩经受热冲击循环损伤变形模量衰减模型参数的变化规律。

与冻融循环相似，红砂岩经受热冲击循环损伤静态压缩变形模量并不严格符合动态压缩变形模量衰减规律随应变率变化的变化特征。对于动态变形模量，随着应变率的升高，红砂岩经受热冲击循环损伤的衰减常数不断减小，半衰期不断增大,表明红砂岩动态变形模量受热冲击循环损伤的衰减速率逐渐减小。在本试验应变率范围($210\ \mathrm{s}^{-1} < \dot{\varepsilon} < 430\ \mathrm{s}^{-1}$)内变形模量衰减常数随应变率呈指数型降低趋势,半衰期随应变率增长近似呈线性增长趋势。分别采用指数函数和线性函数对其变化规律进行拟合,如图 5.9 所示。

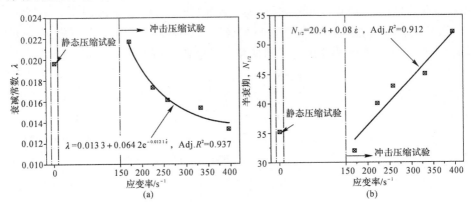

图 5.9 随应变率升高红砂岩经受热冲击循环损伤变形模量衰减模型参数的变化规律

(a) 衰减常数,λ; (b) 半衰期,$N_{1/2}$

由拟合方程可知,在应变率范围内红砂岩经受热冲击循环作用变形模量衰减常数和半衰期可表示为

$$\left.\begin{aligned} \dot{\varepsilon} = 10^{-5}\ \mathrm{s}^{-1}: &\qquad \lambda = 0.019\,7 \\ 170\ \mathrm{s}^{-1} < \dot{\varepsilon} < 400\ \mathrm{s}^{-1}: &\qquad \lambda = 0.013\,3 + 0.064\,2\mathrm{e}^{-0.012\,1\dot{\varepsilon}} \end{aligned}\right\} \tag{5.20}$$

$$\left.\begin{aligned} \dot{\varepsilon} = 10^{-5}\ \mathrm{s}^{-1}: &\qquad N_{1/2} = 35.2 \\ 170\ \mathrm{s}^{-1} < \dot{\varepsilon} < 400\ \mathrm{s}^{-1}: &\qquad N_{1/2} = 20.4 + 0.08\dot{\varepsilon} \end{aligned}\right\} \tag{5.21}$$

5.4.3 考虑应变率的红砂岩循环损伤变形模量衰减模型

由式(5.18)可得考虑应变率的红砂岩冻融循环损伤变形模量衰减模型为

$$\left.\begin{aligned} \dot{\varepsilon} = 10^{-5}\ \mathrm{s}^{-1}: &\qquad \frac{E_{dN}}{E_{d0}} = \mathrm{e}^{-0.045\,3N} \\ 210\ \mathrm{s}^{-1} < \dot{\varepsilon} < 430\ \mathrm{s}^{-1}: &\qquad \frac{E_{dN}}{E_{d0}} = \mathrm{e}^{-\left(0.038\,7 + 0.213\mathrm{e}^{-0.013\,3\dot{\varepsilon}}\right)N} \end{aligned}\right\} \tag{5.22}$$

同时,由式(5.20)可得考虑应变率的红砂岩热冲击循环损伤变形模量衰减模型为

$$\left.\begin{aligned} \dot{\varepsilon} = 10^{-5}\ \mathrm{s}^{-1}: &\qquad \frac{E_{dN}}{E_{d0}} = \mathrm{e}^{-0.019\,7N} \\ 170\ \mathrm{s}^{-1} < \dot{\varepsilon} < 400\ \mathrm{s}^{-1}: &\qquad \frac{E_{dN}}{E_{d0}} = \mathrm{e}^{-\left(0.013\,3 + 0.064\,2\mathrm{e}^{-0.012\,1\dot{\varepsilon}}\right)N} \end{aligned}\right\} \tag{5.23}$$

根据该模型计算红砂岩不同应变率及冻融或热冲击循环次数作用下的变形模量值,分析计算值与试验值之间的误差,通过计算模型的校正判定系数(见式(5.15))以分析该衰减模型的优劣。在采用衰减模型计算红砂岩不同循环损伤次数作用后的变形模量时,同样假定未经损伤的红砂岩变形模量即为试验所得模量值。表5.5 和表 5.6 分别为红砂岩冻融和热冲击循环损伤变形模量衰减模型校正判定系数计算表。

表 5.5　红砂岩冻融循环损伤变形模量衰减模型校正判定系数计算表

动压应变率等级		冻融次数	E_d 计算值	E_d 试验值	残差平方	离差平方
等级/s^{-1}	应变率/s^{-1}	N	GPa	GPa	$(Y-Y_{est})^2$	$(Y-\bar{Y})^2$
10^{-5}		0	1.91	1.91	0.000 0	0.399 9
		5	1.52	1.47	0.002 6	1.145 3
		10	1.21	1.19	0.000 4	1.812 9
		15	0.97	0.91	0.002 8	2.646 2
		25	0.61	0.71	0.008 3	3.366 4
213	216.8	0	3.11	3.11	0.000 0	0.325 8
	210.0	5	2.41	2.40	0.000 0	0.018 6
	214.5	10	1.86	1.90	0.001 4	0.408 8
	216.2	15	1.44	1.41	0.001 3	1.287 3
273	271.9	0	3.55	3.55	0.000 0	1.015 3
	271.4	5	2.84	2.86	0.000 3	0.102 2
	276.1	10	2.28	2.32	0.002 1	0.047 1
	269.7	15	1.82	1.74	0.008 0	0.648 7
	269.9	25	1.17	1.22	0.002 1	1.753 8
303	298.6	0	3.90	3.90	0.0000	1.8581
	302.7	5	3.16	3.16	0.0000	0.3866
	305.1	10	2.55	2.55	0.0000	0.0001
	304.9	15	2.06	1.94	0.0145	0.3567
	306.4	25	1.35	1.39	0.0014	1.3300

续表

动压应变率等级		冻融次数	E_d 计算值	E_d 试验值	残差平方	离差平方
等级/s^{-1}	应变率/s^{-1}	N	GPa	GPa	$(Y-Y_{est})^2$	$(Y-\bar{Y})^2$
350	346.1	0	4.49	4.49	0.000 0	3.793 7
	347.6	5	3.66	3.70	0.001 6	1.348 0
	354.0	10	2.99	3.10	0.013 0	0.313 8
	354.3	15	2.44	2.36	0.005 7	0.032 3
	348.6	25	1.62	1.66	0.001 9	0.767 7
422	421.9	0	5.49	5.49	0.000 0	8.694 7
	418.2	5	4.51	4.44	0.004 8	3.596 3
	425.1	10	3.70	3.82	0.014 7	1.637 3
	419.8	15	3.04	2.94	0.008 5	0.162 8
	426.1	25	2.05	2.02	0.000 5	0.268 2
计算单元	$Adj.R^2 = 1 - \dfrac{\sum (Y-Y_{est})^2/(n-p)}{\sum (Y-\bar{Y})^2/(n-1)}$			E_d 试验值平均值	总残差平方和	总离差平方和
				2.54	0.10	39.52
	总样本数:$n=29$	总变量数:$p=3$		校正判定系数		0.997

表5.6 红砂岩热冲击循环损伤变形模量衰减模型校正判定系数计算表

动压应变率等级		热冲击次数	E_d 计算值	E_d 试验值	残差平方	离差平方
等级/s^{-1}	应变率/s^{-1}	N	GPa	GPa	$(Y-Y_{est})^2$	$(Y-\bar{Y})^2$
10^{-5}		0	3.96	3.96	0.000 0	1.843 2
		10	3.25	3.16	0.008 2	4.652 2
		20	2.67	2.68	0.000 0	6.997 0
		30	2.19	2.22	0.000 8	9.595 6
		40	1.80	1.82	0.000 2	12.279 2
170	169.1	0	6.63	6.63	0.000 0	1.720 1
	167.7	10	5.35	5.08	0.070 7	0.056 7
	170.7	20	4.31	4.32	0.000 1	0.995 7
	171.9	30	3.48	3.57	0.008 7	3.057 9

续表

动压应变率等级		热冲击次数	E_d 计算值	E_d 试验值	残差平方	离差平方
等级/s^{-1}	应变率/s^{-1}	N	GPa	GPa	$(Y-Y_{est})^2$	$(Y-\bar{Y})^2$
223	219.0	0	7.41	7.41	0.000 0	4.378 6
	219.6	10	6.22	5.78	0.193 0	0.207 3
	227.4	20	5.21	5.05	0.024 7	0.071 2
	226.4	30	4.37	4.52	0.021 1	0.650 1
	222.6	40	3.66	3.94	0.078 6	1.897 1
259	259.8	0	7.89	7.89	0.000 0	6.579 2
	256.6	10	6.71	6.29	0.177 1	0.944 2
	263.6	20	5.72	5.52	0.036 5	0.041 4
	258.8	30	4.87	4.97	0.010 9	0.123 1
	254.7	40	4.14	4.35	0.043 5	0.941 4
332	330.1	0	8.51	8.51	0.000 0	10.183 7
	335.7	10	7.37	6.85	0.270 9	2.325 4
	328.8	20	6.38	5.95	0.177 9	0.399 6
	333.5	30	5.52	5.45	0.004 4	0.016 8
	333.4	40	4.77	4.93	0.023 5	0.154 2
396	396.1	0	8.65	8.65	0.000 0	11.050 7
	391.1	10	7.53	7.21	0.102 0	3.564 3
	396.0	20	6.56	6.44	0.014 1	1.245 6
	401.9	30	5.71	5.79	0.006 5	0.219 6
	396.5	40	4.97	5.36	0.149 6	0.001 4
计算单元	$Adj.R^2 = 1 - \dfrac{\sum (Y-Y_{est})^2/(n-p)}{\sum (Y-\bar{Y})^2/(n-1)}$			E_d 试验值 平均值	总残差 平方和	总离差 平方和
				5.32	1.42	86.19
	总样本数:$n=29$		总变量数:$p=3$	校正判定系数		0.982

由表 5.5 和表 5.6 中计算结果可知,红砂岩冻融和热冲击循环损伤变形模量衰减模型校正判定系数分别为 0.997 和 0.982。非常接近于 1,衰减模型拟合程度很高,模型有效。

5.5 冻融及热冲击循环损伤岩石劈裂
拉伸强度衰减模型研究

5.5.1 不同应变率条件下的劈裂拉伸强度衰减模型

冻融及热冲击循环作用后,红砂岩劈裂拉伸强度(STS)也明显降低。图 5.10 所示为基于准静态劈裂拉伸($10^{-5}\ s^{-1}$)和 SHPB 冲击劈裂拉伸试验所获取的不同应变率等级条件下红砂岩 STS 随冻融及热冲击循环次数变化规律。由图 5.10 可知,在相同应变率等级作用下红砂岩试样劈拉强度随冻融循环次数或热冲击循环次数的增加,均逐渐减小。不同应变率等级下,减小幅度有所不同。

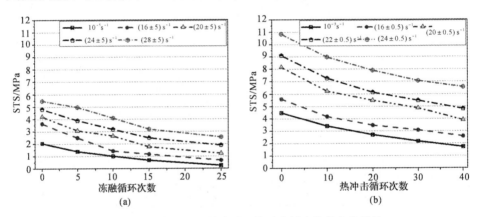

图 5.10 红砂岩 STS 随冻融和热冲击循次数的变化规律

(a)冻融损伤试样,F－T;(b)热冲击损伤试样,TS

以未经受冻融循环和热冲击循环损伤的红砂岩试样为基准对经受不同次数冻融循环和热冲击循环损伤的红砂岩试样抗拉强度进行无量纲处理,如图 5.11 所示。

由图 5.11 可知,除静态抗拉强度外,应变率等级越高,红砂岩动态抗拉强度随冻融循环和热冲击循环损伤的衰减幅度越小。采用指数函数分别对不同应变率下红砂岩 STS_N/STS_0 随冻融循环和热冲击循环次数增加的变化规律进行拟合,拟合曲线如图 5.11 所示。

根据指数函数拟合结果,冻融循环损伤红砂岩试样不同应变率条件下抗拉强度随冻融循环次数增加的衰减模型为

$$\dot{\varepsilon}=10^{-5}\ \mathrm{s}^{-1} \qquad \frac{STS_N}{STS_0}=\mathrm{e}^{-0.074\,7N}\ ,\ \mathrm{Adj}.R^2=0.997$$

$$\dot{\varepsilon}=(16\pm0.5)\ \mathrm{s}^{-1}: \qquad \frac{STS_N}{STS_0}=\mathrm{e}^{-0.078\,9N}\ ,\ \mathrm{Adj}.R^2=0.986$$

$$\dot{\varepsilon}=(20\pm0.5)\ \mathrm{s}^{-1}: \qquad \frac{STS_N}{STS_0}=\mathrm{e}^{-0.052\,6N}\ ,\ \mathrm{Adj}.R^2=0.985 \qquad (5.24)$$

$$\dot{\varepsilon}=(24\pm0.5)\ \mathrm{s}^{-1}: \qquad \frac{STS_N}{STS_0}=\mathrm{e}^{-0.040\,9N}\ ,\ \mathrm{Adj}.R^2=0.992$$

$$\dot{\varepsilon}=(28\pm0.5)\ \mathrm{s}^{-1}: \qquad \frac{STS_N}{STS_0}=\mathrm{e}^{-0.031\,4N}\ ,\ \mathrm{Adj}.R^2=0.975$$

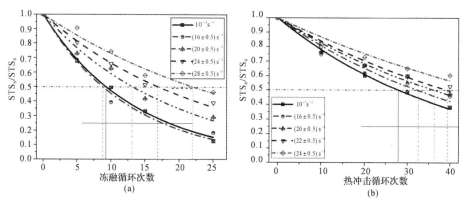

图 5.11 红砂岩 STS_N/STS_0 随冻融和热冲击次数的变化规律

(a) 冻融损伤试样，$F-T$；(b) 热冲击损伤试样，TS

热冲击循环损伤红砂岩试样不同应变率条件下抗拉强度随热冲击循环次数增加的衰减模型为

$$\dot{\varepsilon}=10^{-5}\ \mathrm{s}^{-1}: \qquad \frac{STS_N}{STS_0}=\mathrm{e}^{-0.024\,7N}\ ,\ \mathrm{Adj}.R^2=0.997$$

$$\dot{\varepsilon}=(16\pm0.5)\ \mathrm{s}^{-1}: \qquad \frac{STS_N}{STS_0}=\mathrm{e}^{-0.021\,3N}\ ,\ \mathrm{Adj}.R^2=0.964$$

$$\dot{\varepsilon}=(20\pm0.5)\ \mathrm{s}^{-1}: \qquad \frac{STS_N}{STS_0}=\mathrm{e}^{-0.019\,0N}\ ,\ \mathrm{Adj}.R^2=0.967 \qquad (5.25)$$

$$\dot{\varepsilon}=(22\pm0.5)\ \mathrm{s}^{-1}: \qquad \frac{STS_N}{STS_0}=\mathrm{e}^{-0.017\,5N}\ ,\ \mathrm{Adj}.R^2=0.973$$

$$\dot{\varepsilon}=(24\pm0.5)\ \mathrm{s}^{-1}: \qquad \frac{STS_N}{STS_0}=\mathrm{e}^{-0.014\,1N}\ ,\ \mathrm{Adj}.R^2=0.964$$

5.5.2 衰减模型参数应变率效应分析

根据考虑应变率的岩石循环损伤劣化模型方程,式(5.24)与式(5.25)幂指数中循环损伤次数 N 的系数即为不同应变率条件下红砂岩抗拉强度的衰减常数 λ,其值随应变率变化而不同。根据式(5.6)可由衰减常数 λ 计算得到相应应变率条件下试样经冻融或热冲击循环作用其抗拉强度的半衰期 $N_{1/2}$。不同应变率条件下红砂岩经受冻融和热冲击循环作用其抗拉强度的 λ 和 $N_{1/2}$ 如表 5.7 所示。

表 5.7　不同应变率条件下红砂岩循环损伤抗拉强度衰减常数和半衰期

损伤组别	应变率等级 s^{-1}	劈裂拉伸强度,STS	
		衰减常数,λ	半衰期,$N_{1/2}$
冻融循环损伤红砂岩	10^{-5}	0.074 7	9.3
	16 ± 0.5	0.078 9	8.8
	20 ± 0.5	0.052 6	13.2
	24 ± 0.5	0.040 9	16.9
	28 ± 0.5	0.031 4	22.1
热冲击循环损伤红砂岩	$10-5$	0.024 7	28.1
	16 ± 0.5	0.021 3	32.5
	20 ± 0.5	0.019 0	36.4
	22 ± 0.5	0.017 5	39.6
	24 ± 0.5	0.014 1	49.2

对比红砂岩抗拉强度和抗压强度、压缩变形模量随冻融、热冲击循环损伤的衰减常数和半衰期可知。红砂岩抗拉力学特性随冻融、热冲击循环次数的增加衰减更为迅速。

图 5.12 和图 5.13 所示分别为随应变率升高,红砂岩经受冻融循环和热冲击循环损伤抗拉强度衰减模型参数的变化曲线图。

图 5.12 所示为随应变率升高,红砂岩经受冻融循环损伤抗拉强度衰减模型参数的变化规律。可知,红砂岩静态抗拉强度并不严格符合动态抗拉强度衰减规律随应变率的变化特征。对于动态抗拉强度,随着应变率的升高,红砂岩经受冻融损伤的衰减常数不断减小,半衰期不断增大,表明红砂岩动态抗拉强度受冻融损伤的衰减速率逐渐减小。在本书试验应变率范围($15\ \text{s}^{-1}<\dot{\varepsilon}<30\ \text{s}^{-1}$)内抗拉强度衰减常数随应变率呈指数型降低趋势,半衰期随应变率增长呈近似线性增长趋势。分别采用指数函数和线性函数对其变化规律进行拟合,如图 5.12 所示。因此,本书应变率范围内红砂岩经受冻融循环作用抗拉强度衰减常数和半衰期可表示为

$$\dot{\varepsilon}=10^{-5}\ \text{s}^{-1}: \qquad \lambda=0.074\ 7 \qquad\qquad \left.\right\}$$
$$15\ \text{s}^{-1}<\dot{\varepsilon}<30\ \text{s}^{-1}: \quad \lambda=0.022\ 9+0.622\text{e}^{-0.151\dot{\varepsilon}} \left.\right\} \tag{5.26}$$

$$\dot{\varepsilon}=10^{-5}\ \text{s}^{-1}: \qquad N_{1/2}=9.3 \qquad\qquad \left.\right\}$$
$$15\ \text{s}^{-1}<\dot{\varepsilon}<30\ \text{s}^{-1}: \quad N_{1/2}=-8.8+1.1\dot{\varepsilon} \left.\right\} \tag{5.27}$$

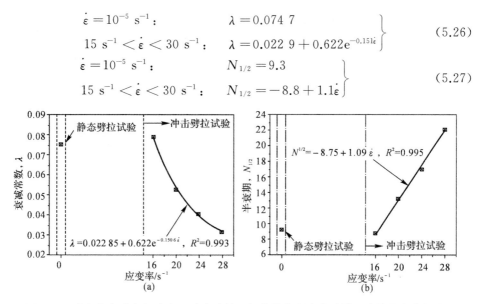

图 5.12　随应变率升高红砂岩经受冻融循环损伤抗拉强度衰减模型参数的变化规律
(a)衰减常数，λ；(b)半衰期，$N_{1/2}$

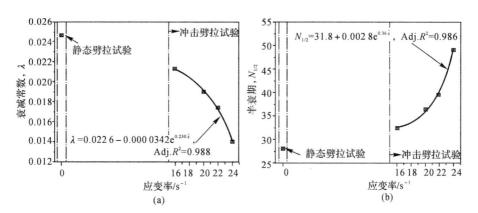

图 5.13　随应变率升高红砂岩经受热冲击循环损伤抗拉强度衰减模型参数的变化规律
(a)衰减常数，λ；(b)半衰期，$N_{1/2}$

图 5.13 所示为随应变率升高,红砂岩经受热冲击循环损伤抗拉强度衰减模型参数的变化规律。随着应变率的升高,红砂岩经受热冲击循环损伤的抗拉强度衰减常数不断减小,半衰期不断增大,表明红砂岩抗拉强度受热冲击循环损伤的衰减速率逐渐减小。在本试验应变率范围($15\ \text{s}^{-1}<\dot{\varepsilon}<25\ \text{s}^{-1}$)内抗拉强度衰减常数随应变率呈指数型降低趋势,半衰期随应变率增长呈指数型增长趋势。分别采用指数函数对其变化规律进行拟合,如图 5.13 所示。因此,在应变率范围内红砂岩经

受热冲击循环作用抗拉强度衰减常数和半衰期可表示为

$$\left.\begin{array}{ll}\dot{\varepsilon}=10^{-5}\ \mathrm{s}^{-1}: & \lambda=0.024\ 7 \\ 15\ \mathrm{s}^{-1}<\dot{\varepsilon}<25\ \mathrm{s}^{-1}: & \lambda=0.022\ 6-0.000\ 034\ 2\mathrm{e}^{0.230\dot{\varepsilon}}\end{array}\right\} \quad (5.28)$$

$$\left.\begin{array}{ll}\dot{\varepsilon}=10^{-5}\ \mathrm{s}^{-1}: & N_{1/2}=28.1 \\ 15\ \mathrm{s}^{-1}<\dot{\varepsilon}<25\ \mathrm{s}^{-1}: & N_{1/2}=31.8+0.002\ 8\mathrm{e}^{0.36\dot{\varepsilon}}\end{array}\right\} \quad (5.29)$$

5.5.3 考虑应变率的红砂岩循环损伤劈裂拉伸强度衰减模型

由式(5.26)可得考虑应变率的红砂岩冻融循环损伤劈裂拉伸强度衰减模型为

$$\left.\begin{array}{ll}\dot{\varepsilon}=10^{-5}\ \mathrm{s}^{-1}: & \dfrac{STS_N}{STS_0}=\mathrm{e}^{-0.074\ 7N} \\[3mm] 15\ \mathrm{s}^{-1}<\dot{\varepsilon}<30\mathrm{s}^{-1}: & \dfrac{STS_N}{STS_0}=\mathrm{e}^{-\left(0.002\ 29+0.622\mathrm{e}^{-0.151\dot{\varepsilon}}\right)N}\end{array}\right\} \quad (5.30)$$

同时,由式(5.28)可得考虑应变率的红砂岩热冲击循环损伤劈裂拉伸强度衰减模型为

$$\left.\begin{array}{ll}\dot{\varepsilon}=10^{-5}\ \mathrm{s}^{-1}: & \dfrac{STS_N}{STS_0}=\mathrm{e}^{-0.024\ 7N} \\[3mm] 15\ \mathrm{s}^{-1}<\dot{\varepsilon}<25\ \mathrm{s}^{-1}: & \dfrac{STS_N}{STS_0}=\mathrm{e}^{-\left(0.022\ 6-0.000\ 034\ 2\mathrm{e}^{0.230\dot{\varepsilon}}\right)N}\end{array}\right\} \quad (5.31)$$

根据该模型计算红砂岩不同应变率及冻融或热冲击循环次数作用下的劈裂拉伸强度值,分析计算值与试验值之间的误差,通过计算模型的校正判定系数(见式(5.15))以分析该衰减模型的优劣。在采用衰减模型计算红砂岩不同循环损伤次数作用后的劈裂拉伸强度时,同样假定未经损伤的红砂岩劈裂拉伸强度即为试验所得强度值。表5.8和表5.9分别为红砂岩冻融和热冲击循环损伤劈裂拉伸强度衰减模型校正判定系数计算表。

表5.8 红砂岩冻融循环损伤劈裂拉伸强度衰减模型校正判定系数计算表

动拉应变率等级		冻融次数	STS计算值	STS试验值	残差平方	离差平方
等级/s^{-1}	应变率/s^{-1}	N	MPa	MPa	$(Y-Y_{est})^2$	$(Y-\bar{Y})^2$
10^{-5}		0	2.05	2.05	0.000 0	0.266 2
		5	1.41	1.39	0.000 4	1.380 2
		10	0.97	1.02	0.002 1	2.398 4
		15	0.67	0.68	0.000 2	3.553 8
		25	0.32	0.26	0.003 2	5.317 7

续表

动拉应变率等级		冻融次数	STS 计算值	STS 试验值	残差平方	离差平方
等级/s⁻¹	应变率/s⁻¹	N	MPa	MPa	$(Y-Y_{est})^2$	$(Y-\bar{Y})^2$
16	16.2	0	3.63	3.63	0.000 0	1.131 1
	15.8	5	2.72	2.49	0.052 3	0.005 8
	16.2	10	2.04	1.43	0.367 3	1.291 6
	16.4	15	1.52	1.17	0.125 9	1.950 1
	15.8	25	0.86	0.67	0.034 4	3.596 6
20	20.3	0	4.20	4.20	0.000 0	2.668 4
	20.4	5	3.57	3.07	0.247 5	0.253 5
	20.3	10	3.03	2.64	0.152 3	0.005 4
	19.8	15	2.57	1.76	0.662 4	0.650 4
	20.1	25	1.86	1.23	0.393 2	1.786 2
24	24.2	0	4.81	4.81	0.000 0	5.033 4
	24.4	5	3.95	3.88	0.004 6	1.725 4
	24.1	10	3.24	3.17	0.005 0	0.364 2
	24.3	15	2.66	2.48	0.032 4	0.007 5
	23.8	25	1.79	1.88	0.007 7	0.471 2
28	28.1	0	5.48	5.48	0.000 0	8.488 7
	28.3	5	4.67	4.97	0.089 7	5.777 0
	28.4	10	3.98	4.08	0.009 9	2.290 8
	28.1	15	3.39	3.18	0.045 1	0.376 4
	28.4	25	2.46	2.54	0.005 7	0.000 7
计算单元	$Adj.R^2 = 1 - \dfrac{\sum (Y-Y_{est})^2/(n-p)}{\sum (Y-\bar{Y})^2/(n-1)}$			STS 试验值平均值	总残差平方和	总离差平方和
				2.6	2.2	50.8
	总样本数	$n=25$	总变量数	$p=3$	校正判定系数	0.952

表 5.9　红砂岩热冲击循环损伤劈裂拉伸强度衰减模型校正判定系数计算表

动拉应变率等级		热冲击次数 N	STS 计算值 MPa	STS 试验值 MPa	残差平方 $(Y-Y_{est})^2$	离差平方 $(Y-\overline{Y})^2$
等级/s^{-1}	应变率/s^{-1}					
10^{-5}		0	4.48	4.48	0.000 0	0.919 9
		10	3.50	3.40	0.010 2	4.168 2
		20	2.74	2.70	0.001 5	7.537 8
		30	2.14	2.18	0.001 7	10.658 1
	v	40	1.67	1.72	0.002 3	13.881 9
16	15.9	0	5.59	5.59	0.000 0	0.021 4
	16.1	10	4.52	4.18	0.114 2	1.591 5
	15.8	20	3.66	3.46	0.038 0	3.935 2
	16.2	30	2.96	3.07	0.013 1	5.634 6
	16.4	40	2.39	2.57	0.032 5	8.258 3
20	20.2	0	8.16	8.16	0.000 0	7.378 2
	19.8	10	6.73	6.23	0.254 7	0.618 2
	20.1	20	5.56	5.48	0.006 1	0.001 3
	20.2	30	4.59	4.86	0.074 3	0.340 7
	20.4	40	3.79	3.89	0.010 8	2.414 1
22	22.1	0	9.10	9.10	0.000 0	13.368 4
	21.9	10	7.66	7.27	0.153 0	3.335 3
	22.3	20	6.45	6.13	0.102 3	0.471 0
	22.1	30	5.43	5.47	0.001 6	0.000 7
	22.3	40	4.57	4.80	0.053 1	0.411 9
24	24.2	0	10.84	10.84	0.000 0	29.168 2
	24.0	10	9.42	8.98	0.195 2	12.505 3
	24.2	20	8.19	7.90	0.081 7	6.033 3
	23.8	30	7.11	7.06	0.002 3	2.626 6
	24.5	40	6.18	6.56	0.143 8	1.242 1
计算单元	$Adj.R^2 = 1 - \dfrac{\sum(Y-Y_{est})^2/(n-p)}{\sum(Y-\overline{Y})^2/(n-1)}$		STS 试验值 平均值	总残差 平方和	总离差 平方和	
			5.4	1.3	136.5	
	总样本数	$n=25$	总变量数	$p=3$	校正判定系数	0.990

由表5.8和表5.9中计算结果可知,红砂岩冻融和热冲击循环损伤劈裂拉伸强度衰减模型校正判定系数分别为0.952和0.990,非常接近于1,衰减模型拟合程度很高,模型有效。

5.6 小 结

本章假定岩石在冻融或热冲击循环作用下的力学特性衰减过程为一阶过程。考虑应变率效应,构建了岩石循环损伤劣化模型。分别以单轴抗压强度(UCS)、压缩变形模量(E_d)、劈裂拉伸强度(STS)为研究对象,构建了考虑应变率效应的UCS,E_d,STS冻融和热冲击衰减模型,主要结论有:

(1)假定岩石受水热耦合损伤力学特性衰减过程为一阶过程,其力学特性指标的衰减速率与任一次冻融或热冲击循环起始时岩石该指标值成正比,采用指数形式构建了考虑应变率效应的衰减模型,$I_N/I_0 = e^{-\lambda(\dot{\varepsilon})N}$。其中,衰减常数($\lambda$)表示经受任一次冻融或热冲击循环相关指标的相对劣化值。半衰期($N_{1/2}$)表示相关指标衰减为原值一半所需的冻融或热冲击循环次数,可由λ计算而来。

(2)水热耦合损伤对红砂岩力学特性劣化作用显著。相同应变率等级冲击荷载作用下,红砂岩试样抗压强度、压缩变形模量、劈裂拉伸强度随冻融循环或热冲击循环次数的增加,均逐渐减小。在不同应变率等级下,减小幅度有所不同。

(3)分别以未经受冻融和热冲击损伤的红砂岩试样抗压强度为基准,对经受不同次数冻融循环和热冲击循环损伤的红砂岩试样抗压强度进行无量纲化处理,并采用指数函数拟合法构建不同应变率等级下红砂岩抗压强度衰减模型。通过拟合分析衰减常数随应变率的变化规律,构建考虑应变率效应的红砂岩冻融和热冲击循环作用抗压强度衰减模型。采用与抗压强度相同的方法,考虑应变率效应,构建了冻融和热冲击循环作用下红砂岩压缩变形模量和劈裂拉伸强度衰减模型。

(4)根据所构建衰减模型计算红砂岩不同应变率及冻融或热冲击循环次数作用下抗压强度、压缩变形模量、劈裂拉伸强度值。分析相关指标计算值与试验值之间的误差,所构建模型的校正判定系数均接近于1,拟合效果较好。

第6章
水热耦合损伤岩石压缩破坏能量与损伤演化机制

6.1 引　　言

根据热力学定律,物质物理过程的根本特征是能量转化,物质破坏的本质属性是能量驱动下的状态失稳[192]。岩石的损伤演化过程也是能量耗散过程,在这一过程中,岩石材料内部结构不断消耗能量并发生不可逆的演变[193],从而使岩石表现为一种耗散结构[194]。因此,单从岩石的应力状态出发不能完整反映岩石的破坏规律,岩石的破坏与否还取决于岩石结构内部的能量耗散。所以,对岩石损伤及破坏的研究还必须从能量的角度去考虑。

本章针对岩石静态及冲击压缩下的变形破坏过程,分析该过程总输入应变能、可释放弹性能和耗散能的演化规律,基于总输入应变能和耗散能定义岩石冻融-荷载耦合损伤和热冲击-荷载耦合损伤,并分析其在压缩破坏过程中的演化机制。

6.2　岩石变形破坏过程中的能量转化与耗散

6.2.1　岩石受载破坏的热力学过程

研究岩石的破坏问题,首要的是确定这一热力学过程的时空范围。空间范围即所研究的热力学系统,在室内岩石力学试验中,将受载岩石作为研究系统,则岩石所处的空间(如 SHPB 系统)为受载岩石这一热力学系统的环境。时间范围即所研究热力学系统两个特定状态之间的变化过程,在室内岩石力学试验中,可将其定为受载岩石加载初始时刻的稳定态与破坏之后新的稳定态之间的过程。由于岩石水热耦合损伤过程在该研究过程(受载破坏过程)之前,水热耦合损伤条件对岩石受载初始状态的影响为直接影响,对受载过程的影响为间接影响;加载条件(应变率)对岩石受载破坏过程的影响则为直接影响。

受载岩石作为一个开放系统,在受载破坏的过程中不断与环境进行着能量的转移和转化。环境对岩石系统做功,输入能量在被岩石系统吸收后,受系统内部耗散结构以及非线性动力学机制的影响发生转化,一部分促使岩石发生弹性变形并以可释放弹性应变能的形式贮存在系统内；一部分导致岩石产生塑性变形及微裂隙等发育生长，能量发生不可逆的转化，以塑性能、损伤能等形式耗散掉；同时也存在部分能量以热能、辐射能、动能等形式转化为岩石的内能或释放至环境。能量耗散还将导致岩石系统储能极限的降低，在所储存弹性应变能累积达到储能极限时将迫使其释放出来，诱发岩石灾变。

如图 6.1 所示，受载岩石系统能量转移及转化过程大致可分为能量输入、能量累积、能量耗散、能量释放四种主要形式[195]。

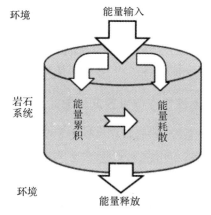

图 6.1　岩石受载破坏过程能量转移与转化的四种主要形式

如图 6.2 所示，岩石单轴压缩变形破坏过程具有典型的阶段性特征，各阶段岩石微观裂隙变化规律及宏观变形破坏情况均有所不同。能量转移及转化的四种形式均贯穿于岩石变形破坏的全过程，无显著的先后关系，但在岩石变形破坏的不同阶段主次不同，宏观表现有所不同。

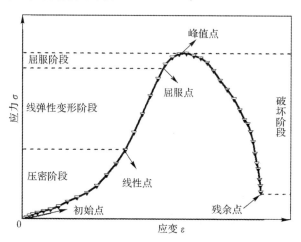

图 6.2　岩石受载变形破坏过程阶段性特征

考察岩石受载变形破坏各阶段的能量演化规律,可知:

(1)压密阶段,随着外界能量的输入,岩石内部原生裂纹和缺陷不断闭合,矿物颗粒互相摩擦滑移,产生较大塑性变形,部分输入能量耗散和释放掉,弹性变形能亦缓慢增加;

(2)线弹性变形阶段,外界能量持续输入岩石系统,岩石发生线弹性变形,绝大部分输入能量转化为弹性变形能积聚在岩石内,能量耗散不显著;

(3)屈服阶段,外界能量持续输入,岩石材料内部的微裂缝、微孔隙逐渐产生、扩展、连通,表面能大幅增加,各类辐射逐渐增强,以裂纹表面能及各种辐射能等形式耗散释放掉的能量增多,弹性变形能累积速率减缓但总量依然在累积升高;

(4)破坏阶段,宏观裂隙形成并将岩石切割为尺度不等的碎块,能量持续耗散,峰前累积的弹性变形能以动能、热能及各种辐射能释放出来。

6.2.2 岩石单轴压缩过程中的可释放应变能和耗散能

将受载岩石视为封闭系统,即岩石在单轴压缩变形过程中与外界没有热交换。考虑一个岩石单元受外荷载作用发生变形,外力对岩石单元做功所产生的总输入能量为 U,由热力学第一定律可知

$$U = U^e + U^d \tag{6.1}$$

式中,U^e 为可释放弹性应变能;U^d 为耗散能。在单轴压缩条件下,仅考虑轴向的应力-应变,则岩石单元各部分能量可由其应力-应变状态表示[196] 为

$$\left. \begin{array}{l} U = \int_0^\varepsilon \sigma d\varepsilon \\[2mm] U^e = \dfrac{1}{2}\sigma\varepsilon^e \\[2mm] U^d = U - U^e \end{array} \right\} \tag{6.2}$$

式中,σ,ε,ε^e 分别为岩石单元轴向的应力、总应变和弹性应变。

图 6.3 所示为单轴压缩试验中,以应力-应变曲线表示的岩石单元总输入应变能(U)、可释放弹性能(U^e)和耗散能(U^d)的关系[197]。如图 6.3 所示,弹性应变指在岩石任一应力-应变状态进行卸载可以恢复的应变,即 $\varepsilon^e = \sigma/E_u$,其中,$E_u$ 为卸载弹性模量。由此,岩石受单轴压缩变形过程中,弹性应变能可表示为[198]

$$U^e = \frac{\sigma^2}{2E_u} \tag{6.3}$$

在单轴压缩试验中,为获取试样全应力-应变曲线,未普遍进行卸载过程获取不同损伤条件下试样的卸载模量,同时,考虑到 SHPB 冲击压缩试验中卸载试验的复杂性,本书以加载弹性模量代替卸载弹性模量以计算可释放弹性应变能[197-199]。则式(6.3)可近似表示为

$$U^e \approx \frac{\sigma^2}{2E_e} \tag{6.4}$$

事实上,加载弹性模量 E_e 和卸载弹性模量 E_u 接近的情况在诸多研究者的数据或循环加卸载应力-应变曲线中均有所体现[200-205],但并不适用于所有岩石种类,一些岩石种类 E_e 和 E_u 并不接近[206-209]。

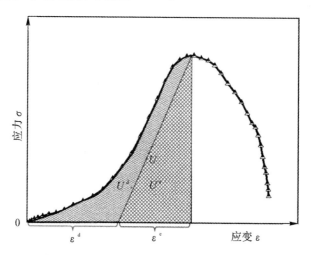

图 6.3　以应力-应变曲线表示的岩石单元 U,U^e 和 U^d 的关系[197]

为论证本试验红砂岩试样采用 E_e 代替 E_u 的合理性,对部分经受不同水热耦合损伤的红砂岩试样进行循环加卸载试验,典型的红砂岩加卸载曲线如图 6.4 所示。

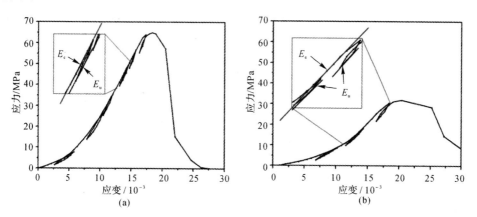

图 6.4　经受不同水热耦合损伤红砂岩试样单轴压缩加卸载典型应力-应变曲线
(a)10 次热冲击损伤红砂岩,干燥状态;(b)5 次冻融循环损伤红砂岩,饱水状态

由图 6.4 可知,冻融及热冲击循环损伤红砂岩试样单轴压缩应力-应变曲线加

载线弹性变形阶段曲线与卸载段(在线弹性阶段卸载)曲线近似平行,斜率大致相等。也就是说,本试验红砂岩试样加载弹性模量 E_e 和卸载弹性模量 E_u 近似相等,采用式(6.4)计算岩石单元的可释放弹性应变能是合理有效的。

6.3 水热耦合损伤岩石压缩破坏过程能量演化规律

根据 6.2.2 节所述方法,可基于岩石压缩应力-应变曲线求得经受不同水热耦合损伤及不同应变率条件下红砂岩岩石单元总输入应变能、可释放弹性能和耗散能随应变增长的演化曲线。

6.3.1 冻融循环损伤红砂岩压缩破坏过程能量演化曲线

不同次数冻融损伤红砂岩试样静态压缩破坏过程能量演化曲线如图 6.5 所示。图中,竖实线分别为试样变形破坏各阶段的分界线,P 竖线表示峰值点位置。

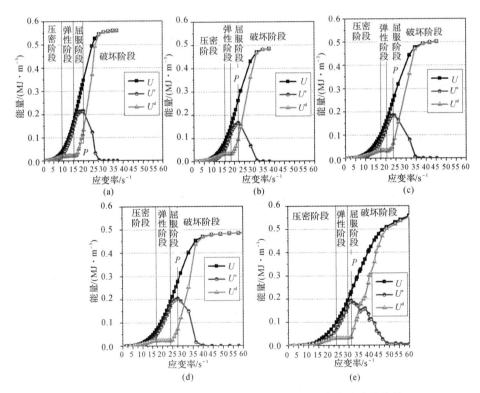

图 6.5 静态压缩条件下不同次数冻融损伤红砂岩能量演化曲线

(a)0 F - T;(b)5 F - T;(c)10 F - T;(d)15 F - T;(e)25 F - T

由图 6.5 可见,冻融损伤红砂岩静压过程各阶段能量演化曲线特征明显不同。

压密阶段,随着应变增长,总输入应变能、可释放弹性能、耗散能均有所增长,这一阶段能量增长均相对较为缓慢;随着冻融次数的增加,红砂岩静态压缩压密阶段应变范围变大。线弹性变形阶段,总输入应变能和可释放弹性能增速明显加快,且增长曲线近乎平行,增长规律相似;与之相比,这一阶段耗散能没有明显增长,曲线近似水平。屈服阶段,可释放弹性能增速减缓并逐渐达到峰值;耗散能逐渐增长,且增速逐渐加快;但总输入应变能增长速率未出现明显变化。破坏阶段,可释放弹性能曲线开始跌落,耗散能持续快速增长,总输入应变能也持续增长;随着应变的增长,三者均趋于稳定。

由图 6.5 对比发现,随着冻融次数的增加,红砂岩静压过程能量演化曲线的变化没有明显的规律性。在整个静压破坏过程中,红砂岩总输入应变能和总耗散能随着冻融次数的增加呈现先降低后增加的趋势,与之相类似,红砂岩静态压缩变形破坏过程中可释放弹性能峰值也随着冻融循环次数的增加先小幅降低后小幅增加。究其原因,冻融循环导致红砂岩静态压缩抗压强度降低,同时也导致其模量降低,变形破坏过程延性增强。这几个因素共同作用引起能量演化的波动变化。

冲击压缩试验中,不同应变率条件下,经受不同次数冻融循环损伤的红砂岩试样压缩破坏过程能量演化曲线如图 6.6 所示,受篇幅所限,此处仅列示经受 0 次、10 次、25 次冻融后红砂岩试样在 (273 ± 5) s^{-1},(350 ± 5) s^{-1},(422 ± 5) s^{-1} 应变率压缩荷载下,共计 9 种典型工况的能量演化曲线。图中,竖实线分别为试样变形破坏各阶段的分界线,P 竖线表示峰值点位置。

分析图 6.6 可知,冻融损伤红砂岩冲击压缩过程能量演化曲线也具有显著的阶段特征,且各阶段特征受冻融循环次数和应变率影响均较为明显。压密阶段,随着应变增长,总输入应变能、可释放弹性能、耗散能均有所增长,增长速率逐渐加快。线弹性变形阶段,总输入应变能和可释放弹性能增长曲线近乎相平行,增长规律相似;耗散能没有明显增长,曲线近似水平。屈服阶段,可释放弹性能增速减缓并逐渐达到峰值;耗散能增速逐渐加快;总输入应变能增长速率未出现明显变化。破坏阶段,总输入应变能持续增长,在破坏最后阶段增速有降低趋势,可释放弹性能曲线过峰值后开始跌落,耗散能持续快速增长并逐渐接近总输入应变能。

对比分析发现,在相同应变率等级作用下,随着冻融循环次数的增加,红砂岩在整个冲击压缩破坏过程的总输入应变能和总耗散能逐渐降低,红砂岩破坏所需要和耗散的总能量逐渐减少。冲击压缩变形破坏过程中可释放弹性能峰值也随着冻融次数的增加逐渐减小。

对于经受相同次数冻融循环损伤的红砂岩试样,冲击压缩过程能量演化曲线受应变率的影响更为显著。随着应变率升高,红砂岩在整个冲击压缩破坏过程的总输入应变能和总耗散能明显上升,红砂岩破坏所需要和耗散的总能量大幅增加。冲击压缩变形破坏过程中可释放弹性能峰值也随着应变率的升高大幅提升。

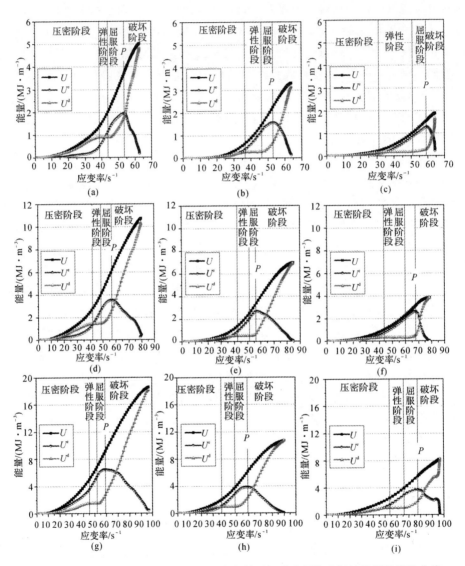

图 6.6　不同冻融循环次数及不同应变率条件下红砂岩压缩破坏过程能量演化曲线
（注意图中不同应变率等级间坐标范围的不同）

(a)0 F－T,$\dot{\varepsilon}=271.9\ \text{s}^{-1}$;(b)10 F－T,$\dot{\varepsilon}=276.1\ \text{s}^{-1}$;(c)25 F－T,$\dot{\varepsilon}=269.9\ \text{s}^{-1}$;

(d)0 F－T,$\dot{\varepsilon}=346.1\ \text{s}^{-1}$;(e)10 F－T,$\dot{\varepsilon}=354.0\ \text{s}^{-1}$;(f)25 F－T,$\dot{\varepsilon}=348.6\ \text{s}^{-1}$;

(g)0 F－T,$\dot{\varepsilon}=421.9\ \text{s}^{-1}$;(h)10 F－T,$\dot{\varepsilon}=425.1\ \text{s}^{-1}$;(i)25 F－T,$\dot{\varepsilon}=426.1\ \text{s}^{-1}$

6.3.2 热冲击循环损伤红砂岩压缩破坏过程能量演化曲线

经受不同次数热冲击循环损伤的红砂岩试样静态压缩破坏过程能量演化曲线如图 6.7 所示。可见,热冲击损伤红砂岩静态压缩过程能量演化曲线呈现出与冻融循环损伤试样相似的阶段性特征。压密、线弹性变形、屈服和破坏四个阶段能量演化规律各不相同。与此同时,热冲击循环损伤试样与冻融循环损伤试样静态压缩破坏过程能量演化特征差异也很显著。特别是在破坏阶段,热冲击循环损伤试样弹性能跌落速率和耗散能增长速率均明显高于冻融循环损伤试样。

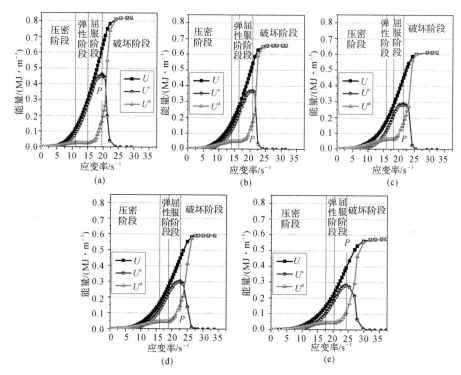

图 6.7 静态压缩条件下不同次数热冲击循环损伤红砂岩能量演化曲线
(a)0 TS;(b)10 TS;(c)20 TS;(d)30 TS;(e)40 TS

与冻融循环影响不同,随着热冲击循环次数的增加,红砂岩静态压缩过程能量演化曲线的变化具有明显的规律性。在整个静态压缩破坏过程中,红砂岩总输入应变能和总耗散能随着热冲击循环次数的增加逐渐降低。红砂岩静态压缩变形破坏过程中可释放弹性能峰值也随着热冲击循环次数的增加而降低,特别是在前 20 个热冲击循环之前降幅较大,20~40 个热冲击循环间降低不明显。这主要是因为,与冻融循环损伤相比,热冲击循环损伤导致红砂岩静态压缩抗压强度降低,但其模量降低幅度和变形破坏应变范围增长幅度相对较小,能量演化受强度降低影响更为显著,演化曲线呈现单调变化。

冲击压缩试验中,不同应变率条件下,经受不同次数热冲击循环损伤的红砂岩试样压缩破坏过程能量演化曲线如图 6.8 所示。同样考虑篇幅原因,此处仅列示经受 0 次、20 次、40 次热冲击循环后红砂岩试样在 $(223\pm5)\ \mathrm{s}^{-1}$,$(332\pm5)\ \mathrm{s}^{-1}$,$(396\pm5)\ \mathrm{s}^{-1}$ 应变率压缩荷载下,共计 9 种典型工况的能量演化曲线。

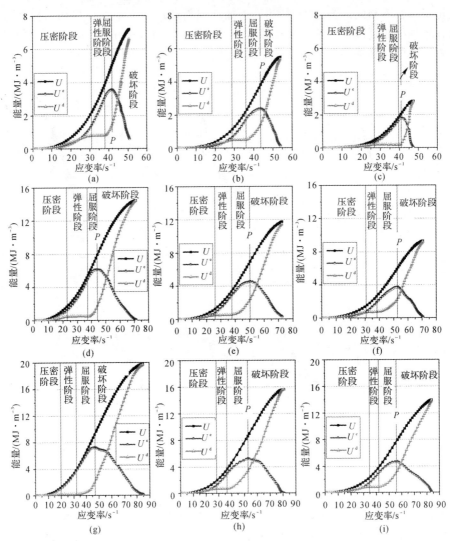

图 6.8 不同热冲击循环次数及不同应变率条件下红砂岩压缩破坏过程能量演化曲线
(注意图中不同应变率等级间坐标范围的不同)

(a)0 TS,$\dot{\varepsilon}=219.0\ \mathrm{s}^{-1}$;(b)20 TS,$\dot{\varepsilon}=227.4\ \mathrm{s}^{-1}$;(c)40 TS,$\dot{\varepsilon}=222.6\ \mathrm{s}^{-1}$;

(d)0 TS,$\dot{\varepsilon}=330.1\ \mathrm{s}^{-1}$;(e)20 TS,$\dot{\varepsilon}=328.8\ \mathrm{s}^{-1}$;(f)40 TS,$\dot{\varepsilon}=333.4\ \mathrm{s}^{-1}$;

(g)0 TS,$\dot{\varepsilon}=396.1\ \mathrm{s}^{-1}$;(h)20 TS,$\dot{\varepsilon}=396.0\ \mathrm{s}^{-1}$;(i)40 TS,$\dot{\varepsilon}=396.5\ \mathrm{s}^{-1}$

分析图 6.8 可知,冲击压缩各阶段热冲击损伤红砂岩能量演化曲线呈现出与冻融循环损伤红砂岩相似的变化特征。线弹性变形阶段,总输入应变能主要以可释放弹性能的形式储存在试样内部,耗散能没有明显增长,曲线近似水平。可释放弹性能在屈服阶段增速减缓并在应力峰值点达到最高,破坏阶段开始跌落;耗散能在屈服阶段增速逐渐加快,破坏阶段持续快速增长并逐渐接近总输入应变能。

对比分析发现,应变率和循环损伤次数对热冲击损伤红砂岩冲击压缩过程能量演化曲线的影响与对冻融循环损伤红砂岩试样的影响规律基本一致。热冲击损伤红砂岩在整个冲击压缩破坏过程的总输入应变能和总耗散能随着热冲击循环次数的增加而降低,随着应变率的升高而大幅增长。冲击压缩变形破坏过程中可释放弹性能峰值也随着热冲击循环次数的增加逐渐减小,随着应变率的升高大幅提升。

6.4 水热耦合损伤岩石压缩破坏过程各阶段能量特征指标

如 6.2.1 节所述,岩石压缩变形破坏过程各阶段能量演化特征各不相同。如图 6.2 所示,其应力-应变曲线可分为压密、线弹性变形、屈服和破坏四个阶段。同时,将整个岩石受载变形的开始点称为起始点,受载破坏终止点称为残余点,将线弹性变形阶段的起始点称为线性点,屈服阶段的起始点称为屈服点,屈服阶段和破坏阶段的分界为峰值点。根据 6.2.2 节所述方法,可求得经受不同水热耦合损伤及不同应变率条件下红砂岩压缩变形破坏过程各阶段岩石单元总输入应变能、耗散能和各特征点可释放弹性能指标,如表 6.1 所示。表中,σ_L、σ_Y、σ_P 和 σ_R 分别表示线性点、屈服点、峰值点和残余点的应力值;ε_L、ε_Y、ε_P 和 ε_R 分别表示线性点、屈服点、峰值点和残余点的应变值。

表 6.1　红砂岩压缩变形破坏过程各阶段及各特征点岩石单元能量特征指标

阶段及特征点	符号	总输入应变能 U	可释放弹性能 U^e	耗散能 U^d
起始点	O	——	0	
压密阶段	c	$U_c = \int_0^{\varepsilon_L} \sigma \mathrm{d}\varepsilon$	——	$U_c^d = U_c - U_L^e$
线性点	L		$U_L^e = \dfrac{\sigma_L^2}{2E_e}$	

续表

阶段及特征点	符号	总输入应变能 U	可释放弹性能 U^e	耗散能 U^d
线弹性变形阶段	l	$U_l = \int_{\varepsilon_L}^{\varepsilon_Y} \sigma \, d\varepsilon$	——	$U_l^d = U_L^e + U_l - U_Y^e$
屈服点	Y	——	$U_Y^e = \dfrac{\sigma_Y^2}{2E_e}$	——
屈服阶段	y	$U_y = \int_{\varepsilon_Y}^{\varepsilon_P} \sigma \, d\varepsilon$	——	$U_y^d = U_Y^e + U_y - U_P^e$
峰值点	P	——	$U_P^e = \dfrac{\sigma_P^2}{2E_e}$	——
破坏阶段	f	$U_f = \int_{\varepsilon_P}^{\varepsilon_R} \sigma \, d\varepsilon$	——	$U_f^d = U_P^e + U_f - U_R^e$
残余点	R	——	$U_R^e = \dfrac{\sigma_R^2}{2E_e}$	——

如 6.3 节所述,水热耦合损伤红砂岩压缩变形破坏过程能量演化特征具有一致性,不同水热耦合损伤条件及应变率下红砂岩阶段性特征均非常明显,冻融、热冲击等损伤条件和应变率对能量演化的影响主要体现在各阶段和各特征点的能量指标上。为此,本节将分别分析红砂岩压缩变形破坏各阶段能量指标受损伤条件和应变率条件的影响规律。

值得注意的是,总输入应变能和耗散能为过程量,是针对整个或者部分变形破坏过程而言的;可释放弹性应变能为状态量,是针对变形破坏过程中某一特定时点而言的。在下述各小节的分析中,对试样变形破坏某一阶段也有可释放弹性能的说法,意指可释放弹性能在这一阶段的变化量;对某一特征点也有总输入应变能和耗散能的说法,意指试样变形破坏从初始点至该特征点这一过程的总输入应变能和耗散能。

6.4.1 静态压缩破坏过程能量特征指标分析

6.4.1.1 各阶段能量特征指标

图 6.9、图 6.10 所示分别为冻融循环损伤红砂岩和热冲击循环损伤红砂岩静压变形破坏过程各阶段能量特征指标随循环次数的变化规律。

由图 6.9、图 6.10 可知,不同水热耦合损伤条件下红砂岩静压变形破坏过程各阶段能量特征指标呈现出诸多一致性。压密阶段各试样均符合 $U > U^e > U^d$,该阶段总输入应变能以转化为弹性能为主,少部分在塑性变形过程中耗散掉;线弹性变形阶段各试样能量特性指标近似符合 $U \approx U^e$，$U^d = 0$，从宏观表现来看，该阶段总输入应变能几乎全部转化为弹性能储存在岩石单元，能量耗散不明显；屈服阶段不同水热耦合损伤条件下红砂岩弹性能和耗散能大小不一，弹性能储存和能量耗散同时存在；破坏阶段耗散能大于总输入应变能，弹性能变化量为负值，说明前期储存的弹性能在该阶段释放出来，耗散能部分来自外界输入应变能，部分来自释放的弹性能。

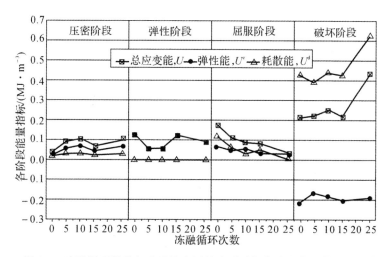

图 6.9　冻融循环损伤红砂岩静态压缩变形破坏各阶段能量特征指标

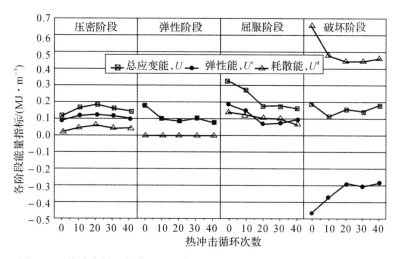

图 6.10　热冲击循环损伤红砂岩静态压缩变形破坏各阶段能量特征指标

6.4.1.2 峰值点、残余点能量特征指标

如前所述,峰值点总输入应变能、耗散能和弹性能分别表示静压变形峰前阶段的总输入应变能、峰前阶段的耗散能和试样变形全过程中储存的可释放弹性能峰值。残余点总输入应变能、耗散能和弹性能分别表示整个静压变形破坏过程的总输入应变能、总耗散能和试样破坏后碎块中储存的残余可释放弹性能。不同水热耦合损伤条件下红砂岩静压破坏峰值点和残余点能量特征指标如图 6.11 所示。

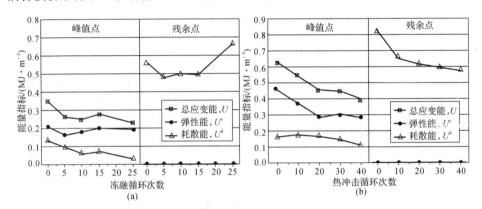

图 6.11 水热耦合损伤红砂岩静态压缩变形破坏峰值点、残余点能量特征指标

(a)冻融循环损伤红砂岩;(b)热冲击循环损伤红砂岩

如图 6.11 所示,水热耦合损伤红砂岩静压变形峰前阶段总输入应变能以转化为弹性能为主,少部分耗散掉;整个变形破坏过程的总输入应变能与耗散能近似重合,残余弹性能几乎为零。

冻融和热冲击对红砂岩静压破坏能量演化特征影响有所区别。热冲击损伤红砂岩,随着循环次数的增加峰前阶段总输入应变能、弹性能均呈下降趋势,整个变形破坏所需的应变能也逐渐降低。冻融循环损伤红砂岩相关能量指标则呈现波动变化,如前所述,这主要是由于冻融循环损伤后红砂岩静压破坏表现出的延性特征有关。

6.4.2 冲击压缩破坏各阶段能量特征指标分析

6.4.2.1 压密阶段能量特征指标

图 6.12、图 6.13 所示分别为冻融循环损伤红砂岩和热冲击循环损伤红砂岩冲击压缩压密阶段能量特征指标随应变率的变化规律。

如图 6.12 所示,经受相同次数冻融循环损伤后,红砂岩试样冲击压缩压密阶

段总应变能、弹性能及耗散能变化规律具有一致性。随着应变率的升高,整体呈波动增加趋势,但个别应变率条件下出现不同变化。例如,未经冻融损伤的饱水红砂岩在应变率为 $466.5~s^{-1}$ 条件下压密阶段各能量指标均很小,由其应力-应变曲线可知,这是由于饱水试样在高应变率下的强化效应导致其压密阶段较短导致的。经受冻融循环损伤后,由于孔隙连通性增强,这种孔隙水引起的强化效应减弱,效应不明显。

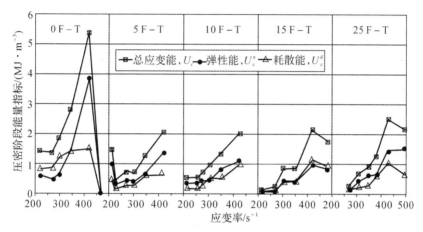

图 6.12   随应变率升高冻融损伤红砂岩冲击压缩压密阶段能量特征指标的变化规律

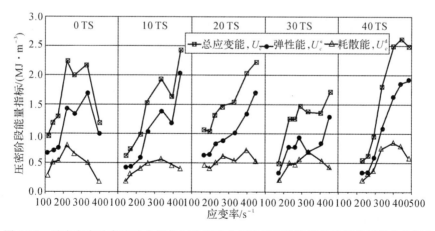

图 6.13   随应变率升高热冲击损伤红砂岩冲击压缩压密阶段能量特征指标的变化规律

如图 6.13 所示,应变率对热冲击损伤红砂岩冲击压缩压密阶段能量特征指标变化规律的影响存在阈值点。在低应变率范围内,各热冲击循环次数组别的红砂岩试样总应变能、弹性能及耗散能均随应变率的提高逐渐增长;在应变率超过一定的阈值后,变化规律出现分化。对于耗散能,经受不同次数热冲击循环损伤的红砂岩试样,其压密阶段耗散能在较高应变率范围内随应变率的提高转而逐渐下降。总应变能和弹性能的变化规律较为相似,超过应变率阈值后,未经受热冲击循环损伤的干燥试样总应变能和弹性能随应变率提高波动下降,经受热冲击循环损伤的试样总应变能和弹性能随应变率提高仍呈上升趋势,但出现不同程度的波动。对经受不同次数热冲击循环损伤的红砂岩试样,该应变率阈值各不相同。

图 6.14、图 6.15 所示分别为冻融循环损伤红砂岩和热冲击循环损伤红砂岩在相同应变率等级下冲击压缩压密阶段能量特征指标随循环次数的变化规律。

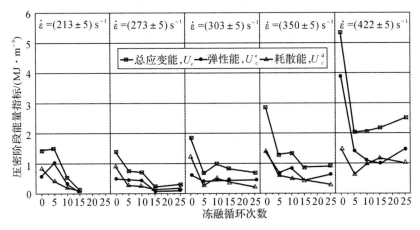

图 6.14　不同应变率等级下冻融损伤红砂岩压密阶段能量特征指标随循环次数的变化规律

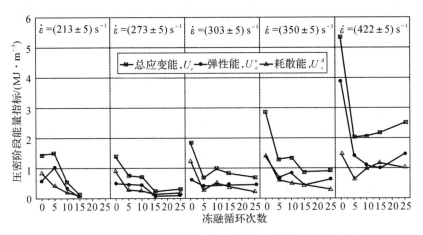

图 6.15　不同应变率等级下热冲击损伤红砂岩压密阶段能量特征指标随循环次数的变化规律

由图 6.14、图 6.15 可知,冻融或热冲击循环次数对红砂岩冲击压缩压密阶段能量特征指标的影响跟应变率等级紧密相关。对于冻融损伤试样,在应变率低于 350 s^{-1}

条件下,压密阶段总应变能、弹性能及耗散能均随冻融循环次数的增加整体呈降低趋势,但降速逐渐减缓;对于热冲击损伤红砂岩,各能量指标在应变率低于 260 s^{-1} 条件下也随热冲击循环次数增加逐渐降低。与之相比,冻融损伤红砂岩试样在应变率为 422 s^{-1} 条件下冲击压缩压密阶段能量指标随冻融循环次数增加先降低,后逐渐升高。当应变率大于 330 s^{-1} 时,热冲击损伤红砂岩总应变能及弹性能随热冲击次数增加波动变化,但能量耗散呈逐渐增加趋势,这与低应变率范围内的变化规律相反。

6.4.2.2 线弹性变形阶段能量特征指标

图 6.16、图 6.17 所示分别为冻融循环损伤红砂岩和热冲击循环损伤红砂岩冲击压缩线弹性变形阶段能量特征指标随应变率的变化规律。

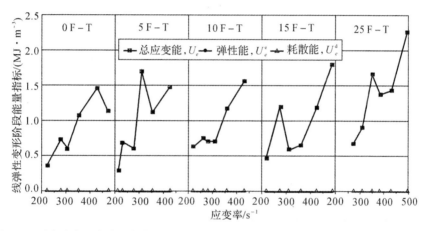

图 6.16 随应变率升高冻融损伤红砂岩冲击压缩线弹性变形阶段能量特征指标的变化规律

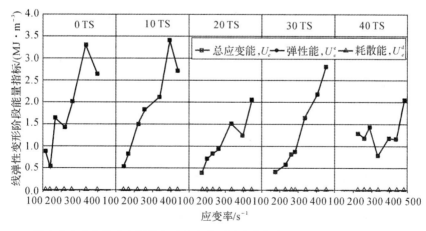

图 6.17 随应变率升高热冲击损伤红砂岩冲击压缩线弹性变形阶段能量特征指标的变化规律

可见,对所有水热耦合损伤试样,在线弹性变形阶段,输入应变能以转化为可释放弹性应变能为主,耗散能接近于零。就整体规律而言,冻融循环损伤红砂岩和热冲击循环损伤红砂岩冲击压缩线弹性变形阶段总输入应变能和弹性能随应变率升高呈波动增加趋势。

图 6.18、图 6.19 所示分别为冻融循环损伤红砂岩和热冲击循环损伤红砂岩在相同应变率等级下冲击压缩线弹性变形阶段能量特征指标随损伤次数的变化规律。可见,冻融损伤红砂岩线弹性变形阶段总输入应变能和弹性能随冻融循环次数增加变化规律不明显,变化较大;热冲击损伤红砂岩线弹性变形阶段总输入应变能和弹性能随热冲击循环次数增加整体呈降低趋势,但并不严格单调降低。

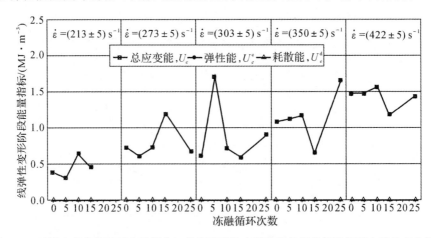

图 6.18　不同应变率等级下冻融损伤红砂岩线弹性变形阶段能量指标随循环次数的变化规律

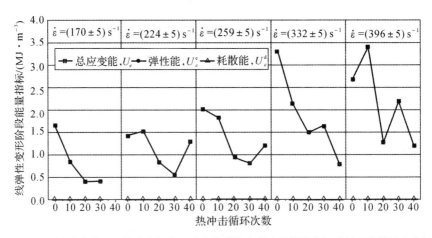

图 6.19　不同应变率等级下热冲击损伤红砂岩线弹性变形阶段能量指标随循环次数的变化规律

6.4.2.3 屈服阶段能量特征指标

图 6.20、图 6.21 所示分别为冻融循环损伤红砂岩和热冲击循环损伤红砂岩冲击压缩屈服阶段能量特征指标随应变率的变化规律。可见,应变率对水热耦合损伤红砂岩冲击压缩屈服阶段能量特征指标影响显著。随着应变率的提高,冻融循环损伤红砂岩及热冲击循环损伤红砂岩冲击压缩屈服阶段总输入能、弹性能和耗散能均呈上升趋势。其中,热冲击循环损伤红砂岩上升幅度更大。

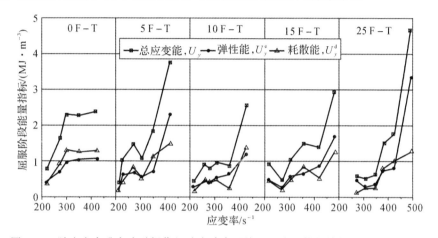

图 6.20　随应变率升高冻融损伤红砂岩冲击压缩屈服阶段能量特征指标的变化规律

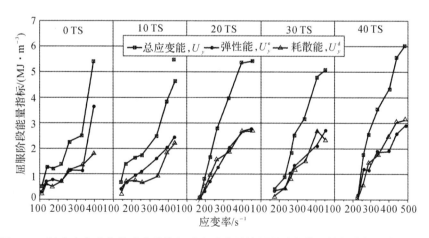

图 6.21　随应变率升高热冲击损伤红砂岩冲击压缩屈服阶段能量特征指标的变化规律

图 6.22、图 6.23 所示分别为冻融循环损伤红砂岩和热冲击循环损伤红砂岩在相同应变率等级下冲击压缩屈服阶段能量特征指标随循环损伤次数的变化规律。

对于冻融损伤红砂岩,相同应变率等级下冲击压缩屈服阶段能量特征指标随循环损伤次数的增加多呈降低趋势。对热冲击损伤红砂岩则不明显。

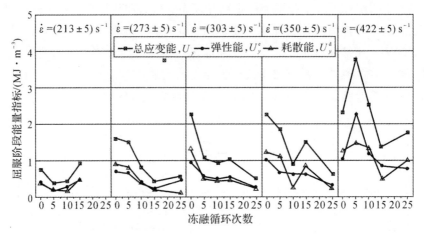

图 6.22　不同应变率等级下冻融损伤红砂岩屈服阶段能量特征指标随循环次数的变化规律

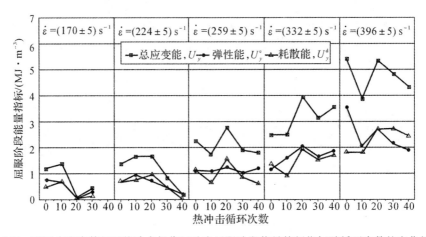

图 6.23　不同应变率等级下热冲击损伤红砂岩屈服阶段能量特征指标随循环次数的变化规律

6.4.2.4　破坏阶段能量特征指标

图 6.24、图 6.25 所示分别为冻融循环损伤红砂岩和热冲击循环损伤红砂岩冲击压缩破坏阶段能量特征指标随应变率的变化规律。

由图 6.24、图 6.25 可见,水热耦合损伤红砂岩峰后弹性能变化量为负值,耗散能大于输入应变能。试样峰后能量耗散一部分来自于外界输入能量,一部分来自峰前累积弹性能的释放。应变率对水热耦合损伤红砂岩冲击压缩破坏阶段能量特征指标影响显著。随着应变率的提高,冻融循环损伤红砂岩及热冲击循环损伤红砂岩冲击压缩屈服阶段总输入能、弹性能和耗散能均呈单调上升趋势,其中弹性能变化量为负值,其绝对值上升。

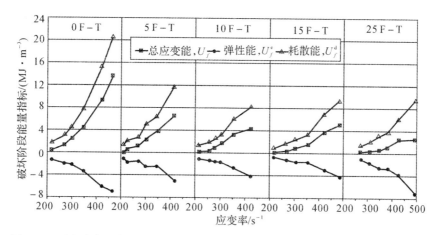

图 6.24　随应变率升高冻融损伤红砂岩冲击压缩破坏阶段能量特征指标的变化规律

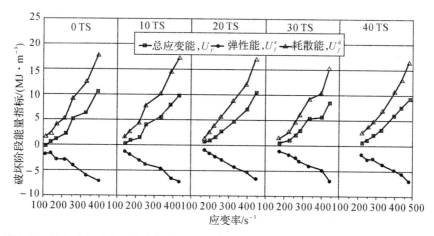

图 6.25　随应变率升高热冲击损伤红砂岩冲击压缩破坏阶段能量特征指标的变化规律

图 6.26、图 6.27 所示分别为冻融循环损伤红砂岩和热冲击循环损伤红砂岩在相同应变率等级下冲击压缩破坏阶段能量特征指标随循环次数的变化规律。水热耦合损伤对红砂岩破坏阶段能量特征指标的影响与应变率相反。随着冻融或热冲击循环次数的增加,红砂岩在同一应变率等级下冲击压缩破坏阶段的总输入能、弹性能和耗散能均呈单调降低趋势,其中弹性能变化量为负值,其绝对值降低。

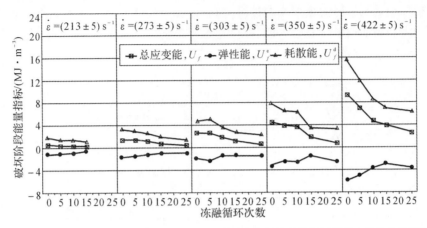

图 6.26 不同应变率等级下冻融损伤红砂岩破坏阶段能量特征指标随循环次数的变化规律

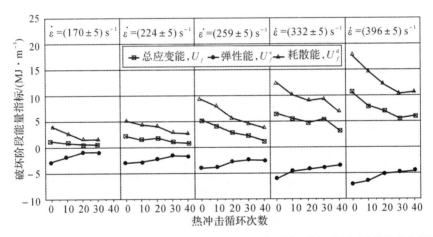

图 6.27 不同应变率等级下热冲击损伤红砂岩破坏阶段能量特征指标随循环次数的变化规律

6.4.3 冲击压缩峰值点及残余点能量特征指标

峰值点和残余点能量特征指标可分别表示试样压缩变形峰前阶段和整个变形破坏过程的能量信息。

6.4.3.1 冻融损伤试样

图 6.28、图 6.29 所示分别为冻融循环损伤红砂岩峰值点和残余点能量特征指标随应变率的变化规律。冻融循环损伤红砂岩峰值点弹性能大于耗散能,冲击压缩峰前阶段输入应变能以转化为弹性能储存为主。随着应变率的提高,冻融循环损伤红砂岩冲击压缩峰值点弹性能逐渐增大,试样储存的可释放弹性能最大值提

高;残余点总输入应变能和耗散能均单调增长,高应变率下冻融损伤红砂岩冲击压缩破坏全过程所需的能量大幅增加。

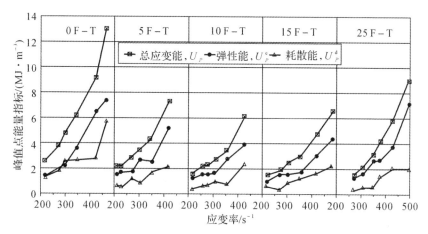

图 6.28 随应变率升高冻融损伤红砂岩冲击压缩峰值点能量特征指标的变化规律

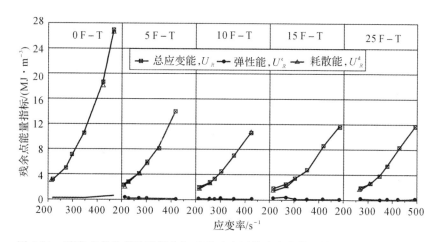

图 6.29 随应变率升高冻融损伤红砂岩冲击压缩残余点能量特征指标的变化规律

图 6.30、图 6.31 所示分别为冻融损伤红砂岩在相同应变率等级下冲击压缩峰值点和残余点能量特征指标随冻融循环次数的变化规律。残余点总输入应变能略大于耗散能,弹性能仍为正值,说明变形破坏过程结束时尚有部分试样碎块通过弹性变形方式将少量弹性能释放至外界。

由图 6.30、图 6.31 可见,冻融损伤红砂岩在同一应变率等级冲击压缩下,随着所经受冻融次数的增加,峰值点弹性能整体呈降低趋势,试样可释放弹性能的储存极限降低;残余点总输入应变能和耗散能均单调减小,随着冻融循环次数的增加,红砂岩冲击压缩破坏全过程所需的能量逐渐减少。

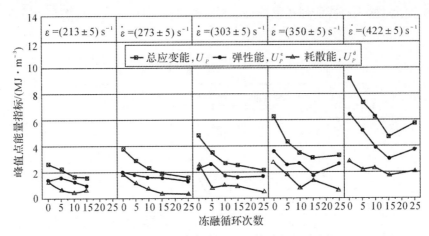

图 6.30　不同应变率等级下冻融损伤红砂岩峰值点能量特征指标随循环次数的变化规律

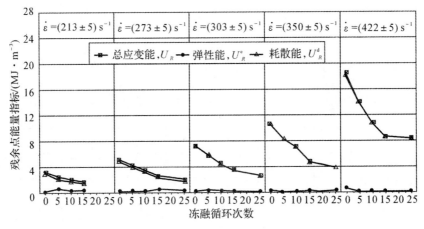

图 6.31　不同应变率等级下冻融损伤红砂岩残余点能量特征指标随循环次数的变化规律

6.4.3.2　热冲击损伤试样

图 6.32、图 6.33 所示分别为热冲击循环损伤红砂岩峰值点和残余点能量特征指标随应变率的变化规律。与冻融损伤试样类似,热冲击损伤红砂岩峰值点弹性能大于耗散能,峰前阶段输入应变能以转化为弹性能储存为主。随着应变率的提高,热冲击循环损伤红砂岩冲击压缩峰值点弹性能逐渐增大,试样储存的可释放弹性能最大值提高;残余点总输入应变能和耗散能均单调增长,高应变率下热冲击损伤红砂岩冲击压缩破坏全过程所需的能量大幅增加。

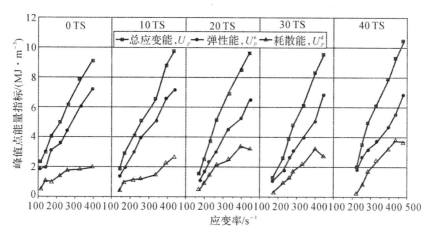

图 6.32 随应变率升高热冲击损伤红砂岩冲击压缩峰值点能量特征指标的变化规律

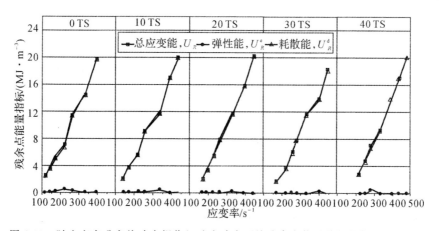

图 6.33 随应变率升高热冲击损伤红砂岩冲击压缩残余点能量特征指标的变化规律

图 6.34、图 6.35 所示分别为热冲击损伤红砂岩在相同应变率等级下峰值点和残余点能量特征指标随热冲击次数的变化规律。残余点总输入应变能略大于耗散能,弹性能仍为正值,变形破坏过程结束时尚有部分试样碎块通过弹性变形方式将少量弹性能释放至外界。热冲击损伤红砂岩在同一应变率等级冲击压缩下,随着所经受热冲击循环次数的增加,峰值点弹性能整体呈降低趋势,试样可释放弹性能的储存极限降低;残余点总输入应变能和耗散能均单调减小,随着热冲击循环次数的增加,红砂岩冲击压缩破坏全过程所需的能量逐渐减少。

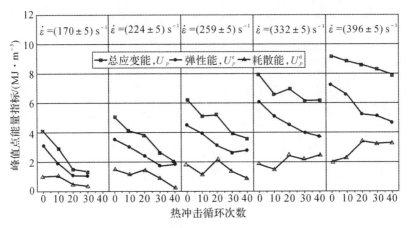

图 6.34 不同应变率等级下热冲击损伤红砂岩峰值点能量特征指标随循环次数的变化规律

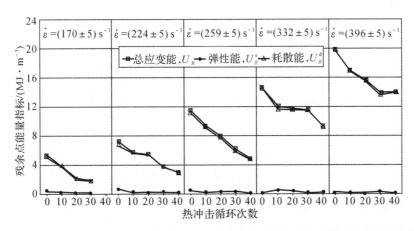

图 6.35 不同应变率等级下热冲击损伤红砂岩残余点能量特征指标随循环次数的变化规律

6.5 水热耦合损伤岩石压缩破坏过程各阶段能量耗散率

能量耗散是岩石破坏的内在驱动机制,与岩石的微观损伤紧密相关,岩石变形过程中输入的总应变能耗散得越多,则转化为弹性能储存得越少,岩石内部的微损伤就越严重。基于此,试样损伤信息可以由能量耗散量占总输入应变能的比例来表征。对于试样压缩变形破坏过程的不同阶段,本书定义能量耗散率(K^d)为该阶段能量耗散量占该阶段输入应变能的比例。由此,岩石压缩破坏过程压密、线弹性变形、屈服和破坏四个阶段能量耗散率(K_i^d)可依下式计算:

$$K_i^d = \frac{U_i^d}{U_i} \tag{6.5}$$

式中,下标 i 取 c,l,y,f 分别表示压密、线弹性变形、屈服和破坏四个阶段。U_i^d 和 U_i 分别表示各阶段的耗散能和总输入应变能,依表 6.1 计算。

水热耦合损伤红砂岩静态压缩变形破坏各阶段能量耗散率如图 6.36 所示。如图所示,不同损伤条件下红砂岩静压过程压密阶段和屈服阶段能量耗散率大多在 0.5 附近及以下,试样损伤发展较慢;线弹性变形阶段接近于 0,试样损伤不明显。冻融损伤红砂岩静压破坏阶段能量耗散率多在 1.5 以上,随冻融次数的增加波动降低;与之相比,热冲击损伤红砂岩破坏阶段能量耗散率更高,在 2.5 以上。说明热冲击损伤红砂岩破坏阶段耗散能更多地来自于弹性能的释放,破坏也更为剧烈,脆性更强,这与试验现象是一致的。

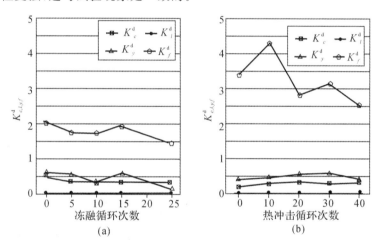

图 6.36 水热耦合损伤红砂岩静态压缩变形破坏各阶段能量耗散率
(a)冻融损伤红砂岩;(b)热冲击损伤红砂岩

冻融损伤红砂岩冲击压缩变形破坏各阶段能量耗散率随冻融次数和应变率的变化规律分别如图 6.37、图 6.38 所示。由图所示,冻融损伤红砂岩冲击压缩过程压密阶段和屈服阶段能量耗散率大多在 0.5 附近,受冻融循环次数和应变率影响不明显;线弹性变形阶段接近于 0,试样损伤不明显。冻融损伤红砂岩冲击压缩破坏阶段能量耗散率均在 1.5 以上。当冻融循环损伤次数小于 15 次时,破坏阶段能量耗散率随应变率提高显著降低,特别是在较低应变率范围内降幅较大;经受 25 次冻融循环损伤的红砂岩破坏阶段能量耗散率随应变率升高呈波动变化。冻融循环次数的影响也与应变率相关,在应变率高于 270 s^{-1} 作用下,冻融损伤红砂岩冲击压缩破坏阶段能量耗散率随冻融次数的增加逐渐上升,且随着冻融循环次数的累积增幅逐渐变大;在应变率为 213 s^{-1} 作用下,红砂岩破坏阶段能量耗散率随冻融循环次数升高呈波动变化。

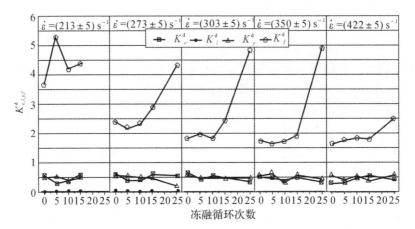

图 6.37　冻融损伤红砂岩冲击压缩各阶段能量耗散率随冻融次数变化规律

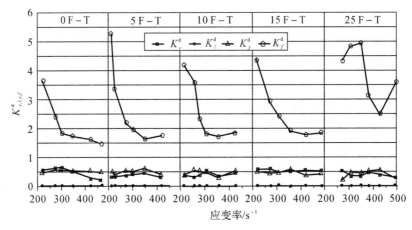

图 6.38　随应变率升高冻融损伤红砂岩冲击压缩各阶段能量耗散率变化规律

　　热冲击损伤红砂岩冲击压缩变形破坏各阶段能量耗散率随热冲击次数和应变率的变化规律分别如图 6.39 和图 6.40 所示。可见,热冲击损伤红砂岩冲击压缩过程压密阶段和屈服阶段能量耗散率大多在 0.5 附近,受热冲击循环次数和应变率影响不明显;线弹性变形阶段接近于 0,试样损伤不明显。热冲击损伤红砂岩冲击压缩破坏阶段能量耗散率均在 1.5 以上。对于经受相同次数热冲击循环损伤的红砂岩,破坏阶段能量耗散率随应变率提高逐渐降低,降速随应变率提高变缓。与冻融循环相比,热冲击循环次数对红砂岩冲击压缩破坏阶段能量耗散率的影响较小。

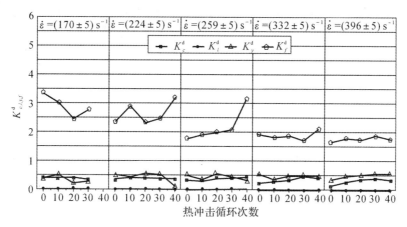

图 6.39 热冲击损伤红砂岩冲击压缩各阶段能量耗散率随热冲击循环次数变化规律

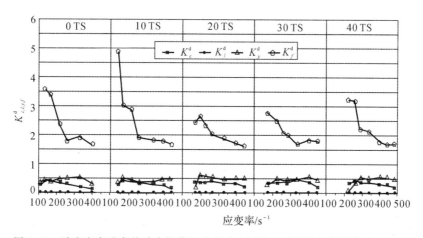

图 6.40 随应变率升高热冲击损伤红砂岩冲击压缩各阶段能量耗散变化规律

6.6 基于能量的水热耦合损伤岩石压缩破坏过程损伤演化机制

6.6.1 水热耦合损伤

如 6.3 节、6.4 节中所述,随着冻融或热冲击循环损伤次数的增加,红砂岩损伤程度加剧,在相同的荷载条件下更易破坏,其动态压缩变形破坏过程所需的总输入应变能随循环损伤次数增加逐渐降低。据此,可基于压缩变形破坏过程所需的总输入应变能计算岩石水热耦合损伤。以未经冻融和热冲击损伤的新鲜红砂岩试样总输入应变能为基准,经受冻融或热冲击循环作用的红砂岩试样水热耦合损伤可表示为其压缩变形破坏过程所需的总输入应变能与新鲜红砂岩试样总输入应变能相比所降低的部分与新鲜红砂岩试样总输入应变能的比值。其计算式为

$$D_{\text{F-T, TS}} = \frac{U_0 - U_N}{U_0} = 1 - \frac{U_N}{U_0} \tag{6.6}$$

式中,$D_{\text{F-T, TS}}$ 表示经受冻融(F-T)或热冲击(TS)循环作用的红砂岩试样水热耦合损伤值。对于 $D_{\text{F-T}}$,U_N 和 U_0 分别表示经受 N 次冻融循环损伤和未经受冻融损伤的饱水红砂岩试样总输入应变能;对于 D_{TS},U_N 和 U_0 分别表示经受 N 次热冲击循环损伤和未经受热冲击损伤的干燥红砂岩试样总输入应变能。U_N 和 U_0 可依式(6.7)计算,式中,ε_R 指压缩变形破坏残余点应变值。

$$U = \int_0^{\varepsilon_R} \sigma \, \mathrm{d}\varepsilon \tag{6.7}$$

基于式(6.6)、式(6.7),可计算得到冻融循环及热冲击循环损伤红砂岩试样水热耦合损伤值分别如表 6.2、表 6.3 所示。

表 6.2　冻融循环损伤红砂岩试样冻融损伤求解

应变率等级 s^{-1}	冻融循环次数	应变率 s^{-1}	总输入应变能 $\mathrm{MJ/m^3}$	冻融循环损伤
213±5	0	216.8	3.07	0.00
	5	210.0	2.44	0.20
	10	214.5	1.95	0.36
	15	216.2	1.77	0.42
	25	—	—	—
273±5	0	271.9	5.04	0.00
	5	271.4	4.16	0.17
	10	276.1	3.32	0.34
	15	269.7	2.50	0.50
	25	269.9	1.90	0.62
303±5	0	298.6	7.28	0.00
	5	302.7	5.97	0.18
	10	305.1	4.50	0.38
	15	304.9	3.52	0.52
	25	306.4	2.56	0.65

续表

应变率等级 $\dfrac{}{s^{-1}}$	冻融循环次数	应变率 $\dfrac{}{s^{-1}}$	总输入应变能 $\dfrac{}{MJ/m^3}$	冻融循环损伤
350±5	0	346.1	10.67	0.00
	5	347.6	8.22	0.23
	10	354.0	6.98	0.35
	15	354.3	4.76	0.55
	25	348.6	3.86	0.64
422±5	0	421.9	18.62	0.00
	5	418.2	13.96	0.25
	10	425.1	10.68	0.43
	15	419.8	8.57	0.54
	25	426.1	8.22	0.56

表 6.3 热冲击循环损伤红砂岩试样热冲击损伤求解

应变率等级 $\dfrac{}{s^{-1}}$	热冲击循环次数	应变率 $\dfrac{}{s^{-1}}$	总输入应变能 $\dfrac{}{MJ/m^3}$	冻融循环损伤
170±5	0	169.1	5.33	0.00
	10	167.7	3.81	0.29
	20	170.7	2.15	0.60
	30	171.9	1.86	0.65
	40	—	—	—
224±5	0	219.0	7.21	0.00
	10	219.6	5.68	0.21
	20	227.4	5.49	0.24
	30	226.4	3.72	0.48
	40	222.6	2.84	0.61
259±5	0	259.8	11.42	0.00
	10	256.6	9.28	0.19
	20	263.6	7.95	0.30
	30	258.8	6.10	0.47
	40	254.7	4.79	0.58

续表

应变率等级 $\dfrac{}{s^{-1}}$	冻融循环次数	应变率 $\dfrac{}{s^{-1}}$	总输入应变能 MJ/m³	冻融循环损伤
332±5	0	330.1	14.49	0.00
	10	335.7	12.07	0.17
	20	328.8	11.75	0.19
	30	333.5	11.54	0.20
	40	333.4	9.30	0.36
396±5	0	396.1	19.83	0.00
	10	391.1	16.93	0.15
	20	396.0	15.66	0.21
	30	401.9	13.93	0.30
	40	396.5	13.98	0.30

由表 6.2、表 6.3 所示，随着冻融及热冲击循环损伤次数的增加，相同加载条件（应变率等级）下红砂岩试样冲击压缩变形破坏过程总输入应变能逐渐降低，试样冻融或热冲击损伤值逐渐增大。

观察表 6.2、表 6.3 还可发现，对于经受相同次数冻融循环损伤的红砂岩试样，通过不同应变率等级下冲击压缩过程计算得到的冻融损伤值有差别但较为接近；与之相比，经受相同次数热冲击循环损伤的红砂岩试样，不同应变率等级得到的热冲击损伤值差别相对较大，但仍具有相近的变化规律。

根据水热耦合损伤的含义，水热耦合损伤为由冻融或热冲击循环引起的试样损伤，其真实值应不受加载过程的影响。为此，对于经受相同次数冻融或热冲击循环作用后的红砂岩试样，可通过计算在不同应变率等级下得出的红砂岩试样水热耦合损伤值的平均值作为经受该次数冻融或热冲击循环损伤的红砂岩试样水热耦合损伤值，如表 6.4 和表 6.5 所示。

表 6.4 冻融循环损伤红砂岩试样水热耦合损伤值

冻融循环次数 N_{F-T}	冻融循环损伤 D_{F-T}
0 次	0.00
5 次	0.21
10 次	0.37
15 次	0.51
25 次	0.62

表 6.5   热冲击循环损伤红砂岩试样水热耦合损伤值

热冲击循环次数 N_{TS}	热冲击循环损伤 D_{TS}
0 次	0.00
10 次	0.20
20 次	0.31
30 次	0.42
40 次	0.46

图 6.41(a)所示为红砂岩冻融损伤随冻融循环次数的变化规律,图 6.41(b)所示为红砂岩热冲击损伤随热冲击循环次数的变化规律。由图 6.41 可见,随冻融或热冲击循环次数的增加,红砂岩不同应变率条件下计算得到的水热耦合损伤均值呈增加趋势,增速随冻融或热冲击循环次数的增加逐渐减缓。如图中粗实线所示,采用指数函数对这一规律进行拟合,拟合效果很好。

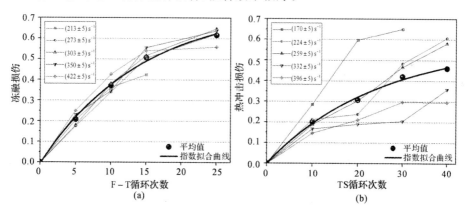

图 6.41   冻融、热冲击循环损伤红砂岩试样水热耦合损伤值
(a)冻融损伤红砂岩;(b)热冲击损伤红砂岩

根据指数拟合结果,红砂岩冻融损伤随循环次数的变化规律为

$$D_{F-T} = 0.76(1 - e^{-0.069N}) , \ Adj.R^2 = 0.995 \tag{6.8}$$

红砂岩热冲击损伤随循环次数的变化规律为

$$D_{TS} = 0.58(1 - e^{-0.040N}) , \ Adj.R^2 = 0.994 \tag{6.9}$$

可见,与热冲击循环损伤相比,冻融循环对红砂岩损伤程度更大,随循环次数的增加损伤增长速率更快。

6.6.2 荷载(力)损伤

如 6.2 节和 6.3 节中所述,荷载作用下岩石的损伤演化过程本质是能量耗散的过程。对于一定的试样和加载条件,可认为其破坏所需的总输入应变能基本一致,在岩石变形破坏过程中,随着损伤不断加剧直至岩石完全破碎,耗散能逐渐升高。因此,可采用能量耗散累积量占总输入应变能的比例变化过程表征岩石变形破坏过程中的荷载损伤演化过程。基于此,岩石冲击压缩过程荷载(力)损伤可通过下式计算:

$$D_M = \frac{U^d}{U_R} \tag{6.10}$$

式中,D_M 表示红砂岩试样冲击压缩变形破坏过程中某一时点的荷载(力)损伤值;U^d 表示该时点红砂岩试样累积耗散能,可依式(6.2)计算;U_R 表示红砂岩试样整个压缩变形破坏过程的总输入应变能,即残余点总输入应变能,可依式(6.7)计算。由式(6.2)、式(6.7)、式(6.10)可知,岩石压缩变形破坏任一时点荷载(力)损伤值还可以表示为

$$D_M = \frac{\int_0^\varepsilon \sigma \, d\varepsilon - \dfrac{\sigma^2}{2E_e}}{\int_0^{\varepsilon_R} \sigma \, d\varepsilon} \tag{6.11}$$

式中符号与前文相同。

对某一特定试样冲击压缩变形破坏过程,试样总输入应变能为常数,由计算式可知,岩石加载变形破坏过程荷载(力)损伤演化曲线形态与 6.3 节中所述耗散能曲线形态相同,数值不同。

6.6.3 水热力耦合损伤

岩石受载过程损伤演化规律主要取决于两个方面,即试样初始状态和受载过程。考虑到红砂岩试样受载前已经经受了不同程度的冻融或热冲击损伤,在分析冲击压缩荷载下试样的损伤演化规律时有必要将红砂岩试样的初始水热耦合损伤考虑在内。假定未经受冻融和热冲击的新鲜红砂岩试样初始损伤为 0,则经受冻融后试样加载过程初始点损伤可认为是其冻融损伤 $D_{F\text{-}T}$,经受热冲击后试样加载过程初始点损伤可认为是其热冲击损伤 D_{TS}。因此,冻融循环或热冲击循环损伤红砂岩冲击压缩变形破坏过程任一时点水热力耦合损伤可表示为

$$\left. \begin{array}{ll} \text{冻融损伤岩样:} & D_{\text{coupling}} = D_{F\text{-}T} + (1 - D_{F\text{-}T}) D_M \\ \text{热冲击损伤岩样:} & D_{\text{coupling}} = D_{TS} + (1 - D_{TS}) D_M \end{array} \right\} \tag{6.12}$$

由式(6.12),不同次数冻融循环损伤红砂岩在不同应变率下冲击压缩过程冻融-荷载耦合损伤演化曲线如图 6.42 和图 6.43 所示。由图可见,冲击压缩过程各

阶段冻融损伤红砂岩水热力耦合损伤演化曲线特征各不相同。压密阶段损伤值增长缓慢,线弹性变形阶段损伤演化曲线基本保持水平,屈服阶段损伤值增速逐渐提升,破坏阶段水热力耦合损伤迅速升高直至接近于1。总体来看,冻融损伤红砂岩冲击压缩峰前阶段水热力耦合损伤增长较为缓慢,峰后破坏阶段增长迅速。

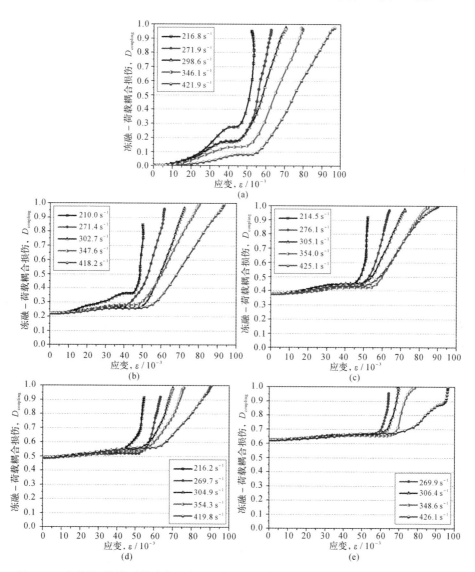

图 6.42   冻融循环损伤试样冲击压缩过程冻融-荷载耦合损伤演化曲线随应变率的变化规律

(a)0 F - T(饱水试样);(b)5 F - T;(c)10 F - T;(d)15 F - T;(e)25 F - T

由图 6.42 可见,应变率对红砂岩冲击压缩过程水热力耦合损伤演化曲线影响明显。随着应变率的升高,冻融损伤红砂岩损伤演化曲线峰前阶段增长逐渐变缓,峰值点处损伤值逐渐降低,峰后阶段水热力耦合损伤演化曲线增长速度减缓,应变范围增大,最终损伤值更接近于 1。随着冻融次数的增加,应变率升高对损伤演化曲线峰前阶段的影响程度逐渐降低,多于 10 次冻融循环后,不同应变率等级下红砂岩损伤演化曲线峰前阶段已经较为接近。

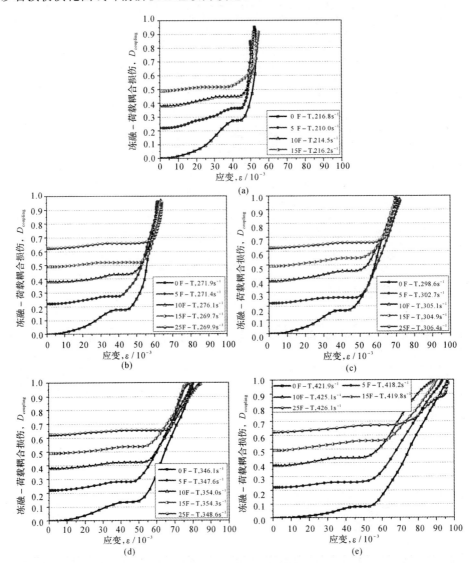

图 6.43 冻融损伤试样冲击压缩过程冻融－荷载耦合损伤演化曲线随冻融循环次数的变化规律

(a)$\dot{\varepsilon}=(213\pm5)\ s^{-1}$;(b)$\dot{\varepsilon}=(273\pm5)\ s^{-1}$;(c)$\dot{\varepsilon}=(303\pm5)\ s^{-1}$;

(d)$\dot{\varepsilon}=(350\pm5)\ s^{-1}$;(e)$\dot{\varepsilon}=(422\pm5)\ s^{-1}$

由图 6.43 可知,红砂岩水热力耦合损伤演化曲线受冻融次数的影响亦很显著。随着冻融次数的增加,红砂岩加载起始点水热耦合损伤值明显增大;峰前阶段损伤增长速率较缓,增长量减小;峰值点处损伤值升高,峰后阶段损伤值增长量减小。不同次数冻融循环作用后红砂岩试样在相同应变率等级下冲击压缩过程峰后阶段损伤演化曲线上升速率相似,最终损伤值也趋于一致。

由式(6.12),经受不同次数热冲击循环损伤的红砂岩试样在不同等级应变率作用下冲击压缩过程热冲击-荷载耦合损伤演化曲线如图 6.44 和图 6.45 所示。与冻融损伤试样相似,热冲击损伤红砂岩冲击压缩过程各阶段损伤演化特征各不相同。压密阶段损伤值增长缓慢,线弹性变形阶段损伤演化曲线基本保持水平,屈服阶段损伤值增速逐渐提升,破坏阶段水热力耦合损伤迅速升高直至接近于 1。总体来看,峰前阶段水热力耦合损伤增长较为缓慢,峰后破坏阶段增长迅速。

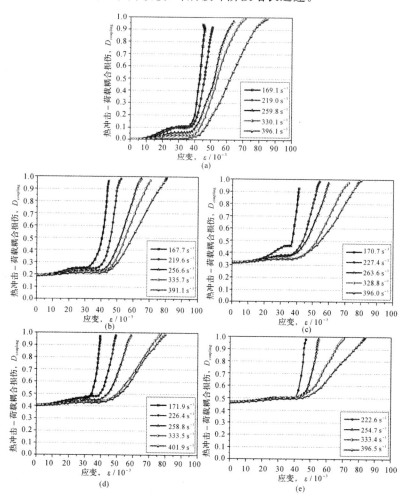

图 6.44　热冲击损伤试样冲击压缩过程热冲击-荷载耦合损伤演化曲线随应变率的变化规律
(a)0 TS(干燥试样);(b)10 TS;(c)20 TS;(d)30 TS;(e)40 TS

由图 6.44 可知,应变率对热冲击损伤红砂岩水热力耦合损伤演化曲线的影响规律与冻融损伤试样类似。随着应变率的升高,热冲击损伤红砂岩水热力耦合损伤演化曲线峰前阶段增长逐渐变缓,峰值点处损伤值降低,峰值点后阶段曲线增长速度减缓,最终损伤值更接近于 1。随着热冲击循环次数的增加,应变率升高对损伤演化曲线峰前阶段的影响程度逐渐降低,经受 30 次热冲击循环作用的红砂岩试样在不同应变率等级冲击压缩作用下峰前阶段损伤演化曲线已经较为接近。

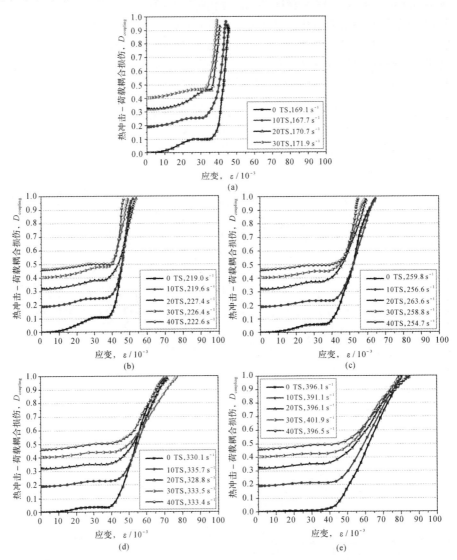

图 6.45　热冲击损伤试样冲击压缩过程热冲击-荷载耦合损伤演化曲线随循环次数的变化规律
(a)$\dot{\varepsilon} = (170 \pm 5)$ s^{-1};(b)$\dot{\varepsilon} = (224 \pm 5)$ s^{-1};(c)$\dot{\varepsilon} = (259 \pm 5)$ s^{-1};
(d)$\dot{\varepsilon} = (332 \pm 5)$ s^{-1};(e)$\dot{\varepsilon} = (396 \pm 5)$ s^{-1}

由图 6.45 可知,在相同应变率等级冲击压缩作用下,红砂岩试样水热力耦合损伤演化曲线受热冲击循环次数的影响亦很显著。随着热冲击循环次数的增加,红砂岩加载起始点水热耦合损伤值明显增大;峰前阶段损伤增长速率较缓,增长量减小;峰值点处损伤值升高,峰后阶段损伤值增长量减小。

6.7 小 结

本章分析了水热耦合损伤红砂岩静态及冲击压缩变形破坏过程总输入应变能、可释放弹性能和耗散能的演化规律。研究了红砂岩压缩变形破坏各阶段及各特征点能量特征指标受冻融或热冲击循环作用次数和应变率等级的影响规律。分别基于总输入应变能和耗散能分析了红砂岩冻融或热冲击循环损伤和荷载(力)损伤,并研究了其变形破坏过程中水热力耦合损伤演化机制。本章主要结论如下:

(1)水热耦合损伤和应变率对红砂岩受载过程能量演化影响显著。随着冻融或热冲击循环次数的增加,红砂岩在整个冲击压缩破坏过程的总输入应变能和总耗散能逐渐降低,可释放弹性能峰值也逐渐减小。对于经受相同次数冻融或热冲击循环损伤的红砂岩试样,随着应变率升高,整个冲击压缩破坏过程的总输入应变能和总耗散能明显上升,可释放弹性能峰值也大幅提升。

(2)水热耦合损伤红砂岩压缩变形破坏过程各阶段能量特征指标随应变率和冻融或热冲击循环次数的变化规律存在波动性,但就其峰值点(峰前阶段)及残余点(包含整个变形破坏过程)能量特征指标而言则规律性较为明显。随着应变率的提高,水热耦合损伤红砂岩冲击压缩峰值点弹性能逐渐增大,试样储存的可释放弹性能最大值提高;残余点总输入应变能和耗散能均单调增长,高应变率下冻融或热冲击损伤红砂岩冲击压缩破坏全过程所需的能量大幅增加。在相同应变率等级压缩荷载下,随着所经受冻融或热冲击循环次数的增加,红砂岩峰值点弹性能整体呈降低趋势,试样可释放弹性能的储存极限降低;残余点总输入应变能和耗散能均单调减小,红砂岩冲击压缩破坏全过程所需的能量逐渐减少。

(3)压缩变形破坏各阶段能量耗散率可以反映红砂岩在各阶段的损伤发展水平。压密阶段和屈服阶段能量耗散率大多在 0.5 左右,受冻融或热冲击循环次数和应变率影响不明显;线弹性变形阶段接近于 0,试样损伤发育不明显;破坏阶段能量耗散率均在 1.5 以上,且受应变率和冻融或热冲击循环次数影响较为明显。

(4)基于损伤试样与新鲜试样受压变形破坏所需的总输入应变能的关系定义了水热耦合损伤$(D_{F-T, TS})$,根据试验结果,$D_{F-T, TS}$随冻融或热冲击循环次数的变化规律可用指数函数表示。基于变形破坏过程任一时点试样耗散能累积量与整个变形破坏过程的总输入应变能的比值定义了荷载（力）损伤(D_M)，其值可根据试样变形破坏过程能量演化曲线求解。考虑二者的耦合作用，提出了红砂岩受压变形破坏的水热力耦合损伤演化模型，$D_{coupling} = D_{F\text{-}T,\,TS} + (1 - D_{F\text{-}T,\,TS})D_M$。

（5）水热耦合损伤红砂岩压缩破坏过程损伤演化规律受应变率等级和冻融、热冲击循环次数影响显著。随着应变率的升高，冻融或热冲击循环损伤红砂岩水热力耦合损伤演化曲线峰前阶段增长逐渐变缓，峰值处损伤值逐渐降低；峰后阶段增长速度同样减缓，应变范围增大，最终损伤值更接近于 1。在相同应变率等级冲击压缩作用下，随着冻融或热冲击循环次数的增加，红砂岩加载起始点水热耦合损伤值明显增大；峰前阶段损伤增长速率较缓，增长量减小；峰值点处损伤值升高，峰后阶段损伤值增长量减小。

第7章
岩石水热耦合损伤及应变率效应的细观机理分析

7.1 引　　言

前述各章节研究表明,不同荷载作用下水热耦合损伤红砂岩表现出复杂的宏观力学行为和规律。岩石是一种多相复合非均质材料,在不同的损伤环境中,其微细观结构会发生形式、程度不同的劣化,进而影响其宏观力学行为。

岩石是一种多尺度材料。作为一种典型的碎屑结构沉积岩,红砂岩细观尺度包含矿物颗粒、胶结状态、孔隙、原生裂纹等众多对岩石力学行为有重要影响的信息。本章以岩石的细观尺度作为切入点,利用扫描电镜(SEM)观测经受不同水热耦合损伤后的红砂岩试样表面形态和在不同荷载作用后的破坏断口形貌[210];采用 Image-Pro Plus(IPP)软件提取各损伤状态下红砂岩表面孔隙和不同荷载下断口裂隙的数量、面积、尺度等信息进行量化分析;研究红砂岩在冻融循环和热冲击循环条件下的水热耦合损伤细观机制和其动态破坏的应变率效应细观机理。

7.2　基于 SEM 的岩石损伤细观特征分析方法

7.2.1　扫描电镜(SEM)试验设备及原理

本书细观试验采用韩国库赛姆公司(COXEM,Korea)生产的 EM－30 高分辨率台式扫描电子显微镜,如图 7.1 所示。在 30 kV SE 加速电压下其分辨率可达 8.0 nm,放大范围为 20～100 000 倍。

该扫描电子显微镜使用二次电子探测器作为基础成像单元。测试时,电子束经加速后聚焦在样品表面,进行逐点逐行的光栅状扫描。高能电子束与样品物质交互作用产生的二次电子被探测器接收,放大并转换为电压信号,调制显像管的亮度。这样,就可以按顺序、成比例地把样品表面特征转换为图像信息[211]。

为避免因岩石样品的绝缘性导致的放电现象,在电镜扫描试验前常采用金属镀膜法对岩石样品进行导电处理。本书采用 ETD－800 型离子溅射仪,在电镜扫描前对试样进行离子溅射喷镀金,在其表面形成一层金属铂(Pt)的薄膜,形成导电回路,减少充放电效应。ETD-800型离子溅射仪如图7.2所示。

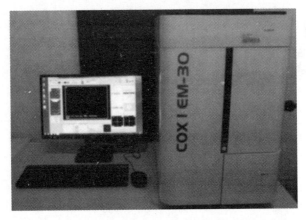

图7.1 COXEM EM-30高分辨率台式扫描电子显微镜

图7.2 ETD-800型离子溅射仪

7.2.2 电镜扫描试验

本书介绍的电镜扫描试验主要有两个目的,第一个是对经受不同水热耦合损伤作用后的红砂岩试样进行表面形貌观察和特征分析;第二个是对不同应变率荷载下水热耦合损伤红砂岩试样的破坏断口进行形貌观测和分析。

两类分析所需红砂岩样品的取样方法有所不同:对于表面形貌分析,制作20 mm×20 mm×8 mm的红砂岩薄片,随力学试验中所需的其他规格试样同时进行水热耦合损伤试验,直接用于电镜扫描分析;对于断口形貌分析,在不同荷载条件下的力学试验结束后,选取表面平整,未受污染,且尺度合适的碎块进行断口形貌观察和分析。

将选取的样品进行编号并进行表面清洁、干燥处理和表面离子溅射镀金处理。处理完毕后,将红砂岩样品粘贴于样品台上以保证不移动、不掉落。采用导电胶条进行粘贴,以增加样品和样品台之间的导电性,利于样品上产生的二次电子通过导电胶条传到样品台上,避免电子积累。

打开扫描电镜主控计算机,将粘贴有样品的样品台装入扫描仪样品室,抽真空至 10^{-4} Pa,选择 5 kV 作为加速电压。遵循先低倍率后高倍率的顺序进行图像扫描并保存。图像放大倍数可根据需要进行调整,综合考虑图像实际面积的大小和细部特征的清晰度需求,选定 300 倍为主要放大倍率以便于对比分析。其他倍率扫描视需要进行。

7.2.3　SEM 图像量化分析

IPP 软件具有强大的图像处理、增强和分析功能。本书借助 IPP 软件,对试样表面和断口 SEM 图像进行数字化处理,提取细观结构相关参数的量化信息,以对岩石破坏细观机理进行深入分析。

7.2.3.1　SEM 图像灰度分析

电镜扫描所获取的试样表面或断口形貌为灰度连续的图片,其图幅内不同像素点灰度值在 0 ～ 255 间连续变化。如图 7.3 所示,图 7.3(a)为在 IPP 软件中打开的一张 SEM 原始图片,利用 IPP 软件可自动分析其像素灰度分布,如图 7.3(b)所示。

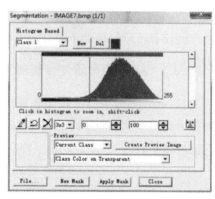

(a)　　　　　　　　　　　　　　　(b)

图 7.3　红砂岩 SEM 图像灰度分析

(a)原始 SEM 图片;(b)原始 SEM 图片灰度分布

由图 7.3 可见,在原始 SEM 图像中,颗粒的像素点较亮(灰度较高);孔隙的像素点较暗(灰度较低)。由于图 7.3 所示 SEM 图幅范围中孔隙较少,颗粒比例较高,因此灰度集中分布于 100 以上区间。

为分析矿物颗粒和孔隙临接处的灰度变化情况,在图 7.3(a)所示 SEM 图像中划定了一条经由"颗粒—孔隙—颗粒—孔隙—颗粒"的线,线上所标定的两条绿色短竖线为孔隙位置。分析沿该线(起点在左端)的灰度变化情况,如图 7.4 所示。

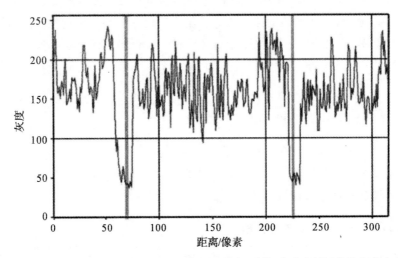

图 7.4 SEM 图像(见图 7.3(a))中沿"颗粒-孔隙-颗粒-孔隙-颗粒"线的灰度变化

由图 7.4 可见,沿"颗粒-孔隙-颗粒-孔隙-颗粒"一线,矿物颗粒处像素点灰度虽变化较大,但绝大多数灰度值分布在 120 以上;与之相比,所标定的两处孔隙(绿色竖线处)像素点灰度值均明显低于矿物颗粒处,灰度值集中分布在 50 附近;灰度曲线在颗粒与孔隙临接处下降和上升都非常陡直,变化明显。

7.2.3.2 SEM 图像阈值分割和二值化处理

为对 SEM 图像中的颗粒和孔隙信息进行数字化处理,需要采取一定的方法将图像中的颗粒和孔隙进行分离,即进行图像分割。通过图像分割,将 SEM 图像中孔隙区域提取出来,以进行孔隙特征分析。

采用灰度阈值法能够简单有效地对 SEM 灰度图像进行分割。由上文分析可知,由扫描电镜所获取的原始 SEM 灰度图片中,岩石矿物颗粒和孔隙像素点分布在完全不同的灰度区间。根据表征颗粒和孔隙像素的灰度分布区间,对于图 7.3(a)所示 SEM 原始灰度图像,设定灰度 $I = 100$ 为颗粒和孔隙的灰度阈值。位于

[0，100) 灰度区间内的区域认为是孔隙，位于 [100，255) 灰度区间内的区域认为是矿物颗粒。对于其他 SEM 灰度图像，灰度阈值的选择方法与此相同。

假定 SEM 图像各像素点为 (x,y)，则其原始灰度图像可表示为 $I(x,y)$。采用灰度阈值法进行分割，选取灰度 I_0 为阈值，则可将 $[0，I_0)$ 灰度区间内的区域认为是孔隙，位于 $[I_0，255)$ 灰度区间内的区域认为是矿物颗粒。由此可定义该灰度图像 $I(x,y)$ 对应的二值化图像 $I'(x,y)$ 为

$$I'(x,y)=\begin{cases}0\text{（全白，表示孔隙）}，& 0\leqslant I<I_0\\1\text{（全黑，表示颗粒）}，& I_0\leqslant I<255\end{cases} \tag{7.1}$$

SEM 原始灰度图像经过上述阈值法分割后，实质上成为一个只含有 0 和 1 这两个数值作为元素的矩阵图像。因此，这种分割方法又称为二值化分割。

通过阈值分割，图 7.3 所示 SEM 原始灰度图像转化为二值化图像，如图 7.5(a)所示，图中，黑色表示矿物颗粒，白色表示孔隙。利用 IPP 软件可自动分析其像素灰度分布，如图 7.5(b)所示。

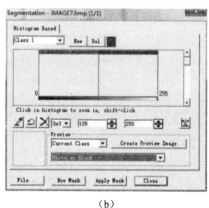

(a)   (b)

图 7.5　红砂岩 SEM 二值化图像

(a)二值化图像；(b)二值化图像灰度分布

7.2.3.3　孔隙特征信息提取

在二值化图像中，孔隙所代表的区域具有典型的特征，即为全白色，如图 7.5(a)所示。IPP 能够根据数字图像中对象的不同特征将图像中的内容相互归类并划分为不同区域或单元进行测量统计。利用 IPP 软件，对二值化图像中孔隙的长度（最大视直径）、宽度（垂直于最大视直径方向的最大距离）、面积等参数进行分析，并将统计结果表达为图表形式或自动形成相应的数据文件以供其他分析调用，如

图 7.6 所示。

在二值化图像中,除典型的孔隙部位为全白色外,还有众多的微小白点分布在矿物颗粒的表面(黑色区域)。这些微小白点一部分来自于矿物颗粒表面尺度更微细的孔隙,一部分是由于电镜扫描过程中环境干扰因素带来的噪点。在进行孔隙参数统计分析时,可根据面积参数对这类微细噪点进行筛除,如图 7.6(b)所示;筛除噪点后的孔隙计数和参数统计信息分别如图 7.6(a)和 7.6(c)所示。

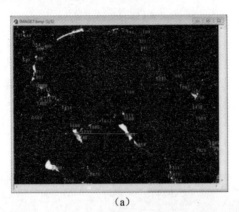

(a)

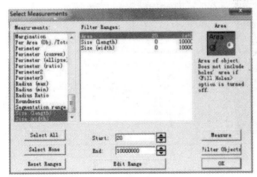

(b)　　　　　　　　　　　(c)

图 7.6　对 SEM 二值化图像进行孔隙信息提取

(a)孔隙计数;(b)统计参数选择;(c)参数统计结果

在本书 SEM 图像量化分析中,对任一种工况下(即相同水热耦合损伤状态和相同加载条件下)的红砂岩试样,均以放大倍率 300 倍扫描 100 个采样点,保存 100 张 SEM 图像。对每一张 SEM 图像进行二值化处理,利用 IPP 软件提取孔隙面积和尺度参数;统计分析该图幅范围内的孔隙数量、孔隙总面积、平均孔隙长度、最大孔隙长度、平均孔隙宽度、最大孔隙宽度等信息。对于任一工况下的红砂岩试样,取 100 张 SEM 图像相应参数的均值作为最终的孔隙参数值用于分析。

7.3 红砂岩细观结构特征

岩石的水热耦合损伤受外界水热场环境和内部矿物和孔隙结构的双重影响，分析岩石矿物和孔隙结构对研究岩石水热耦合损伤过程中的水-热-岩作用机理具有基础性意义。本节借助于 SEM 试验，对红砂岩细观结构进行分析。

7.3.1 整体结构

本书所研究对象——红砂岩是一种典型的沉积岩。如第 2 章所述，经 XRD 检测其矿物成分主要为，81％石英、10％斜长石、3％钾长石、3％方解石，还含有少量伊利石、绿泥石、赤铁矿。

归纳起来，沉积岩的整体结构主要有五种基本类型，如图 7.7 所示。其中，碎屑结构主要由较粗的矿物颗粒（砾、砂等）堆积而成，泥状结构主要由极细小的固态颗粒堆积形成，自生颗粒结构主要由一些自生矿物颗粒（如生物碎屑等）堆积形成，生物骨架结构主要由造礁生物原地生长繁殖形成，结晶结构主要由原地化学沉淀出的矿物晶体形成[212]。大多数沉积岩虽然在具体表现或成因上有许多变化，但其整体结构多属于这 5 种基本类型或其之间的过渡类型。

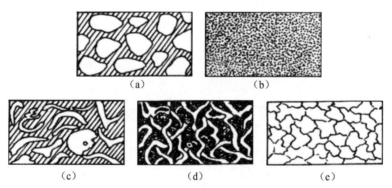

图 7.7　沉积岩结构的五种基本类型[212]
(a)碎屑结构；(b)泥状结构；(c)自生颗粒结构；(d)生物骨骼结构；(e)结晶结构

由形貌特征（见图 7.8(a)）和电镜扫描图像（见图 7.8(b)）可知，红砂岩试样属于典型的碎屑结构，由较大的矿物颗粒堆积而成。矿物颗粒之间的物质从沉积方式和时间上可分为两种，一种称为基质，是与大矿物颗粒大致同时沉积的碎小填隙物；一种称为胶结物，是在沉积作用过程中由孔隙水等作用沉积下来的矿物晶体。根据 XRD 矿物成分分析结果，该红砂岩矿物颗粒在成分上以石英为主，其次是长石；填隙物包括各种微细碎屑和化学沉淀物质，比如方解石、伊利石、绿泥石、赤铁矿等碳酸盐、硅质和铁质矿物。在矿物颗粒之间，填隙物未充填满的空间还有形态各异的孔隙。

(a)   (b)

图 7.8 红砂岩自然状态表面形态
(a)普通相机拍摄(×20);(b)SEM 图像(×300)

观察试样表面颜色和颗粒分布,该红砂岩质地均匀,颗粒形态和分布没有明显的方向性,未发现明显的层理构造。

7.3.2 矿物颗粒结构

由于自然状态下红砂岩矿物颗粒被填隙物粘连、覆盖,其尺度等信息难以准确观测。冻融等损伤条件能够导致明显的填隙物溶蚀、流失,而对矿物颗粒的影响则相对较小,能够较好地凸显矿物颗粒的外观信息,如图 7.9 所示。

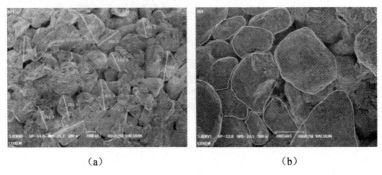

(a)   (b)

图 7.9 红砂岩矿物颗粒外观形貌观测（图(a)中粒径单位为 μm）
(a)粒度测量示意图(×100);(b)圆度观测示意图(×300)

在岩石矿物分析中,单个颗粒的粒度通常用它的最大视直径 d(见图 7.9(a))或 Φ 值在粒级划分标准中所处的位置来衡量。其中,Φ 可表示为

$$\Phi = -\mathrm{lb}d \tag{7.2}$$

式中,d 为最大视直径的毫米值。

在 SEM 分析中,通过对矿物颗粒粒度的统计分析,该红砂岩矿物颗粒最大视

直径分布在 0.1～0.4 mm 之间,其相应的 Φ 值位于 $(1.32, 3)$ 区间。根据自然粒级标准(见图 7.10),该红砂岩矿物颗粒主要粒级为中细砂级。

图 7.10　自然粒级标准[212]

观察红砂岩矿物颗粒的外轮廓形态(见图 7.9(b)),可以发现其矿物颗粒多成圆角多边形,表面较为光滑。根据目估结果,该红砂岩圆度等级为次圆状(中等)。

在进行红砂岩矿物颗粒粒度分析中还可以发现。与中细砂级矿物颗粒相比,该红砂岩基质颗粒非常碎小,其粒级多在细粉砂和泥级。这类基质颗粒具有很强的内聚性,相互吸附黏结并大量黏附在中细砂级矿物颗粒表面,与之共生,如图 7.11 所示。在不考虑基质颗粒的情况下,该红砂岩矿物颗粒大小较为均匀,分选度好。

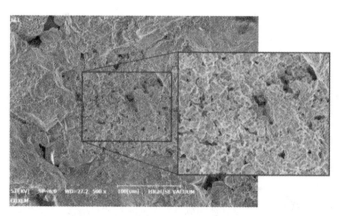

图 7.11　红砂岩基质颗粒(×1 000)(图中粒径单位为 μm)

颗粒支撑特征对压力作用下沉积岩内部应力分布有直接影响,进而影响沉积岩的力学行为。假设沉积岩内部基质和较大矿物颗粒大致均匀分布,则颗粒支撑特征与基质和较大颗粒的相对含量有关,主要包括三种基本类型(见图 7.12)。

由图 7.12 可知,红砂岩属于颗粒支撑类型,矿物颗粒含量较高(基质相对较少),颗粒格架基本由较大的矿物颗粒(中细砂级)直接堆垒搭接而成,所含的少量基质大多位于颗粒堆垒形成的粒间孔内。当红砂岩承受荷载时,该红砂岩所受压力多通过较大颗粒接触部位传递,颗粒其他部位和粒间孔内的基质承受的压力较小;在承受拉剪应力时与之不同。

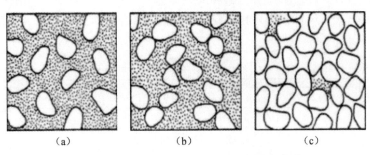

图 7.12　沉积岩结构的三种基本支撑类型[212]

(a)基质支撑;(b)过渡支撑;(c)颗粒支撑

7.3.3　颗粒接触和胶结特征

颗粒间接触对颗粒支撑型沉积岩影响很大。由于沉积岩生成过程中压实和压溶程度的不同,颗粒支撑型沉积岩颗粒间接触主要有点接触、面接触、凹凸接触、缝合线接触等类型。如图 7.13 所示,红砂岩颗粒间接触以面接触和凹凸接触为主,偶有点接触和缝合线接触。

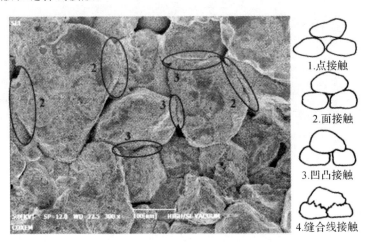

图 7.13　红砂岩颗粒间接触(×300)

在碎屑结构沉积岩中,彼此分立的矿物颗粒被胶结物通过胶结作用黏结在一起。红砂岩属于典型的颗粒支撑型沉积岩,其胶结类型多为孔隙式胶结,如图 7.14(a)所示。在冻融、热冲击等风化作用下,因大部分粒间空隙内的胶结物(基质)溶蚀流失,红砂岩原孔隙式胶结会退化成接触式胶结。这种情况下,胶结物多分布于颗粒接触点附近,粒间孔内部形成孔隙,如图 7.14(b)所示。

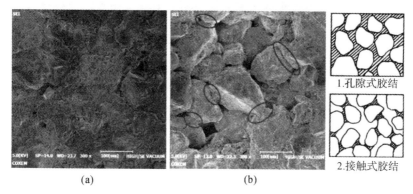

(a)   (b)

图 7.14 红砂岩胶结作用类型

（a）自然状态下典型的孔隙式胶结（×300）；（b）风化损伤后部分

孔隙式胶结退化为接触式胶结（红圈内）（×300）；（c）胶结类型示意图

受胶结时的物化条件影响，胶结物的结构多种多样。根据红砂岩试样的 SEM
分析结果，该红砂岩胶结物至少能辨识出镶嵌粒状结构、栉壳状结构、加大边结构
等多种类型，如图 7.15 所示。

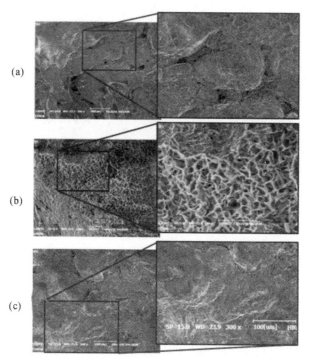

图 7.15 红砂岩胶结物的结构

（a）镶嵌粒状结构（×300）；（b）栉壳状结构（×1 000）；（c）加大边结构（×300）

图 7.15(a)中放大部分中部所示矿物颗粒边沿胶结物为镶嵌粒状结构。该类胶结物颗粒比较粗大,在一个粒间孔内常有多个胶结物颗粒彼此镶嵌。图 7.15(b)所示胶结物为栉壳状结构,胶结物呈片板状垂直于被胶结颗粒表面,貌似梳齿或草丛状生长。图 7.15(c)所示胶结物为加大边结构,多与被胶结颗粒的成分、晶格连续,类似于被胶结颗粒向着粒间孔隙生长。沉积学上常称此类胶结物为被胶结颗粒的加大边,根据能否从形态上清楚地区分胶结物与被胶结颗粒,可以分为有痕加大和无痕加大。

7.3.4　孔隙结构

沉积岩的孔隙结构特征主要包括其形状、尺度和分布特征,以及孔隙壁、孔隙内的基质、胶结物的特征。孔隙结构对其内部流体的行为影响很大,进而会显著影响岩石的风化特性。孔隙吼道是孔隙中截面较小的部位或者相邻接孔隙的连接处,对流体和微细颗粒运动具有控制作用。根据 SEM 图像,本书红砂岩细观结构存在多种形态的孔隙吼道,如图 7.16 所示。

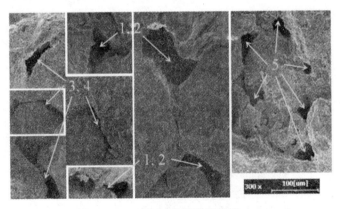

图 7.16　红砂岩的孔隙吼道
1—孔隙的缩小部分;2—可变断面的收缩部分;3—片状吼道;
4—弯片状吼道;5—管状吼道。其中,1 和 2,3 和 4,形态分别较为接近

观察该红砂岩孔隙内的基质或胶结物可以发现,其产状大概分为三种类型,如图 7.17 所示。在该红砂岩中,微细矿物颗粒,比如绿泥石、伊利石等黏土矿物或在孔隙中分散分布,或附着于较大矿物颗粒表面呈薄层状分布;附着于相对孔隙壁的微细矿物还可能延伸生长相互搭接,将连通的较大孔隙分割为大量尺度更小的微孔隙。不同的产状对流体的阻隔作用是完全不用的,一般来讲,搭桥状的阻隔作用最大,其次为分散状,再次为薄层状。

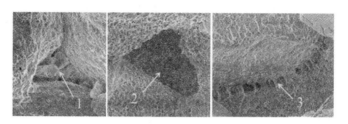

图 7.17　红砂岩孔隙内的胶结物（基质）产状
1—分散状（充填式）；2—薄层状（衬垫式）；3—搭桥状

7.4　红砂岩水热耦合损伤细观机制

通过分析经受不同次数冻融或热冲击循环作用后红砂岩试样的表面细观形貌变化，利用 IPP 软件提取不同水热耦合损伤作用后红砂岩孔隙结构的细观特征，分析其尺度、面积等参数变化，以进一步研究红砂岩的水热耦合损伤机理。

7.4.1　冻融/热冲击损伤红砂岩表面细观形貌

分别对经受不同次数冻融循环或热冲击循环后的红砂岩试样进行 SEM 扫描，观察其表面形貌特征。

图 7.18 所示分别为经受 0 次、5 次、10 次、15 次、25 次冻融损伤的红砂岩试样典型的表面细观形态。可以发现，随着冻融次数的增加，红砂岩表面出现了一系列规律性的变化。未受冻融的试样表面颗粒间胶结紧密，基质分布均匀密实。5 次冻融循环后，部分邻接颗粒间、颗粒与孔隙基质间出现沿颗粒边沿的裂隙；孔隙有所增加。10 次冻融循环后，孔隙内基质大量流失，颗粒边界逐渐变得清晰，出现较大溶蚀性孔隙；部分较弱矿物颗粒出现裂缝。15 次冻融循环后，较大的矿物颗粒边角处出现破裂；孔隙进一步增大，基质矿物流失加剧；矿物颗粒表面变得较为光滑。25 次冻融循环后，较大的矿物颗粒破碎情况增多，矿物颗粒间接触变弱，有分离迹象；孔隙内基质流失严重，孔隙变大，连通性增强。

图 7.19 所示分别为经受 0 次、10 次、20 次、30 次、40 次热冲击损伤的红砂岩试样典型的表面细观形态。由图可知，随着热冲击次数的增加，红砂岩表面细观形貌不断变化。未受热冲击的试样表面颗粒间胶结紧密，孔隙发育不明显。10 次热冲击后，红砂岩孔隙内基质中出现许多小孔，呈分散状分布。20 次热冲击后，红砂岩颗粒表面胶结物出现剥落现象，矿物颗粒和基质间出现裂隙。30 次热冲击后，矿物颗粒表面逐渐变得光滑，颗粒边界明显，孔隙增大。40 次热冲击后，孔隙进一步增大，孔深增加，矿物颗粒间松动现象明显。

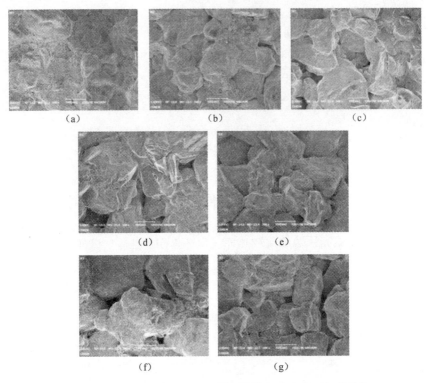

图 7.18　不同次数冻融(F-T)循环损伤红砂岩表面细观形貌

(a)0 F-T;(b)5 F-T;(c)10 F-T;(d)15 F-T;(e)25 F-T

图 7.19　不同次数热冲击(TS)循环损伤红砂岩表面细观形貌

(a)0 TS;(b)10 TS;(c)20 TS;(d)30 TS;(e)40 TS

归纳发现,冻融及热冲击循环这两种典型的水热耦合损伤环境对红砂岩细观结构的损伤作用有一定的共性,均在一定程度上改变了红砂岩的细观结构特征:

(1)改变了颗粒接触和胶结特征。新鲜状态下红砂岩矿物颗粒间接触以面接触和凹凸接触为主,在经受损伤后接触逐渐开始松动。部分颗粒间胶结由孔隙式胶结逐渐退化为接触式胶结。

(2)胶结物结构明显变化。镶嵌粒状结构胶结物溶蚀、流失严重;栉壳状结构胶结物部分发生剥离、脱落;加大边结构胶结物剥落明显,部分相邻接颗粒的加大边结构相互断裂、分离。

(3)孔隙特征发生变化。孔隙数量增多,尺度变大,这与总孔隙率测试结果相符。吼道尺寸变大,连通性增强,这与有效孔隙率测试结果相符。

(4)孔隙内基质明显变化。分散式分布的基质,特别是当基质颗粒较小时流失严重;薄层状分布基质在多次循环损伤作用后会从孔隙壁(矿物颗粒表面)剥离脱落;搭桥状基质在循环损伤过程中普遍撕裂,甚至溶蚀流失。

7.4.2 冻融/热冲击损伤红砂岩细观孔隙特征

7.4.2.1 孔隙数量和孔隙面积

由电镜扫描试验获取的 300 倍率 SEM 图像图幅对应的试样真实尺寸范围为 640 $\mu m \times 480\ \mu m$。根据 IPP 软件提取的 SEM 图像孔隙参数信息,经受不同次数冻融或热冲击循环损伤后的红砂岩试样,平均每 640 $\mu m \times 480\ \mu m$ 范围内的孔隙数量和孔隙面积如图 7.20 所示。

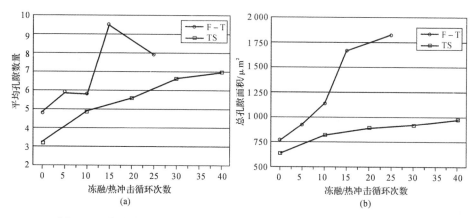

图 7.20 冻融或热冲击循环损伤后红砂岩试样表面孔隙数量及面积变化

(a)孔隙总数量;(b)孔隙总面积(μm^2)

由图 7.20 可知,随着冻融次数的增加,红砂岩试样表面孔隙数量整体均呈波动变化,总孔隙面积呈单调增长趋势,其中在 15～25 个冻融循环期间增长最为迅速。对比孔隙数量和孔隙面积的不同变化规律可以发现,红砂岩在冻融循环的不同阶段孔隙生成和发育贯通的规律不同。在前 5 个冻融循环周期内,红砂岩孔隙数量增加,孔隙面积随之而增加;5～10 个冻融循环周期内,新孔隙仍在产生,但由于孔隙不断发育贯通导致面积继续增长,但总数量变化不大;10～15 个冻融循环周期对红砂岩的损伤最为显著,孔隙数量和总面积均大幅提高;15～25 个冻融循环周期内,孔隙间连通性进一步增强,孔隙数量减小但总面积仍有所增加。

与冻融循环损伤相比,热冲击循环损伤对红砂岩孔隙特征的影响有一定不同。由 7.20 可知,随着热冲击循环次数的增加,红砂岩表面孔隙数量和面积均保持单调增长趋势,增长速度也都随着循环次数的增加逐渐减缓。相比而言,随着热冲击循环次数的增加,红砂岩表面孔隙数量的增长速率和增长幅度高于孔隙面积。

7.4.2.2 孔隙尺度

同样根据 IPP 软件提取的 SEM 图像孔隙参数信息,经受不同次数冻融或热冲击循环损伤后的红砂岩试样,平均每 640 $\mu m \times 480$ μm 范围内的孔隙平均长度和最大长度如图 7.21(a)所示;平均宽度和最大宽度如图 7.21(b)所示。

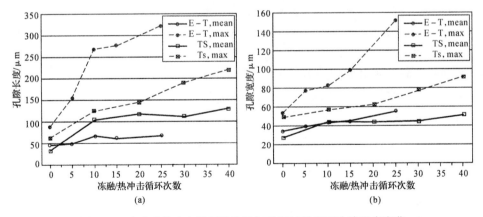

图 7.21 冻融或热冲击循环损伤后红砂岩试样表面孔隙尺度变化
(a)孔隙长度(μm);(b)孔隙宽度(μm)

由图 7.21 可见,对于冻融循环损伤红砂岩试样,随着冻融循环次数的增加,平均孔隙长度和平均孔隙宽度增长幅度均较小,而最大孔隙长度和最大孔隙宽度增长迅速。说明随着冻融循环的增加,孔隙不断发育并相互贯通导致最大孔隙尺度增长迅速;同时新的微小孔隙不断产生导致孔隙的平均尺度增长不明显。

对于热冲击循环损伤红砂岩试样。在 0～20 个热冲击循环周期内,孔隙尺度平均值和最大值随热冲击循环次数的增长规律较为接近,在 20 ～ 40 个热冲击循环周期内,孔隙尺度最大值随热冲击循环次数变化的增速比平均值要快。与冻融损伤红砂岩相比,热冲击循环损伤红砂岩试样孔隙尺度平均值和最大值的差别要小很多。这说明热冲击循环损伤对红砂岩孔隙连通性的改变幅度比冻融循环损伤要小,这与从孔隙数量和面积的分析得出的结果相同。

另外,整体上讲,冻融循环损伤红砂岩的平均孔隙长度比热冲击循环损伤红砂岩要短,但平均孔隙宽度与热冲击循环损伤红砂岩相比略宽。这也说明冻融和热冲击对红砂岩孔隙形态的不同影响。

7.4.3 红砂岩冻融/热冲击过程中的水热岩耦合作用

岩石冻融 / 热冲击损伤过程是岩石介质中水(包括冰和汽)、热(温度)、力三场相互作用的复杂过程。在这个过程中,如果将含水岩石作为系统,那么热(温度变化)就是该耦合损伤的外界原始驱动力。岩石的冻融损伤和热冲击损伤具体过程有诸多不同,但就在这一过程中岩石的水热耦合损伤机理而言,均至少包括以下三种作用机制:水岩相互作用[213]、热应力和水相变作用。

7.4.3.1 水岩相互作用

水是工程岩石的重要赋存环境,水岩相互作用过程实质就是水和岩体间不断地发生物理、化学和力学作用并对岩体产生影响的过程[214]。考虑到水对岩石的重要影响,本书在设计水热耦合损伤试验时,均采用饱水试样进行,在冻融循环试验的融化阶段和热冲击循环试验的冷却阶段,均采取水中浸泡的方法,并保证一定的恒温浸泡时间以提高后续试验试样中的含水量。在不考虑水相变的情况下,该过程中水岩相互作用主要包括吸附、润滑、软化、泥化、湿胀、渗透变形等物理过程,溶解、水解、水化等化学过程,水压力、动水压力等力学作用过程,均会对岩石状态造成不同程度的影响[215]。

1. 物理作用——浸润机制

本书所研究对象——红砂岩——是一种典型的沉积岩,经 XRD 检测其矿物成分中含有伊利石、绿泥石、赤铁矿等多种黏土矿物。如 7.3.2 节中所述,这些黏土矿物大多颗粒细小,具有很强的内聚性,相互吸附并大量黏附在中细砂级矿物颗粒表面,形成基质或胶结物与之共生,对岩石的黏聚力和摩擦力的形成具有重要作用。如图 7.22 所示,中细砂级矿物颗粒与孔隙内黏土矿物聚集体间存在彼此约束作用,处于一种长期沉积作用形成的平衡态中。

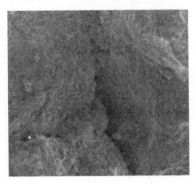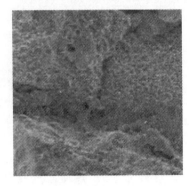

图 7.22　孔隙间黏土矿物聚合体示意图

这类黏土矿物的亲水性一般较强。受毛细管力作用、表面水化作用及渗透水化作用的影响,这类黏土矿物大多具有水化膨胀特性[216]。当黏土矿物聚集体吸水膨胀(见图 7.23)时,不仅体积膨胀产生对中细砂级矿物颗粒的压力,而且黏土矿物的方向性也会发生变化,导致原有的平衡态被打破。水分子及水化离子充斥在黏土矿物聚集体间,使其相互间内聚力减弱,相互更易发生滑移,导致红砂岩矿物颗粒间的胶结作用弱化。

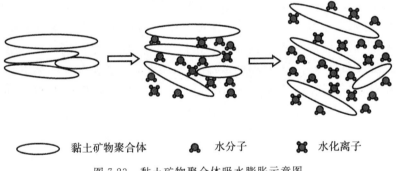

黏土矿物聚合体　　　水分子　　　水化离子

图 7.23　黏土矿物聚合体吸水膨胀示意图

2. 化学作用——溶蚀机制

根据 XRD 检测结果,红砂岩含有多种次稳定或不稳定矿物。水是一种天然的良好溶剂,由于矿物颗粒周围离子浓度远大于自由水中的相应离子浓度,不稳定矿物存在向周围溶液中扩散的较大热力学势。根据该红砂岩所含的矿物成分,含水红砂岩中存在的化学变化主要有长石、伊利石等硅酸盐矿物的水解;长石、方解石等矿物的碳酸盐或重碳酸盐化;石英等难溶矿物的胶体分散;亲水矿物的水合反应等,其化学反应表达式如表 7.1 所示。

表 7.1　红砂岩矿物与水发生的部分化学反应表达式

矿物名称	反应类型	反应式
石英	胶体分散	$SiO_2 + Al_2O_3 + H_2O \rightarrow [mSiO_2 \cdot 2H_2O \cdot nSiO_3^{2-}]^{x-} +$ $[mAl(OH)_3 \cdot nAl(OH)_2^+]^{x+}$
斜长石	水解	$(Na,Ca)[AlSi_3O_8] + Mg^{2+} + H^+ + OH^- \rightarrow$ $(Ca,Al,Mg)[Si_4O_{10}](OH)_2 \cdot nH_2O + H_4SiO_4 + K^+$
钾长石	水解	$K[AlSi_3O_8] + H^+ + OH^- \rightarrow Al_4Si_4O_{10}(OH)_8 + H_4SiO_4 + K^+$；$K[AlSi_3O_8] + H^+ + OH^- \rightarrow KAl_2Si_4O_{10}(OH)_2 \cdot nH_2O + H_4SiO_4 + K^+$
斜长石（钙）	碳酸盐化	$CaAl_2Si_2O_8 + CO_2 + H_2O \rightarrow CaCO_3 + Al_2Si_2O_5(OH)_4$
方解石	重碳酸盐化	$CaCO_3 + CO_2 + H_2O \rightarrow Ca(HCO_3)_2$
赤铁矿	水合	$Fe_2O_3 + H_2O \rightarrow Fe_2O_3 \cdot 3H_2O$

由上述分析可知,在水岩化学腐烛作用下,岩石矿物与水溶液间持续发生物质交换,产生更易于劣化分解或更易溶的成分,使得岩石矿物逐渐变得松散脆弱。岩石矿物与水的浸润性促使了此类反应的发生;冻融、热冲击过程中水溶液的不断运动促使了溶液中离子的迁移,保证了溶液与矿物表面的离子势,从而使得反应持续进行。在这一热力学过程中,岩石微细观结构发生持续的损伤劣化,其细观结构变化主要表现在孔隙内矿物溶蚀流失,孔隙增大,孔隙壁变得光滑;矿物颗粒间胶结减弱,颗粒边界变得明显。

7.4.3.2　热应力

引起热应力的基本条件是约束作用下的温度变化,其约束条件可以是外部变形的约束、相互变形的约束或者是内部各区域间的变形约束[217]。岩石是由多种矿物组成的复杂非均质体,不同矿物热力学特性的差异导致岩石在受热作用下内部结构发生不协调变形,从而产生热应力。受外界温度变化范围、变化速率、持续时间、循环次数和内部试样结构、矿物成分、颗粒尺度、孔隙发育情况等的复杂影响,岩石的热应力损伤主要有两种形式:热疲劳(Thermal Fatigue, TF)和热冲击(Thermal Shock, TS)[4]。

1. 冻融/热冲击循环试验中试样温度变化情况

温度变化是岩石热应力损伤的原始驱动力。红砂岩水热耦合损伤试验中,根

据温度传感器量测结果,冻融和热冲击循环试验过程中的温度变化情况分别如图
7.24 和图 7.25 所示。

如图 7.24(a)所示,冻融循环试验中,冷却冻结阶段温度由 20℃降到−20℃,
用时 100 min,平均降温速率为 0.4 ℃/min;加热融化阶段温度由 −20℃升至
20℃,用时 50 min,平均升温速率为 0.8 ℃/min。如图 7.24(b)所示,冻融过程中
冷却降温阶段和加热升温阶段温度变化速率并不均匀,随着温度接近预设温度等
级,温度变化速率逐渐减缓。在冷却冻结阶段,降温速率快于−1 ℃/min 的时间约
为 10 min,冷却的起始阶段降温速率峰值达到−1.4 ℃/min;在加热融化阶段,升温
速率高于 1 ℃/min 的时间约为 17 min,高于 2 ℃/min 的时间约为 6 min,加热的起
始阶段升温速率峰值达到 2.9 ℃/min。

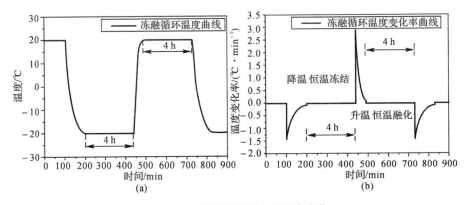

图 7.24 冻融循环试验中的温度变化
(a)温度-时间曲线;(b)温度变化率-时间曲线

热冲击循环试验中温度变化速率则更高。如图 7.25(a)所示,热冲击循环试验
中,加热阶段温度由 20℃升至 200℃,用时 120 min,平均升温速率为1.5 ℃/min;
冷却阶段温度由 200℃降到 20℃,用时 80 min,平均降温速率为 2.25 ℃/min。如
图 7.25(b)所示,在加热阶段,升温速率高于 1 ℃/min 的时间约为 55 min,高于
2 ℃/min的时间约为 33 min,加热的起始阶段升温速率峰值达到 5.7 ℃/min;在冷
却阶段,降温速率快于−1 ℃/min 的时间约为36 min,快于−2 ℃/min 的时间约
为 26 min,冷却的起始阶段降温速率峰值达到−12.7 ℃/min。

2. 热疲劳

岩石是一种多矿物复杂材料,当温度反复变化时,各矿物间热膨胀系数和导热
率等热力学特性的差异和温度梯度共同作用,会在岩石矿物间产生热应力。当热
应力超过岩石矿物弹性极限时,矿物产生难以恢复的塑性变形,导致局部损伤,破
坏矿物间的连续性,这种损伤叫作热疲劳损伤[218-219]。由于矿物间热变形的不协
调,热应力总是在矿物颗粒边缘集中,在反复温度变化下,矿物边界处不断产生热

应力,并最终导致沿矿物颗粒边界的疲劳破裂[220],进而会影响岩石孔隙的大小和分布[221]。孔隙的发育和生长会改变矿物颗粒的约束状态,使热应力重新分布,并在一定程度缓解试样的进一步热疲劳损伤[222](仅从热疲劳角度考虑)。诸多研究[148,223]表明,热疲劳损伤更倾向于沿岩石内部的薄弱部位(如矿物边界)和初始损伤区(如原始微裂缝)产生,难以产生新的破坏面。

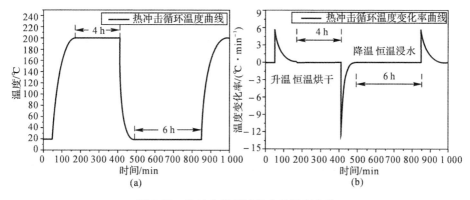

图 7.25　热冲击循环试验中的温度变化
(a)温度-时间曲线;(b)温度变化率-时间曲线

此外,由于石英矿物的导热率和热膨胀率很高,而且随矿物轴的不同存在较大的变化[224],石英含量的提高对岩石热破裂影响很大,会大大促使热疲劳损伤的发生[222]。红砂岩石英含量很高(81%),使得红砂岩在温度反复变化情况下更易于发生热疲劳损伤。

图 7.26 所示是冻融和热冲击循环过程中红砂岩试样热疲劳损伤的典型破裂形态。裂隙沿矿物颗粒边界曲折发育,裂隙壁毛糙不光滑,为典型的冷却过程中矿物收缩产生的张拉热应力所致。

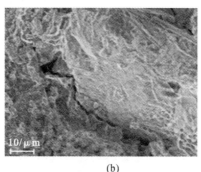

(a)　　　　　　　　　　　(b)

图 7.26　红砂岩热疲劳损伤的典型破裂形态
(a)冻融循环;(b)热冲击循环

3. 热冲击

当传热足够迅速或者温度变化足够快时,热应力还可能会引发脆性材料内部发生突然的破裂,导致材料强度突然降低,这种现象叫作热冲击[218, 225]。与热疲劳致裂不同的是,热冲击不仅会导致沿初始薄弱部位或原生微裂隙的破裂,还会产生与原生裂隙无关的新破裂。这种热冲击导致的新裂隙很大程度上与试样的薄弱部位和原生裂隙位置无关。对碎屑结构沉积岩而言,热冲击和热疲劳较为典型的区别是,热冲击既能够沿矿物颗粒边界产生破裂,也能够产生切断矿物颗粒的破裂[226-227],如图 7.27 所示。图中为典型的冻融和热冲击循环过程中红砂岩试样热冲击损伤的典型破裂形态。温度急剧变化在矿物颗粒内产生破裂,受周围约束的作用,在矿物颗粒的临空面附近产生脆性破裂,破裂面光滑呈刀切状。

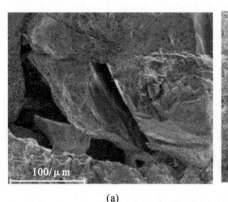 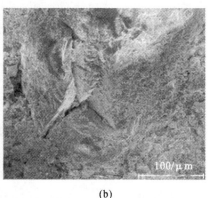

(a)　　　　　　　　　　　　　　　(b)

图 7.27　红砂岩热冲击损伤的典型破裂形态
(a)冻融循环;(b)热冲击循环

较高的温度变化速率是热冲击损伤发生的必要条件。一般来讲,当温度变化速率高于大约 2 ℃/min 时,岩石易于发生热冲击损伤,但具体数值与岩石种类相关[148]。除温度变化速率外,温度变化所持续的时间也是热冲击损伤的重要影响因素。有研究表明短时间(持续<1 min)内速率约为 2℃/min 的温度变化对岩石的损伤并不明显[228-231]。由上文中对冻融循环和热冲击循环试验中温度变化情况的分析可知,本书所设置冻融循环和热冲击循环试验温度变化率能够满足岩石产生热冲击损伤的条件,特别是在热冲击循环试验中,加热和冷却阶段温度变化速率快,且持续时间长。从试样细观破裂形态(见图 7.27)判断,冻融和热冲击损伤红砂岩均发生了明显的热冲击致裂。

由上述分析可知,热应力损伤的两种形式(热疲劳和热冲击)间的重要区别在于两点:其一,热冲击损伤的发生是瞬时的(在持续一定时间的温度急剧变化后),

而热疲劳损伤的发生是需要温度变化反复作用和累积的;其二,热冲击能够跨越岩石固有裂隙或薄弱带,切断结晶体和层理产生破裂,而热疲劳一般只能沿着结晶体边沿和固有裂隙、薄弱带和层理产生破裂。在冻融循环和热冲击循环试验中,这两种热应力损伤形式是同时存在的。

7.4.3.3 水相变作用

水有固(冰)、液(液态水)、气(汽)三种状态,在一定的温度和压力条件下,水可以发生相变。由于相变总是向着化学势较低的一方进行,因此液态水、冰、汽三相之间化学势的相对大小决定了相变进行的方向[232]。

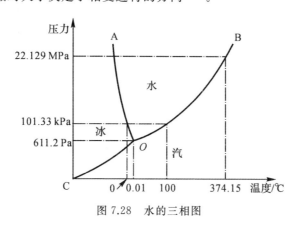

图 7.28   水的三相图

如图 7.28 所示,假设某一参考状态为水的三相点(O 点),该点状态为(T_0,P_0),在该状态下液态水、冰、汽的化学势分别为 μ_w^0,μ_i^0,μ_s^0。则在某一时点,液态水、冰、汽的状态分别为(T_w,P_w),(T_i,P_i),(T_s,P_s),此时液态水、冰、汽的化学势分别为

$$\left.\begin{array}{l}\mu_w=\mu_w^0-s_w\mathrm{d}T_w+v_w\mathrm{d}P_w\\\mu_i=\mu_i^0-s_i\mathrm{d}T_i+v_i\mathrm{d}P_i\\\mu_s=\mu_s^0-s_s\mathrm{d}T_s+v_s\mathrm{d}P_s\end{array}\right\} \tag{7.3}$$

式中,$\mathrm{d}T_{w,i,s}=T_{w,i,s}-T_0$,$\mathrm{d}P_{w,i,s}=P_{w,i,s}-P_0$ 分别为两个状态间液态水、冰、汽的温度差和压力差;$s_{w,i,s}$,$v_{w,i,s}$ 分别为液态水、冰、汽的比熵和比容。

由式(7.3)可知,在冻融循环条件下,温度的改变打破了原有的相平衡,水在液态水-冰两相之间发生相变,向新的相平衡发展。与之类似,在热冲击循环过程中,水在液态水-汽两相之间发生相变,也向新的相平衡发展。由相图(见图 7.28)可知,由于温度状态的改变,新的相平衡形成过程中压力状态必然随之发生变化。温度-压力的变化导致岩石内部应力场发生改变,进而造成岩石的损伤。

1. 冻融循环中的水-冰相变

冻融循环过程中,岩石中的水反复发生冻结-融化。水在液态水-冰两相之间反复发生相变,相平衡不断被打破和重新形成(新的)。

通常来讲岩石的冻胀损伤是多种机制共同作用的结果,包括体积膨胀作用、水压作用、分凝冰作用、毛细管作用、结晶压作用等。在冻融循环的不同阶段,具体某种机制为主导或被抑制受岩石孔隙结构和冻融条件的不同影响[18]。

红砂岩孔隙结构可大概描述为图 7.29 所示几类。孔径的大小对孔隙中水的冰点有直接影响。一般认为,在介孔(孔径位于 $0.1 \sim 1\,000\ \mu m$)特别是微孔(孔径小于 $0.1\ \mu m$)范围内,孔隙中水的冰点随孔径减小而降低。

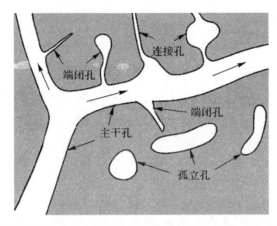

图 7.29 根据孔隙的连通性划分的砂岩的孔隙类型(根据贾海梁等人[18]所作图重绘)

冻结开始后,孔径较大的主干孔内的水开始结冰,体积膨胀。受饱水度和主干孔的开放性影响,这一阶段难以形成较大的冻胀力。随着冻结的发展,主干孔内的冰会封闭端闭孔向主干孔的开孔,形成密闭空间。随着端闭孔内水逐渐冻结,孔内未冻水受到挤压而产生水压致裂作用[233],同时,冰结晶过程中冰晶体的生长还会产生"冰楔作用"直接导致岩石破坏,如图 7.30 所示。由于孤立孔的相对封闭性,孤立孔内水的冻胀作用主要与其孔内的饱水度有关。由于水冻结后体积膨胀约 9%,因此,当封闭孔内初始饱水度大于 91% 时,将会产生较大的冰压力,使孤立孔壁受胀裂生长,甚至与其他孔发生连通。

如果次级孔(见图 7.30 中的端闭孔)的孔径很小,当冰由大孔进入小孔时还会由于毛细作用而引起附加压力,也是导致岩石损伤的重要原因,如图 7.31 所示。

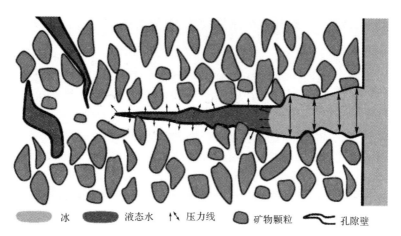

图 7.30 端闭孔内孔隙水冻结导致岩石破坏示意图

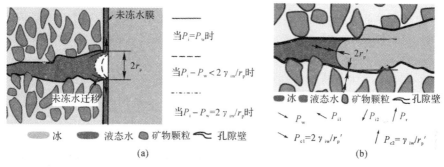

图 7.31 毛细作用下的冻结
(a)由大孔开始向毛细孔冻结;(b)毛细孔内冻结

由图 7.31(a)所示,假设初始时刻水-冰体系处于相平衡状态,由式(7.3)可知此时 $\mu_i = \mu_w$,$T_i = T_w$,$P_i = P_w$。根据毛细管理论[234],当大孔中温度继续降低时会导致 $\mu_i < \mu_w$,相变向水冻结方向进行,此时毛细孔内的水沿未冻水膜向大孔内迁移[235]并逐渐冻结,导致大孔隙内压力逐渐升高,当大孔隙内冰压达到式(7.4)时,冰将进入毛细管内生长(如图 7.31(a)中点画线弧所示)。

$$P_i = P_w + 2\gamma_{iw}/r_p \tag{7.4}$$

式中,γ_{iw} 为冰、水间界面能;r_p 为该处毛细管半径。

在这个过程中,由冰进入毛细管引起的压力差为

$$\Delta P = P_i - P_w = 2\gamma_{iw}/r_p \tag{7.5}$$

如果该压力差超过岩石的抗拉强度,将会在此处产生受拉破坏。

受毛细管作用,冰进入毛细管以后,冰-水界面呈半球状,如图 7.31(b)所示。对冰-水界面和冰-孔壁界面进行受力平衡可知

$$P_{i1} = P_w + 2\gamma_{iw}/r_p{}'$$
$$P_{i2} = P_r + \gamma_{ir}/r_p{}' \tag{7.6}$$

式中，P_{i1}，P_{i2} 分别为冰-水界面和冰-孔壁界面的冰压力；γ_{iw}，γ_{ir} 分别为冰-水间和冰-孔壁间的界面能；$r_p{}'$ 为该处毛细管半径；P_r 为结晶压，是由结晶体各方向曲率半径不同引起的。由于冰内部压力平衡[236]，即 $P_{i1}=P_{i2}$，可得结晶压为

$$P_r = P_w + 2\gamma_{iw}/r_p{}' - \gamma_{ir}/r_p{}' \tag{7.7}$$

如果该结晶压超过岩石的抗拉强度，此处也会产生受拉破坏。

在上述多种机制共同作用下，裂隙在持续的水-冰相变中不断发育，孔径增长，不断延伸并相互贯通。受冻胀损伤的岩石孔隙性增强，吸水性更高，在反复的冻融循环过程中，裂隙不断得到水的供应并不断冻胀发育、连通，最终形成宏观破裂，导致岩石发生严重的冻融循环损伤。

值得注意的是随着冻融循环的进行，岩石内部裂隙在各种机制耦合作用下不断生长发育，孔径变大，孔隙变长，连通性增强。这种变化在某种意义上也会抑制冻胀损伤的发展速率。这主要是由于前阶段冻胀导致孔径增大，抑制了毛细管作用，孔隙连通性的增强使得孔隙中冰的生长驱动未冻水运动，降低了体积膨胀带来的压力。在试验中所获取的红砂岩诸多物理力学参数随冻融循环次数的增加均不断劣化，但劣化速率普遍有所减缓，这应该与上述原因有关。

2. 热冲击循环中的水-汽相变

热冲击循环过程中，水的汽化主要发生在两个阶段：在加热过程中，岩石内部孔隙水的汽化；在浸水冷却初期，常温水遇到高温岩石发生汽化。由于后一种汽化发生在试样外部，产生的饱和蒸汽压会以气泡的形式随时从水中溢出，这一过程对试样没有明显的相变损伤作用（但骤冷过程有明显的热冲击应力损伤），因此，在此主要分析前一种水-汽相变作用，即加热过程中岩石内部孔隙水的汽化。

加热过程中，孔隙水发生汽化。连通型孔隙由于其开放性，较难以形成一定的水或蒸汽压力；对于封闭型孔隙，在孔隙可承受的压力极限范围内，孔隙内的水（汽）压力主要取决于蒸汽的热力学性质和温度的变化情况。随着温度的升高，孔隙压随着孔隙水的汽化进程而改变：当孔隙内水、汽共存时，蒸汽处于饱和状态，孔隙压取决于蒸汽的热力学性质；当孔隙内只有蒸汽时，孔隙压取决于蒸汽的气体行为；当孔隙内只有水时，孔隙压取决于孔隙水的热膨胀性。

在水-汽共存状态，根据克拉佩龙方程（Clapeyron equation）[237]，孔隙内饱和蒸汽压随温度的升高迅速上升，即

$$p_{sat} = p_1 e^{C\cdot\left(\frac{1}{T_1} - \frac{1}{T_{sat}}\right)} \tag{7.8}$$

式中，(p_1, T_1) 为初始压力、温度条件，该条件和孔隙内的初始饱和度有关；(p_{sat}, T_{sat}) 为饱和蒸汽压力、温度条件；C 为与温度无关的常数，可按下式计算：

$$C = \frac{H}{ZR} \tag{7.9}$$

式中，H 为汽化热；R 为理想气体常数；Z 为气体压缩因子，对饱和蒸汽 $Z = 1 -$

$0.03p$（p 为压力，单位为 MPa）。

当温度升高达到饱和状态时继续加热，孔隙压力增长将受孔隙内的初始饱水度影响。当初始饱水度较小（$S_{L,0} < 0.318^{[210]}$）时，达到饱和蒸汽压（p_{sat}）后温度继续升高将会生成过饱和蒸汽，根据气体方程（见式(7.10)），此时气体增长缓慢。

$$p_S = p_{fsat} \frac{Z_S T_S}{Z_{fsat} T_{fsat}} \tag{7.10}$$

式中，下标 S 指过热蒸汽；下标 fsat 指最终过饱和状态。当初始饱水度较大（$S_{L,0} > 0.318^{[238]}$）时，继续加热则会形成过压水，此时孔隙壁由于水的热膨胀产生的正应力为[239]

$$p_L = p_{fsat} + \frac{(\alpha_L - \alpha_r)(T_L - T_{fsat})}{\frac{3}{4G_r} + \beta} \tag{7.11}$$

式中，α_L，α_r 分别指液态水和岩石的体积热膨胀系数；G_r 为岩石的剪切模量；β 为液态水的等温压缩率。

图 7.32 所示为 Hettema[239] 文中根据式(7.8)、式(7.10)、式(7.11)绘制的含水封闭孔内孔隙压力随温度的变化曲线。图中粗实线是根据式(7.8)计算出的水-汽共存状态蒸汽压随温度升高增长至饱和蒸汽压阶段的曲线，其能够达到的饱和蒸汽压与孔隙中的水含量有关。达到饱和蒸汽压后，当饱水度较小时，继续升温孔隙压（由过饱和蒸汽决定）将沿其饱水度对应的图中点划线增长（见式(7.10)）；当饱水度较大时，继续升温孔隙压（由过热水压力决定）将沿其饱水度对应的图中断续线增长（见式(7.11)）。当孔隙内压力超过岩石抗拉强度时，水-汽相变将造成岩石的受拉破坏。

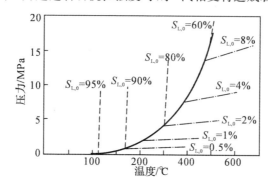

图 7.32　含水封闭孔中孔隙压力随温度的变化曲线（根据 Hettema[211]结果重绘）

不过，上述分析基于一个重要的前提条件，即封闭孔。事实上，岩石均存在一定的渗透性，当孔隙内的水压或者蒸汽压达到一定的限制后会发生渗透，因此，水-汽相变过程中岩石孔隙内的压力还与岩石的渗透性有关。

当试样自由面受热时，由热传导[240]规律可知，热传导至距离自由面深度为 l 的试样内部所需的特征时间为

$$\tau_{th} = \frac{l^2}{\pi\kappa} \tag{7.12}$$

式中,κ 为岩石的热扩散系数。

对于孔隙内为过热水的情况。孔隙压随该处温度升高而提高;考虑到孔隙的渗透性和水的低压缩性,孔隙压会由于孔隙水向自由面渗透而降低。由固结理论[241] 可知,由于孔隙水渗流,距离孔隙为 l 的位置处压力发生变化的特征时间为

$$\tau_{flow} = \frac{4l^2}{\pi^2 C_{cs}} \tag{7.13}$$

式中,C_{cs} 为固结系数,可以表示为

$$C_{cs} = \frac{k}{\eta\left(\dfrac{1}{3K}\dfrac{1+\nu}{1-\nu} + \varphi\beta\right)} \tag{7.14}$$

式中,参数 k,η,K,ν,φ,β 分别为渗透系数、水的动态黏滞度、岩石的体积模量、泊松比、孔隙率和液态水的等温压缩率。

当 $\tau_{th} > \tau_{flow}$ 时,孔隙压受限于孔隙水的渗流;当 $\tau_{th} < \tau_{flow}$ 时,孔隙压由孔隙内温度确定,此时可认为孔隙有良好的封闭性。根据式(7.12) ~ 式(7.14)可由相关参数计算出临界条件,即 $\tau_{th} = \tau_{flow}$ 时岩石孔隙密闭的最低渗透系数(k_{seal})要求。根据 Hettema[239] 的计算结果,该值对碎屑结构沉积岩来说非常严苛。因此,热冲击过程中岩石的孔隙压力破坏多由高压蒸汽冲击所致,水压致裂的情况较少。

7.5 水热耦合损伤红砂岩受载破坏细观机制

断口形貌是岩石破坏过程的真实记录,蕴含着岩石断裂的重要信息。研究岩石的破坏断口,是揭示其破坏机理的重要方法。通过分析不同次数冻融或热冲击循环损伤红砂岩在不同荷载作用下的断口形貌,利用 IPP 软件提取其破坏断口的细观特征,分析断口裂隙的尺度、面积等参数变化,以进一步研究水热耦合损伤红砂岩在不同荷载作用下的破坏机理,特别是研究应变率影响动态力学性能的细观机制。

7.5.1 不同荷载作用下红砂岩的断口细观形貌

7.5.1.1 压缩破坏断口形貌

本书分别对经受 0 次、5 次、10 次、15 次、25 次冻融损伤的红砂岩试样在 10^{-5} s^{-1}(准静态),213 s^{-1},273 s^{-1},303 s^{-1},350 s^{-1},422 s^{-1}应变率下;对经受 0 次、10 次、20 次、30 次、40 次热冲击损伤的红砂岩试样在 10^{-5} s^{-1}(准静态),170 s^{-1},223 s^{-1},259 s^{-1},332 s^{-1},396 s^{-1}应变率下进行单轴压缩试验。选取三个冻融循环或热冲击循环次数等级和四个荷载等级,分别对其破坏断口进行 SEM 扫描,观察其细观形貌特征。经受不同次数冻融和热冲击循环后的红砂岩受压破

坏断口 SEM 图像分别如图 7.33 和图 7.34 所示。

如图 7.33 所示,冻融损伤红砂岩压缩破坏断口形貌受冻融循环次数和应变率等级的双重影响。在相同应变率等级下,随着冻融循环次数的增加,红砂岩破坏断口矿物颗粒完整性变好,矿物颗粒断裂的情况减少,断裂面更多沿颗粒表面发展;断裂面颗粒表面较为圆润,裂隙内碎渣变少。对于经受相同次数冻融循环损伤的红砂岩试样,随着压缩应变率的提高,断裂面平整性变好,矿物颗粒断裂的情况增多,颗粒完整性减弱。分析断口形貌还可以发现,颗粒断裂的情况多发生于周围约束作用强的颗粒,即与邻接颗粒胶结紧密的颗粒。

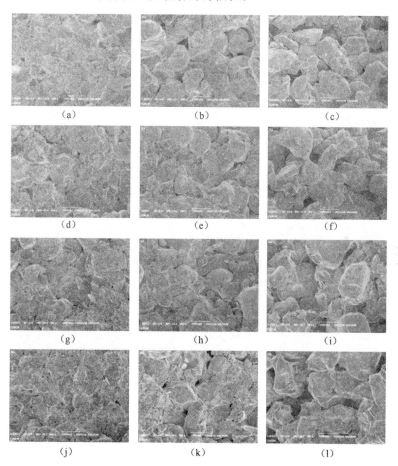

图 7.33　冻融(F－T)循环损伤红砂岩压缩破坏断口细观形貌

(a)静压,0 F－T; (b)静压,10 F－T; (c)静压,25 F－T;

(d)动压(273±5) s^{-1},0 F－T; (e)动压(273±5) s^{-1},10 F－T; (f)动压(273±5) s^{-1},25 F－T;

(g)动压(350±5) s^{-1},0 F－T; (h)动压(350±5) s^{-1},10 F－T; (i)动压(350±5) s^{-1},25 F－T;

(j)动压(422±5) s^{-1},0 F－T; (k)动压(422±5) s^{-1},10 F－T; (l)动压(422±5) s^{-1},25 F－T

由图 7.34 可见,热冲击损伤红砂岩压缩破坏断口形貌受热冲击循环次数和应变率等级的影响规律与冻融损伤红砂岩类似。经较少次数的热冲击循环作用后,在较高的应变率等级压缩荷载作用下的红砂岩试样矿物颗粒完整性更差,颗粒断裂更普遍。与冻融损伤红砂岩对比来看,热冲击损伤红砂岩压缩破坏断口颗粒完整性更差,颗粒断裂的情况更多,断裂面残渣更多。

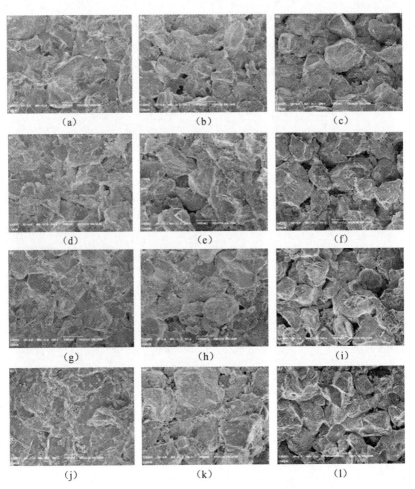

图 7.34 热冲击(TS)循环损伤红砂岩压缩破坏断口细观形貌

(a)静压,0 TS;(b)静压,20 TS;(c)静压,40 TS;

(d)动压(223±5) s^{-1},0 TS;(e)动压(223±5) s^{-1},20 TS;

(f)动压(223±5) s^{-1},40 TS;(g)动压(332±5) s^{-1},0 TS;

(h)动压(332±5) s^{-1},20 TS;(i)动压(332±5) s^{-1},40 TS;

(j)动压(396±5) s^{-1},0 TS;(k)动压(396±5) s^{-1},20 TS;(l)动压(396±5) s^{-1},40 TS

7.5.1.2 拉伸破坏断口形貌

对于红砂岩拉伸破坏断口形貌,采用与压缩破坏断口形貌相似的分析方法,选取三个冻融循环或热冲击循环次数等级和三个应变率等级,分别对其破坏断口进行 SEM 扫描,观察其细观形貌特征。经受不同次数冻融和热冲击循环后的红砂岩劈裂拉伸破坏断口 SEM 图像分别如图 7.35 和图 7.36 所示。可见,水热耦合损伤红砂岩劈裂拉伸破坏断口也存在两种断裂方式:沿颗粒边沿的破裂和穿越颗粒的破裂。随着损伤次数的增加,红砂岩颗粒断裂的情况减少;随着应变率的提高,颗粒断裂有所增加。

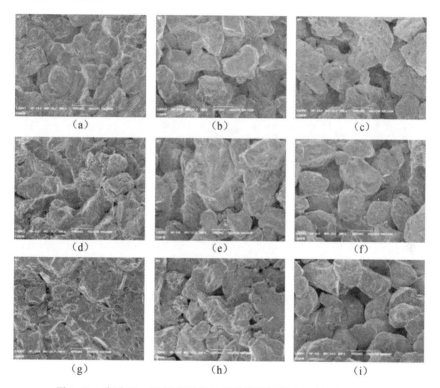

图 7.35 冻融(F-T)循环损伤红砂岩劈裂拉伸破坏断口细观形貌

(a)静拉,0 F-T;(b)静拉,10 F-T;(c)静拉,25 F-T;

(d)动拉(16±0.5) s^{-1},0 F-T;(e)动拉(16±0.5) s^{-1},10 F-T;

(f)动拉(16±0.5) s^{-1},25 F-T;(g)动拉(28±0.5) s^{-1},0 F-T;

(h)动拉(28±0.5) s^{-1},10 F-T;(i)动拉(28±0.5) s^{-1},25 F-T

根据 SEM 断口扫描结果,红砂岩劈裂拉伸破坏断口和压缩破坏断口细观形貌具有相似性,这也说明红砂岩压缩试验中岩石实际上为细观受拉破坏的本质。

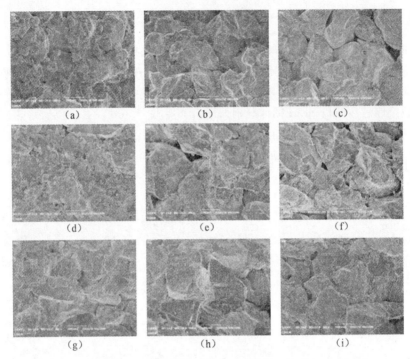

图 7.36　热冲击(TS)循环损伤红砂岩劈裂拉伸破坏断口细观形貌

(a)静拉，0 TS；(b)静拉，20 TS；(c)静拉，40 TS；

(d)动拉(16 ± 0.5) s^{-1}，0 TS；(e)动拉(16 ± 0.5) s^{-1}，20 TS；

(f)动拉(16 ± 0.5) s^{-1}，40 TS；(g)动拉(24 ± 0.5) s^{-1}，0 TS；

(h)动拉(24 ± 0.5) s^{-1}，20 TS；(i)动拉(24 ± 0.5) s^{-1}，40 TS

7.5.1.3　红砂岩受载破裂模式分析

根据断口形貌 SEM 照片，就矿物颗粒而言，红砂岩破坏主要分为三种模式：穿颗粒破坏、沿颗粒破坏和两种模式的耦合。由于红砂岩矿物颗粒间胶结物强度较颗粒本身强度弱，且在冻融或热冲击损伤过程中受损伤弱化作用更为显著，因此，沿颗粒破坏是红砂岩单位断裂面耗能最小的断裂模式。当沿颗粒断裂受到颗粒阻碍时，裂纹尖端应力不断集中，当超过颗粒本身强度时，穿颗粒断裂就可能会发生。由于破裂源位置多处于岩石的初始薄弱部位，即多位于颗粒间隙，也就是说，断裂纹的萌生和初步发展多从沿颗粒模式开始，因此，穿颗粒断裂模式多以穿颗粒和沿颗粒两种模式的耦合方式出现。通过砂岩破坏断口的 SEM 细观分析可知，水热耦合损伤红砂岩断裂破坏以沿颗粒断裂为主，穿颗粒断裂的模式较少，其比例受应变率和损伤次数的影响。

红砂岩典型的三种断裂模式如图 7.37 所示：(a)中垂直于扫描面，沿左上-右下走向的裂缝为典型的沿颗粒断裂,裂隙沿颗粒间隙发展,两侧矿物颗粒均保持完整;(b)中垂直于扫描面,沿中下-右上走向的裂缝为另一种典型的沿颗粒断裂,断裂纹不是单独的一条,而是一条断裂带,断裂带内矿物颗粒间隙均呈现张拉变宽的状态,但均未破坏矿物颗粒本身的完整性;(c)中右中部位矿物颗粒上存在两个典型的穿颗粒断裂面,其中左侧箭头所指断裂面其中一侧矿物颗粒已经在断裂后脱离,右侧箭头所指断裂面已经贯穿整个矿物颗粒;(d)中垂直于扫描面,沿左上-右下走向的裂缝为典型的沿颗粒-穿颗粒耦合断裂模式。该条裂隙在图中箭头所指的部位穿过一个矿物颗粒。

图 7.37　红砂岩典型的三种断裂模式
(a)沿颗粒断裂Ⅰ;(b)沿颗粒断裂Ⅱ;
(c)穿颗粒断裂;(d)沿颗粒和穿颗粒的耦合断裂

　　红砂岩矿物颗粒是石英、长石等矿物构成的多晶体颗粒。由于晶体构型、晶体内及晶体间作用力的复杂性,穿颗粒断裂可能会出现导致沿晶体或穿晶体的多种断口细观形貌。红砂岩破坏断口 SEM 图像中可以观测到穿颗粒断裂面的主要形态有以下几种:

　　(1)解理台阶(见图 7.38)。不同方向相交的解理面在荷载作用下相互分离形成解理平台,纹理呈台阶状。当颗粒内部微裂纹从一个平面扩展到另一个平面时,由于受力相同,会形成一系列近乎平行的纹理。因其线条与水系网络相似,故称作河流花样,是一种特殊的解理台阶,均是穿晶脆性破坏断口的典型形态。

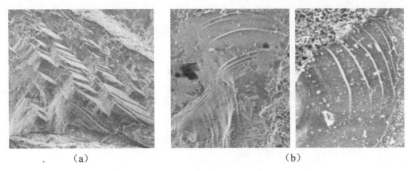

图 7.38 典型的穿晶脆性断口形态

(a)解理台阶;(b)河流花样

(2)沿晶断口(见图 7.39)。沿晶断口多与外界条件相关,相邻晶粒间的晶界在外界条件下被弱化成裂纹扩展的优先通道。由于沿晶粒边缘断裂形貌多显现晶粒结构特征,呈现出不同程度的晶粒冰糖状花样或多面体花样,具有较强的立体感。

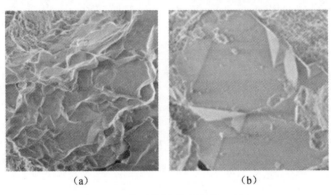

图 7.39 典型的沿晶脆性断口形态

(a)冰糖状花样;(b)多面体花样

(3)滑移分离和韧窝(见图 7.40),属于韧性断口。受位向不同的晶粒间的相互约束作用,荷载作用下晶粒沿晶界面的滑移必然在多个滑移系进行,滑移形成的新表面相互约束,交错滑移,从而形成密集的蛇形滑移分离花样。有时,岩石矿物内部空洞会在断口上聚集为细小的窝坑,称为韧窝。韧窝的存在使得其所在部位形成薄弱层,在应力作用下易于形成滑移面。

7.5.2 不同荷载作用下红砂岩的细观裂隙特征

7.5.2.1 压缩破坏断口裂隙特征

根据 IPP 软件提取的 SEM 图像裂隙参数信息,水热耦合损伤红砂岩试样在不同应变率压缩荷载作用下的断口,平均每张 SEM 图像范围($640\ \mu m \times 480\ \mu m$)内的裂隙数量和总裂隙面积如 1.中所述,裂隙的尺度变化规律如 2.中所述。

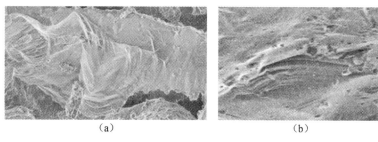

(a) (b)

图 7.40 典型的韧性断口形态

(a)局部滑移分离;(b)韧窝

1. 裂隙数量和裂隙面积

图 7.41 和图 7.42 所示分别为冻融循环损伤红砂岩压缩破坏断口裂隙数量和裂隙面积的变化规律。可见,随着冻融次数的增加,红砂岩试样压缩破坏断口裂隙数量和总裂隙面积整体均呈增长趋势;经受相同次数冻融循环作用的红砂岩其压缩破坏断口裂隙数量和总裂隙面积随应变率的提高也呈上升趋势。

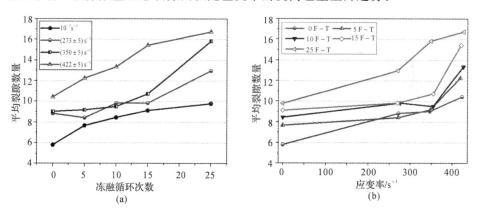

图 7.41 冻融损伤红砂岩压缩破坏断口裂隙数量

(a)随冻融次数变化规律;(b)随应变率变化规律

图 7.43 和图 7.44 所示分别为热冲击循环损伤红砂岩压缩破坏断口裂隙数量和裂隙面积的变化规律。

就整体趋势而言,热冲击损伤红砂岩和冻融损伤红砂岩相似,其压缩破坏断口裂隙数量和面积随循环次数和应变率的增大均呈升高趋势。值得注意的是,热冲击对红砂岩压缩断口裂隙数量和面积的影响在前 10 个循环明显更为显著,而应变率的影响则在约 330 s^{-1} 以上才较为明显。

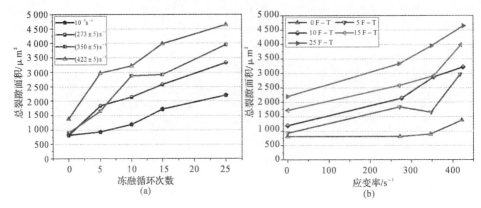

图 7.42　冻融损伤红砂岩压缩破坏断口裂隙面积

(a)随冻融次数变化规律；(b)随应变率变化规律

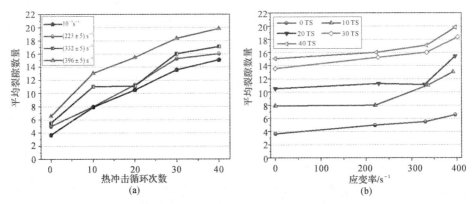

图 7.43　热冲击损伤红砂岩压缩破坏断口裂隙数量

(a)随热冲击次数变化规律；(b)随应变率变化规律

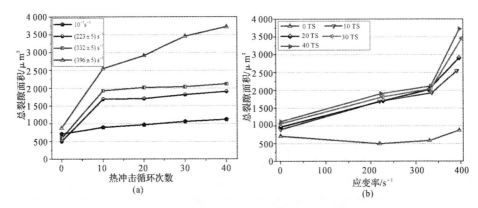

图 7.44　热冲击损伤红砂岩压缩破坏断口裂隙面积

(a)随热冲击次数变化规律；(b)随应变率变化规律

2. 裂隙尺度

图 7.45 和图 7.46 所示分别为冻融循环损伤红砂岩压缩破坏断口裂隙长度和裂隙宽度的变化规律。可见,随着冻融次数的增加,裂隙平均长度和最大长度均逐渐增长,但增长速率在减缓;裂隙的最大宽度随冻融次数也呈增大趋势,但平均宽度变化并不明显。应变率对裂隙尺度的影响主要表现在宽度上,随着应变率的升高,压缩断口裂隙最大宽度和平均宽度明显变大;裂隙最大长度随应变率升高整体也有所增加,平均长度变化较小。

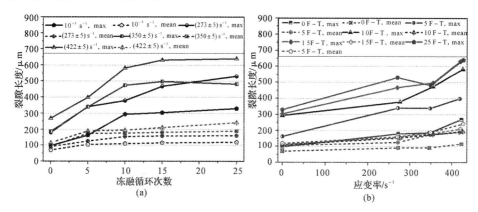

图 7.45 冻融损伤红砂岩压缩破坏断口裂隙长度

(a)随冻融次数变化规律;(b)随应变率变化规律

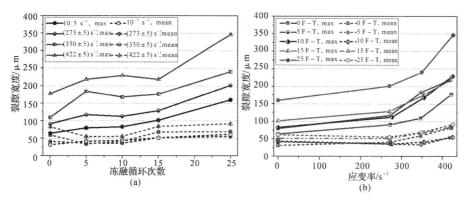

图 7.46 冻融损伤红砂岩压缩破坏断口裂隙宽度

(a)随冻融次数变化规律;(b)随应变率变化规律

图 7.47 和图 7.48 所示分别为热冲击循环损伤红砂岩压缩破坏断口裂隙长度和裂隙宽度的变化规律。热冲击循环次数和应变率等级对红砂岩压缩破坏断口裂隙长度和宽度的影响相似。随着循环次数和应变率的提高,红砂岩压缩断口裂隙

长度和宽度的均值和最大值都呈增长趋势。

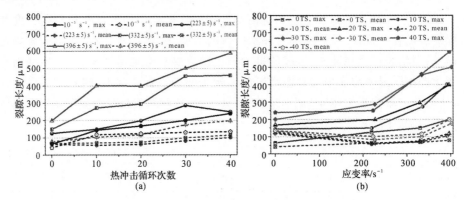

图 7.47　热冲击损伤红砂岩压缩破坏断口裂隙长度

(a)随热冲击次数变化规律；(b)随应变率变化规律

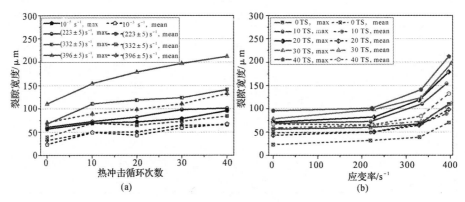

图 7.48　热冲击损伤红砂岩压缩破坏断口裂隙宽度

(a)随热冲击次数变化规律；(b)随应变率变化规律

7.5.2.2　拉伸破坏断口裂隙特征

采用与压缩破坏断口相同的分析方法,水热耦合损伤红砂岩试样在不同应变率拉伸荷载作用下的断口,平均每张 SEM 图像范围($640~\mu m \times 480~\mu m$)内的裂隙数量和总裂隙面积如 1.中所述,裂隙的尺度变化规律如 2.中所述。

1. 裂隙数量和裂隙面积

图 7.49 和图 7.50 所示分别为冻融循环损伤和热冲击循环损伤红砂岩裂隙总数量和总面积的变化规律。如图所示,红砂岩拉伸断口裂隙总数量和总面积均随冻融或热冲击循环次数的增加而增长;相对而言,前几次循环损伤影响较大,随后逐渐减小。

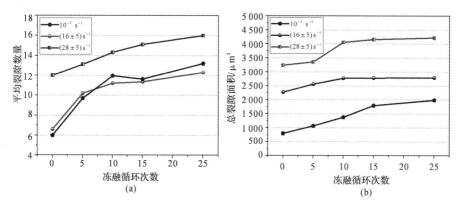

图 7.49 冻融损伤红砂岩拉伸破坏断口裂隙数量和裂隙面积

(a)裂隙数量;(b)裂隙面积

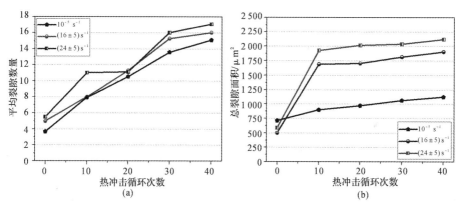

图 7.50 热冲击损伤红砂岩拉伸破坏断口裂隙数量和裂隙面积

(a)裂隙数量;(b)裂隙面积

2.裂隙尺度

由图 7.51 和图 7.52 可知,冻融循环和热冲击循环对红砂岩拉伸断口裂隙尺度的影响较对其总数量和总面积的影响大。随着冻融或热冲击次数的增加,拉伸端口裂隙长度和宽度均逐渐增长(存在波动)。

7.5.3 红砂岩受载破坏应变率效应的细观机理

7.5.3.1 缺陷活化

岩石材料内部存在着从晶格、晶粒、矿物颗粒、颗粒胶结体等各类尺度层级的缺陷,在外荷载作用下,这些缺陷常常会成为破裂起始的破裂源。缺陷的起裂和扩展需要有应力的集中,或者说是能量的输入[242]。受缺陷形态、方向性、周围介质的强度和对缺陷的约束作用等影响,岩石中不同缺陷起裂和裂隙扩展所需要的应力或能量水平必然有所区别。在不同等级的外荷载作用和能量输入条件下,只有缺陷起裂部位应力集中和能量聚集水平达到该缺陷的起裂条件时,缺陷才会被激活而对岩石破坏产生作用。这些活化缺陷在外力作用或能量输入的条件下起裂、扩展、相互兼并贯通,最终引发岩石的宏观破坏。

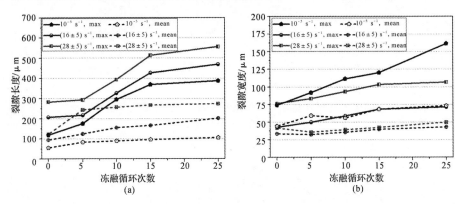

图 7.51　冻融损伤红砂岩拉伸破坏断口裂隙长度和宽度
(a)裂隙长度;(b)裂隙宽度

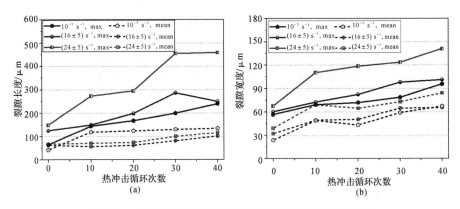

图 7.52　热冲击损伤红砂岩拉伸破坏断口裂隙长度和宽度
(a)裂隙长度;(b)裂隙宽度

在缓慢加载情况下(低应变率),缺陷部位应力上升和能量聚集的速度慢。在低应力下即能被活化的缺陷首先发生起裂扩展,裂纹的起裂扩展又会导致应力集中的缓解和能量的耗散。由于加载缓慢,能量的后续补充和应力重新聚集仍然会优先使低活化阈值的缺陷部位裂缝继续扩展,而导致能量难以聚集到能够使得较高活化阈值的缺陷发生起裂扩展的水平。也就是说,在能量聚集到能使较高活化阈值缺陷起裂扩展之前,较低活化阈值缺陷的起裂扩展兼并已经使岩石发生了破坏。因此,在低应变率下,参与破坏的红砂岩缺陷和裂隙较少,所耗散能量也较低,其宏观力学表现为岩石强度较低,破碎程度较轻,多为大块破碎。从其破坏断口裂隙发育情况(见图 7.53(a)(b))来看,与扫描断口相交的裂隙较少,发育程度较低。

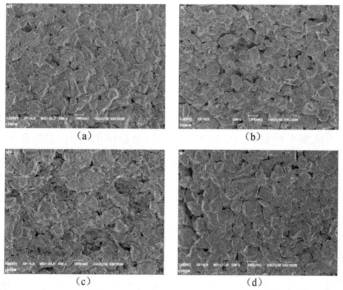

(a)　　　　　　　　　　　　　(b)

(c)　　　　　　　　　　　　　(d)

图 7.53　不同应变率下红砂岩压缩断口裂缝发育形态

(a)干燥试样,$\dot{\varepsilon}=169.1\ \mathrm{s}^{-1}$;(b)饱水试样,$\dot{\varepsilon}=216.8\ \mathrm{s}^{-1}$;

(c)干燥试样,$\dot{\varepsilon}=330.1\ \mathrm{s}^{-1}$;(c)饱水试样,$\dot{\varepsilon}=346.1\ \mathrm{s}^{-1}$

随着加载速率的提高(高应变率),缺陷部位应力上升和能量聚集的速度更快;缺陷起裂和扩展后能量的补充和应力的重新集中也快。在裂隙兼并贯通并导致岩石宏观破坏之前,应力和能量已经处于一种较高水平,参与破碎的缺陷数量增多,耗散的能量值增加,其宏观力学表现为强度升高,破碎块度较小。从其破坏断口裂隙发育情况(见图 7.53(c)(d))来看,与扫描断口相交的裂隙较多,发育程度较高。对断口 SEM 图像裂隙特征的量化分析也可以发现,相同损伤状态的红砂岩试样,随着应变率的提高,其断口裂隙的总数量和总面积均有所提高。

高应变率下裂隙扩展还有一个典型的特点就是,高加载速率使得高活化阈值的缺陷起裂和扩展的概率大大上升。就红砂岩破坏的三种主要模式而言,穿颗粒破坏单位面积裂隙的耗能最大,扩展能量阈值最高。随着应变率的提高,穿颗粒破坏的情况变多,如图 7.54 所示。

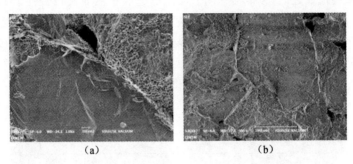

图 7.54　红砂岩压缩破坏断口穿颗粒破坏留下的颗粒断面

　　如图 7.54 所示,穿颗粒破坏多发生于颗粒位置和方向对裂隙扩展起到阻碍作用的情况。当应变率较低时,由于颗粒断裂的能量阈值较高,裂隙扩展至颗粒边界更倾向于沿矿物边界延伸,当颗粒边界胶结作用较好或边界方向不利于裂隙继续扩展时,裂隙多因颗粒阻隔作用而终止发育,能量通过应力传递至其他缺陷或薄弱部位重新起裂或扩展,导致裂隙的转移。而在高应变率下,由于能量更为集中,超过了矿物颗粒本身断裂的能量阈值,所以穿颗粒破坏的比例有所升高。

7.5.3.2　裂纹分叉

　　根据材料动态断裂的行为特征[243],外力提供裂纹扩展的能量是通过介质(岩石矿物)以纵向波或剪切波等形式传到裂纹,并通过裂纹向两边运动产生的表面波传至裂纹尖端,促使裂隙扩展的,如图 7.55(a) 所示。应力波的速度即为能量向裂隙尖端传递的速度,由于材料中应力波传播速度的限制,裂隙传播速度也有上限。高应变率下,裂隙两边分裂加快,能量在裂隙尖端聚集,为系统降低总能量,增加能量耗散,裂纹将发生分叉,裂隙分叉形态常受各类缺陷引导,如图 7.55(b) 所示。

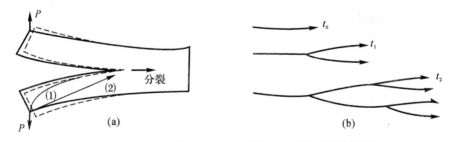

图 7.55　红砂岩压缩破坏断口穿颗粒破坏留下的颗粒断面

　　这种现象在微、细、宏观各个尺度层面均有所表现。在细观层面,从红砂岩破坏断口的 SEM 图像可以发现,高应变率下红砂岩破坏断口存在各种不同尺度的裂隙分叉现象,如图 7.56 所示。在宏观层面,岩石准静态破坏多为单个或少量裂纹的传播,岩石碎块较少,强度较低;与之相比,高应变率下的岩石破坏由于裂隙的分叉现象产生破碎,耗能较多,岩石强度较高。

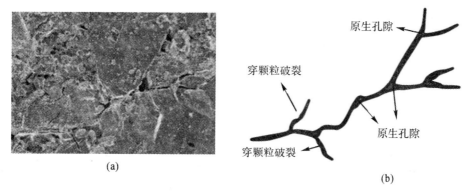

图 7.56　红砂岩压缩破坏断口裂隙分叉形态
(a)SEM 照片;(b)裂隙分叉示意图

7.6　小　　结

　　本章对经受不同水热耦合损伤的红砂岩试样表面形态和在不同荷载作用下破碎的试样断口形貌进行了细观结构观测和孔隙信息量化分析。在此基础上分析了红砂岩冻融循环和热冲击循环作用下的水热耦合损伤细观机制和动态破坏的应变率效应细观机制。本章主要结论如下:

　　(1)电镜扫描结果显示,红砂岩属于典型的碎屑结构沉积岩。矿物颗粒主要粒级为中细砂级;颗粒格架基本由较大的矿物颗粒直接堆垒搭接而成,为颗粒支撑型结构,胶结作用较为紧密,多为孔隙式胶结;孔隙内的基质或胶结物产状大概分为分散状、薄层状和搭桥状三种类型。

　　(2)冻融和热冲击这两种典型的水热耦合损伤环境对红砂岩细观结构的损伤作用具有一定的共性:颗粒间接触逐渐松动,部分颗粒间胶结由孔隙式胶结逐渐退化为接触式胶结;胶结物和基质出现断裂、剥离、脱落、溶蚀、流失等典型损伤形态;孔隙数量增多,尺度变大,吼道尺寸变大,连通性增强。随着冻融循环或热冲击循环次数的增加,红砂岩表面孔隙数量、面积和尺度(包括长度和宽度)发生不同程度的增长。

　　(3)冻融循环和热冲击循环对红砂岩的水热耦合损伤作用包含三种机制:水岩相互作用、热应力和水相变作用。水岩相互作用主要包含水的浸润、黏土矿物的吸水膨胀等物理作用和易溶及不稳定矿物的溶蚀等化学作用。热应力主要包括热疲劳和热冲击两种形式,在冻融循环和热冲击循环试验中,这两种热应力损伤形式是同时存在的。冻融循环过程中的水-冰相变作用主要包括体积膨胀作用、毛细作用和结晶压作用;热冲击循环过程中的水-汽相变作用主要包括过热水压力作用和蒸汽压作用,这两种作用都会受到岩石孔隙密闭性的影响。

(4)红砂岩破坏主要分为穿颗粒破坏、沿颗粒破坏及两种模式的耦合。经较少次数冻融或热冲击循环作用后和在较高的应变率等级荷载作用下的红砂岩试样矿物颗粒完整性更差,穿颗粒破坏更普遍。穿颗粒断裂面受晶体构型、晶间作用力、缺陷等的复杂影响在断口呈现出解理台阶、河流花样、沿晶断口、滑移分离、韧窝等细观形貌。红砂岩破坏断口裂隙数量、面积和尺度(包括长度和宽度)随着冻融循环或热冲击循环次数的增加,随着应变率的升高,均呈增大趋势。

(5)不同水热耦合损伤条件下红砂岩冲击破坏行为的应变率效应均很显著。其细观机制主要包括缺陷活化机制和裂纹分叉机制。随着应变率的提高,缺陷部位应力上升和能量聚集的速度更快,更多的缺陷达到起裂活化阈值而参与破碎,耗散的能量值增加;由于材料中裂隙传播速度有上限,在高应变率下裂隙两边分裂加快,能量在裂隙顶端聚集,为增加能量耗散裂纹将发生分叉。两种机制的宏观力学表现均为红砂岩在高应变率下的强化效应。

第8章
结论与展望

8.1 结 论

本书针对地下岩石工程中亟待解决的岩石水热耦合损伤和动力灾害问题,依托国家自然科学基金项目,以横断山区地下工程中常见的红砂岩为研究对象,基于分离式霍普金森压杆试验系统、电液伺服控制试验机、冻融、热冲击循环试验系统、超声检测仪、电镜扫描仪等设备,开展水热耦合损伤岩石的冲击动力学特性试验和理论研究,旨在为岩石工程亟须解决的水热耦合损伤和动力灾害问题提供有益支持。

本书主要研究结论如下:

(1)对饱水红砂岩试样分别进行了0次、5次、10次、15次、25次冻融循环试验和0次、10次、20次、30次、40次热冲击循环试验,并进行了物理和超声检测。随着冻融或热冲击循环次数的增加,红砂岩试样出现了程度不同的颗粒脱落、沿边裂纹、径向裂纹、横向裂纹、十字裂纹、表面软化等形貌特征。密度有所减小,有效孔隙率及总孔隙率大幅增加,纵波波速、接收波首波波幅、接收波频谱形心频率和接收波频谱峰度均逐渐降低。

(2)对不同水热耦合损伤状态下红砂岩试样进行了静态单轴压缩、静态劈裂拉伸、静态变角剪切试验。结果表明:随着冻融、热冲击循环次数增加,红砂岩抗压强度、抗拉强度、黏聚力、内摩擦角等强度指标降低明显,红砂岩承载能力降低;压缩变形模量和劈裂模量等变形指标也有不同程度降低,红砂岩抵抗变形的能力减弱。其中,以拉伸力学指标劣化幅度最大。相比较而言,冻融循环比热冲击循环劣化作用更为显著。

(3)水热耦合损伤红砂岩动态力学特性受冻融、热冲击循环次数和应变率效应的双重影响。对于经受相同水热耦合损伤作用的红砂岩试样,动态抗压强度、压缩变形模量,抗拉强度、劈裂模量均随应变率的升高而增大,应变率强化效应显著。在相同应变率等级冲击荷载作用下,红砂岩动压强度、变形模量、抗拉强度、劈裂模量均随冻融、热冲击循环次数增加逐渐降低,水热耦合损伤劣化效应明显。

(4)考虑应变率对衰减速率的影响,采用指数形式构建了考虑应变率效应的衰

减模型 $I_N/I_0 = e^{-\lambda(\dot{\varepsilon})N}$。其中,衰减常数($\lambda$)表示经受任一冻融或热冲击循环,试样力学特性的相对劣化值;半衰期($N_{1/2}$)表示岩石力学特性指标衰减为原值一半所需的冻融或热冲击循环次数,可由 λ 计算而来。采用指数函数拟合法分别构建了红砂岩抗压强度、变形模量、劈拉强度随冻融、热冲击循环次数增长的衰减模型,模型拟合效果较好。

(5)水热耦合损伤红砂岩压缩变形破坏各阶段能量演化特征各不相同,受损伤条件和应变率影响明显。随着应变率的提高,峰值点弹性能、残余点总输入应变能和耗散能均单调增长,说明高应变率下水热耦合损伤红砂岩冲击压缩破坏过程储存的可释放弹性能最大值提高,全过程所耗散的能量也大幅增加。在相同应变率等级压缩荷载下,随着冻融或热冲击循环次数的增加,峰值点弹性能呈降低趋势,试样可释放弹性能的储存极限降低;残余点总输入应变能和耗散能均单调减小,红砂岩冲击压缩破坏全过程所需的能量逐渐减少。

(6)基于对能量输入、释放和耗散的分析提出了岩石受压变形破坏的水热力耦合损伤演化模型,$D_{coupling} = D_{F-T,\ TS} + (1 - D_{F-T,\ TS})D_M$,并基于此分析了冻融或热冲击损伤红砂岩冲击压缩破坏全过程的水热力耦合损伤演化机制。随着应变率的升高,红砂岩水热力耦合损伤演化曲线增长逐渐变缓。随着冻融或热冲击循环次数的增加,红砂岩加载起始点水热耦合损伤值明显增大,应变率升高对峰前阶段损伤演化曲线的影响程度逐渐降低。

(7)冻融及热冲击循环这两种典型的水热耦合损伤环境对红砂岩细观结构的损伤作用有一定的共性:颗粒间接触在经受损伤后逐渐开始松动,部分颗粒间胶结由孔隙式胶结逐渐退化为接触式胶结;胶结物和基质明显变化,出现断裂、剥离、脱落、溶蚀、流失等典型损伤形态;孔隙特征发生变化,数量增多,尺度变大,吼道尺寸变大,连通性增强。随着冻融循环或热冲击循环次数的增大,红砂岩表面孔隙数量、面积和尺度(包括长度和宽度)发生不同程度的增长。

(8)在冻融或热冲击循环过程中,红砂岩水热耦合损伤包含三种作用机制:水岩相互作用、热应力和水相变作用。水岩相互作用主要包含水的浸润、黏土矿物的吸水膨胀等物理作用和不稳定矿物的溶蚀等化学作用。热应力主要包括热疲劳和热冲击两种形式。冻融过程中的水-冰相变作用主要包括体积膨胀、毛细作用和结晶压损伤;热冲击过程中的水-汽相变作用主要包括过热水压力作用和蒸汽压作用,这两种作用都会受到岩石孔隙密闭性的影响。

(9)水热耦合损伤红砂岩动态力学特性应变率效应的细观机制主要包括缺陷活化机制和裂纹分叉机制。随着应变率的提高,缺陷部位应力上升和能量聚集的速度快,更多的缺陷达到起裂活化阈值而参与破碎,耗散的能量值增加;由于材料中裂隙传播速度有上限,在高应变率下裂隙两边分裂加快,能量在裂隙顶端聚集,为增加能量耗散裂纹将发生分叉。两种机制的宏观力学表现均为岩石强度、模量等参数随应变率增大而升高。

8.2 展　　望

岩石工程中的水热耦合损伤及动力灾害问题已经受到越来越多研究者的关注。本书针对岩石冻融和热冲击这两种典型的水热耦合损伤形式,对冻融和热冲击循环过程中岩石的水热耦合损伤机制和受损岩石的冲击动力学行为展开研究,取得了一系列有价值的成果。

岩石的水热耦合损伤及动力灾害问题属于典型的系统性、复杂性、多尺度问题。通过本书的研究工作,发现这一领域仍然有许多方面内容值得进一步深入研究。主要有以下几点:

(1)岩石是一种复杂的多尺度材料。在冻融、热冲击等水热耦合损伤条件下,其微观尺度(矿物晶体结构等)、细观尺度(矿物颗粒与孔隙体系)、宏观尺度(岩块、岩体等)会呈现出不同的变化,这些变化间相互关联,互相耦合。对岩石损伤过程中的多尺度研究有助于更深层次地揭示岩石损伤机理。

(2)岩石受冻融、热冲击等的损伤过程,以及在荷载作用下的破坏过程均包含时间尺度。对岩石损伤破坏全过程的研究,特别是冲击荷载下破坏过程的研究非常有价值。

(3)工程岩石多处于一定的应力场中,应力环境对岩石的水热耦合损伤也具有明显的作用。比如,地下岩体常处的三向受压状态在一定程度上会限制冻融引起的变形,从而影响损伤发展。研究受载条件下冻融、热冲击等对岩石的损伤作用变化规律具有显著的工程意义。

参 考 文 献

[1] 周创兵,陈益峰,姜清辉. 复杂岩体多场广义耦合分析导论[M]. 北京:水利水电出版社,2008.

[2] 许金余,范建设,吕晓聪. 围压条件下岩石的动态力学特性[M]. 西安:西北工业大学出版社,2012.

[3] 陈卫忠,谭贤君,于洪丹,等. 低温及冻融环境下岩体热、水、力特性研究进展与思考[J]. 岩石力学与工程学报,2011,30(7):1318-1336.

[4] Hall K,Thorn C E. Thermal fatigue and thermal shock in bedrock:An attempt to unravel the geomorphic processes and products [J]. Geomorphology,2014,206:1-13.

[5] 许金余,刘石. 岩石的高温动力学特性[M]. 西安:西北工业大学出版社,2016.

[6] 孙兴丽,刘晓煌,鲁继元,等. 现代战争特点及军事地质调查[J]. 地质评论,2017,63(1):99-112.

[7] 陈仁升,康尔泗,吴立宗,等. 中国寒区分布探讨[J]. 冰川冻土,2005,27(4):469-475.

[8] 周幼吾. 中国冻土[M]. 北京:科学出版社,2000.

[9] 李克强. 2017年政府工作报告[R]. 北京:第十二届全国人民代表大会第五次会议,2017.

[10] 徐光苗. 寒区岩体低温、冻融损伤力学特性及多场耦合研究[D]. 武汉:中国科学院研究生院(武汉岩土力学研究所),2006.

[11] 常晓丽,金会军,何瑞霞,等. 中国东北大兴安岭多年冻土与寒区环境考察和研究进展[J]. 冰川冻土,2008,30(1):176-182.

[12] 何芳,徐友宁,陈华清,等. 西北地区矿山地质灾害的现状及时空分布特征[J]. 地质通报,2008,27(8):1245-1255.

[13] 铁永波,白永健,宋志. 川西高原的岩土体的冻融破坏类型及其灾害效应[J]. 水土保持通报,2015,35(2):241-245.

[14] 叶唐进,安阳,张永昇,等. 高原大温差环境下西藏岩画风化试验研究[J]. 西藏大学学报:自然科学版,2016,31(2):31-36.

[15] 李夕兵,古德生. 岩石冲击动力学[M]. 长沙:中南工业大学出版社,1994.

[16] Ghassemi A. A review of some rock mechanics issues in geothermal reservoir development[J]. Geotech Geol Eng,2012,30(3):647-664.

[17] 戚承志，钱七虎. 岩石等脆性材料动力强度依赖应变率的物理机制[J]. 岩石力学与工程学报，2003，22(2)：177－185.

[18] 贾海梁，项伟，谭龙，等. 砂岩冻融损伤机制的理论分析和试验验证[J]. 岩石力学与工程学报，2016，35(5)：879－895.

[19] Winkler E M. Frost damage to stone and concrete：geological considerations[J]. Engineering Geology，1968，2(5)：315－323.

[20] Prick A. Dilatometrical behavior of porous calcareous rock samples subjected to freeze-thaw cycles[J]. Catena，1995，25(1)：7－20.

[21] Yamabe T，Neaupane K M. Determination of some thermo-mechanical properties of Sirahama sandstone under subzero temperature conditions [J]. International Joumal of Rock Mechanics & Mining Seienee，2001，38 (7)：1029－1034.

[22] Nicholson D T，Nicholson F H. Physical deterioration of sedimentary rocks subjected to experimental freeze-thaw weathering[J]. Earth Surf. Process. Landforms，2000，25(12)，1295－1307.

[23] Iñigo A C，García-Talegón J，Vicente-Tavera S，et al. Colour and ultrasound propagation speed changes by different ageing of freezing/ thawing and cooling/heating in granitic materials[J]. Cold Regions Science and Technology，2013，85(1)：71－78.

[24] Khanlari G，Abdilor Y. Influence of wet-dry，freeze-thaw，and heat-cool cycles on the physical and mechanical properties of Upper Red sandstones in central Iran[J]. Bull Eng Geol Environ，2015，74(4)：1287－1300.

[25] Bayram F. Predicting mechanical strength loss of natural stones after freeze-thaw in cold regions[J]. Cold Regions Science and Technology，2012，S83－84：98－102.

[26] Kolay E. Modeling the effect of freezing and thawing for sedimentary rocks[J]. Environ Earth Sci，2016，75(3)：210.

[27] Ghobadi M H，Taleb Beydokhti A R，Nikudel M R，et al. The effect of freeze － thaw process on the physical and mechanical properties of tuff [J]. Environ Earth Sci，2016，75(9)：846.

[28] Al-Omari A，Brunetaud X，Beck K，et al. Effect of thermal stress，condensation and freezing － thawing action on the degradation of stones on the Castle of Chambord，France[J]. Environ Earth Sci，2014，71(9)：3977－3989.

[29] Fener M，Ince I. Effects of the freeze-thaw (F－T) cycle on the andesitic

rocks (Sille-Konya / Turkey) used in construction building[J]. Journal of African Earth Sciences, 2015, 109: 96 - 106.

[30] İnce İ. Fener M. A prediction model for uniaxial compressive strength of deteriorated pyroclastic rocks due to freezeethaw cycle [J]. Journal of African Earth Sciences, 2016, 120: 134 - 140.

[31] Heidari M, Torabi-Kaveh M, Mohseni H. Assessment of the effects of freeze-thaw and salt crystallization ageing tests on Anahita Temple Stone, Kangavar, West of Iran[J]. Geotech Geol Eng, 2017,35(1): 121 - 136.

[32] Inada Y, Yokota K. Some studies of low rock strength[J]. International Journal of Rock Mechanics and Mining Science & Geomechanics Abstracts, 1984, 21(3): 145 - 153.

[33] Kodama J, Goto T, Fujii Y, Hagan P. The effects of water content, temperature and loading rate on strength and failure process of frozen rocks[J]. International Journal of Rock Mechanics & Mining Sciences, 2013, 62: 1 - 13.

[34] Hall K. A laboratory simulation of rock breakdown due to freeze thaw in a maritime antaretic environment [J]. Earth Surface Proeesses and Landforms, 1988, 13(4): 369 - 382.

[35] Zakharov E V, Kurilko A S. Local minimum of energy consumption in hard rock failure in negative temperature range[J]. Journal of Mining Science, 2014, 50(2): 284 - 287.

[36] Watanabe K. Amount of unfrozen water in frozen porous media saturated with solution[J]. Cold Regions Science and Technology, 2002, 34(2): 103 - 110.

[37] Chen T C, Yeung M R, Yeung M N. Effect of watcr saturation action[J]. Cold Regions Science and Technology, 2004, 38(2): 127 - 136.

[38] Al-Omari A, Beck K, Brunetaud X, et al. Critical degree of saturation: A control factor of freeze-thaw damage of porous limestones at Castle of Chambord, France[J]. Engineering Geology, 2015, 185(3): 71 - 80.

[39] Sudisman R, Yamabe T, Osada M. Strain and strength of saturated and dried rock samples under a freeze-thaw cycle[C]. Asian Rock Mechanics Symposium, 2016.

[40] Neaupane K M, Yamabe T, Yoshinaka R. Simulation of a fully coupled thermo-hydro-mechanical system in freezing and thawing rock [J]. International Journal of Rock Mechanics and Mining Sciences, 1999, 36

(5)：563 − 580.

[41] Exadaktylos G E. Freezing-thawing model for soils and rocks[J]. J. Mater Civ Eng, 2006, 18(2)：241 − 249.

[42] Ghoreishi-Madiseh S A, Hassani F, Mohammadian A, et al. Numerical modeling of thawing in frozen rocks of underground mines caused by backfilling [J]. International Journal of Rock Mechanics & Mining Sciences, 2011, 48(7)：1068 − 1076.

[43] Matsuoka N. Mechanisms of rock breakdown by frost action：an experimental approach[J]. Cold Regions Science and Technology, 1990, 17(3)：253 − 270.

[44] Hori M, Morihiro H. Micromechanical analysis on deterioration due to freezing and thawing in porous brittle materials[J]. Int J Engng Sci, 1998, 36(4)：511 − 522.

[45] Ruiz V G, Rey R A, Clorio C, et al. Characterization by computed X-ray tomography of the evolution of the pore structure of a dolomite rock during freeze-thaw cyclic tests[J]. Phys Chem Earth, 1999, 24 (7)：633 − 637.

[46] Kock T D, Boone M A, Schryver T D, et al. A pore-scale study of fracture dynamics in rock using X-ray micro-CT under ambient freeze-thaw cycling[J]. Environ Sci Technol, 2015, 49(5)：2867 − 2874.

[47] Park J, Hyun C U, Park H D. Changes in microstructure and physical properties of rocks caused by artificial freeze-thaw action[J]. Bull Eng Geol Environ, 2015, 74：555 − 565.

[48] 何国梁, 张磊, 吴刚. 循环冻融条件下岩石物理特性的试验研究[J]. 岩土力学, 2004, 25(S2)：52 − 56.

[49] 杨更社, 周春华, 田应国, 等. 软岩类材料冻融过程水热迁移的实验研究初探[J].岩石力学与工程学报, 2006, 25(9)：1765 − 1770.

[50] 吴刚, 何国梁, 张磊, 等. 大理岩循环冻融试验研究[J].岩石力学与工程学报, 2006, 25(S1)：2930 − 2938.

[51] 林战举, 牛富俊, 刘华, 等. 循环冻融对冻土路基护坡块石物理力学特性的影响[J]. 岩土力学, 2011, 32(5)：1369 − 1376.

[52] Liu H, Niu F J, Xu Z Y, et al. Acoustic experimental study of two types of rock from the Tibetan Plateau under the condition of freeze − thaw cycles[J]. Sciences in Cold and Arid Regions, 2012, 4(1)：21 − 27.

[53] 张慧梅, 杨更社. 水分及冻融循环对红砂岩物理力学特性的影响[J]. 实验

力学，2013，28(5)：635-641.

[54] 张慧梅，杨更社. 水分及冻融环境下岩石抗拉力学特性[J]. 湖南科技大学学报：自然科学版，2013，28(3)：35-40.

[55] 吴安杰，邓建华，顾乡，等. 冻融循环作用下泥质白云岩力学特性及损伤演化规律研究[J]. 岩土力学，2014，35(11)：3065-3072.

[56] 单仁亮，宋立伟，李东阳，等. 负温条件下梅林庙矿红砂岩强度特性及变形规律研究[J]. 采矿与安全工程学报，2014，31(2)：299-303.

[57] 方云，乔梁，陈星，等. 云冈石窟砂岩循环冻融试验研究[J]. 岩土力学，2014，35(9)：2433-2442.

[58] Gao F, Wang Q L, Deng H W, et al. Coupled effects of chemical environments and freeze-thaw cycles on damage characteristics of red sandstone[J]. Bull Eng Geol Environ, 2016: DOI 10.1007/s10064-016-0908-0.

[59] 陈招军，王乐华，王思敏，等. 冻融循环条件下岩石加卸荷力学特性研究[J]. 长江科学院院报，2017，34(1)：98-103.

[60] 徐光苗，刘泉声. 岩石冻融破坏机理分析及冻融力学试验研究[J]. 岩石力学与工程学报，2005，24(17)：3076-3082.

[61] 张继周，缪林昌，杨振峰. 冻融条件下岩石损伤劣化机制和力学特性研究[J]. 岩石力学与工程学报，2008，27(8)：1688-1694.

[62] 杨更社，奚家米，李慧军. 三向受力条件下冻结岩石力学特性试验研究[J]. 岩石力学与工程学报，2010，29(3)：459-464.

[63] 罗学东，黄成林，彤增湘，等. 冻融循环作用下蒙库铁矿边坡岩体物理力学特性研究[J]. 岩土力学，2011，32(S1)：155-159.

[64] Jia H L, Xiang W, Krautblatter M. Quantifying rock fatigue and decreasing compressive and tensile strength after repeated freeze-thaw cycles[J]. Permafrost & Periglacial Processes, 2016,26(4)：368-377.

[65] Qin L, Zhai C, Liu S M, et al. Changes in the petrophysical properties of coal subjected to liquid nitrogen freeze-thaw — A nuclear magnetic resonance investigation[J]. Fuel, 2017,194：102-114.

[66] 徐光苗，刘泉声，张秀丽. 冻结温度下岩体 THM 完全耦合的理论初步分析[J]. 岩石力学与工程学报，2004，23(21)：3709-3713.

[67] 刘泉声，康永水，刘滨，等. 裂隙岩体水-冰相变及低温温度场-渗流场-应力场耦合研究[J]. 岩石力学与工程学报，2011，30(11)：2181-2188.

[68] 李云鹏，王芝银. 花岗岩低温热力效应参数及强度规律研究[J]. 岩土力学，2012，33(2)：321-326.

［69］ Tan X J，Chen W Z，Tian H M，et al. Water flow and heat transport including ice/water phase change in porous media：Numerical simulation and application［J］. Cold Regions Science and Technology，2011，68(1 - 2)：74 - 84.

［70］ 谭贤君，陈卫忠，伍国军，等. 低温冻融条件下岩体温度-渗流-应力-损伤(THMD)耦合模型研究及其在寒区隧道中的应用［J］. 岩石力学与工程学报，2013，32(2)：239 - 250.

［71］ Kang Y S，Liu Q S，Huang S B. A fully coupled thermo-hydro-mechanical model for rock mass under freezing/thawing condition［J］. Cold Regions Science and Technology，2013，95(11)：19 - 26.

［72］ Kang Y S，Liu Q S，Liu X Y，et al. Theoretical and numerical studies of crack initiation and propagation in rock masses under freezing pressure and far-field stress ［J］. Journal of Rock Mechanics and Geotechnical Engineering，2014，6(5)：466 - 476.

［73］ 贾海梁，项伟，申艳军，等. 冻融循环作用下岩石疲劳损伤计算中关键问题的讨论［J］. 岩石力学与工程学报，2017，36(2)：335 - 346.

［74］ 杨更社，谢定义，张长庆. 岩石损伤特性的 CT 识别［J］. 岩石力学与工程学报，1996，15(1)：48 - 54.

［75］ 赖远明，吴紫汪. 大坂山隧道围岩冻融损伤的 CT 分析［J］. 冰川冻土，2000，22(3)：206 - 210.

［76］ 张淑娟，赖远明，苏新民，等. 风火山隧道冻融循环条件下岩石损伤扩展室内模拟研究［J］. 岩石力学与工程学报，2004，23(24)：4105 - 4111.

［77］ Zhang S J，Lai Y M，Zhang X F，et al. Study on the damage propagation of surrounding rock from a cold-region tunnel under freeze - thaw cycle condition［J］. Tunnelling and Underground Space Technology，2004，19：295 - 302.

［78］ 周科平，李杰林，许玉娟，等. 冻融循环条件下岩石核磁共振特性的试验研究［J］. 岩石力学与工程学报，2012，31(4)：731 - 737.

［79］ 陈天城，魏炳乾. 冻结融解作用对岩石边坡稳定的影响［J］. 西北水利发电，2003，19(3)：5 - 7.

［80］ 马富廷. 冻土区露天矿边坡稳定性分析［J］. 露天采矿技术，2005，4：9 - 10.

［81］ 杨艳霞，祝艳波，李才，等. 南方极端冰雪灾害条件下边坡崩塌机理初步研究［J］. 人民长江，2012，43(2)：46 - 49.

［82］ 张丛峰，谢骏腾，宋林. 严寒地区高速铁路基岩冻胀试验研究［J］. 公路交通科技：应用技术版，2013，6：249 - 249.

[83] 贾晓云，李文江，朱永全. 高原冻岩隧道施工中融化圈深度对围岩稳定性的影响分析[J]. 岩石力学与工程学报. 2005，24(S2)：5693 - 5697.

[84] Shen S W, Xia C C, Huang J H, et al. Influence of seasonal melt layer depth on the stability of surrounding rock in permafrost regions based on the measurement[J]. Nat Hazards, 2015, 75(3): 2545 - 2557.

[85] 卢阳，邹爱清，徐平. 三江源区岩体冻融风化特征及影响主因分析[J]. 长江科学院院报，2016，33(4)：39 - 45.

[86] Li J L, Zhou K P, Liu W J, et al. Analysis of the effect of freeze-thaw cycles on the degradation of mechanical parameters and slope stability[J]. Bulletin of Engineering Geology and the Environment，2017，DOI：10.1007/s10064 - 017 - 1013 - 8.

[87] Yavuz H, Altindag R, Sarac S, et al. Estimating the index properties of deteriorated carbonate rocks due to freeze-thaw and thermal shock weathering［J］. International Journal of Rock Mechanics & Mining Sciences，2006，43(5)：767 - 775.

[88] Yavuz H. Effect of freeze-thaw and thermal shock weathering on the physical and mechanical properties of an andesite stone[J]. Bull Eng Geol Environ, 2011, 70: 187 - 192.

[89] Lam dos Santos J P, Rosa L G, Amaral P M. Temperature effects on mechanical behaviour of engineered stones[J]. Construction and Building Materials, 2011, 25(1): 171 - 174.

[90] Najari M, Selvadurai A P S. Thermo-hydro-mechanical response of granite to temperature changes[J]. Environ Earth Sci, 2014, 72(1): 189 - 198.

[91] Demirdag S. Effects of freezing-thawing and thermal shock cycles on physical and mechanical properties of filled and unfilled travertines［J］. Construction and Building Materials, 2013, 47(5): 1395 - 1401.

[92] Sengun N, Demirdag S, Ugur I, et al. Assessment of the physical and mechanical variations of some travertines depend on the bedding plane orientation under physical weathering conditions［J］. Construction and Building Materials, 2015, 98: 641 - 648.

[93] Ghobadi M H, Babazadeh R. Experimental studies on the effects of cyclic freezing-thawing, salt crystallization, and thermal shock on the physical and mechanical characteristics of selected sandstones[J]. Rock Mech Rock Eng, 2015, 48(3): 1001 - 1016.

[94] Didem Eren Sarıcı. Thermal deterioration of marbles: Gloss, color

changes[J]. Construction and Building Materials，2016，102：416－421.

[95] Hall K. The role of thermal stress fatigue in the breakdown of rock in cold regions[J]. Geomorphology, 1999, 31(1－4)：47－63.

[96] Hall K, André M F. New insights into rock weathering from high-frequency rock temperature data：an Antarctic study of weathering by thermal stress[J]. Geomorphology, 2001, 41(1)：23－35.

[97] McKay C P, Molaro J L, Marinova M M. High-frequency rock temperature data from hyper-arid desert environments in the Atacama and the Antarctic Dry Valleys and implications for rock weathering [J]. Geomorphology, 2009, 110(3－4)：182－187.

[98] 李华，石振明. 热冲击后花岗岩劈裂面的微观特征[J]. 地球物理学进展，1993,8(4)：268－269.

[99] 李华，杨宝怀. 热冲击后花岗岩微观破裂特征及力学机制分析[C]. 全国青年岩石力学与工程学术研讨会，1993.

[100] 邱一平，林卓英. 花岗岩热震损伤研究[J]. 实验室研究与探索，2007,139(10)：296－298.

[101] 邰保平，赵阳升. 600℃内高温状态花岗岩遇水冷却后力学特性试验研究[J]. 岩石力学与工程学报，2010,29(5)：892－898.

[102] 邰保平，赵金昌，赵阳升，等. 高温岩体地热钻井施工关键技术研究[J]. 岩石力学与工程学报，2011,30(11)：2234－2243.

[103] 蒋立浩，陈有亮，刘明亮. 高低温冻融循环条件下花岗岩力学性能试验研究[J]. 岩土力学，2011,32(2)：319－323.

[104] 王朋，陈有亮，周雪莲，等. 水中快速冷却对花岗岩高温残余力学性能的影响[J]. 水资源与水工程学报，2013,24(3)：54－63.

[105] 杨顺吉，李军，柳贡慧. 气体钻井低温破岩机理分析[J]. 岩土工程学报，2016,38(8)：1466－1472.

[106] 胡琼，车强，任小玲. 燃烧热能机械能复合破岩先导性试验研究[J]. 石油钻探技术，2016,1：29－33.

[107] 唐世斌，唐春安，梁正召，等. 热冲击作用下的陶瓷材料破裂过程数值分析[J]. 复合材料学报，2008,25(2)：115－122.

[108] 涂建勇，栾新刚，成来飞，等. 薄界面3D-C /SiC复合材料的热震损伤机制[J]. 固体火箭技术，2009,32(4)：461－464.

[109] 苏哲安，杨鑫，黄启忠，等. 高温热震对具有SiC涂层的C/C复合材料压缩性能的影响[J]. 粉末冶金材料科学与工程，2013,17(1)：102－108.

[110] 陈世敏，卢德宏，贺小刚，等. $Al_2O_3p/40Cr$ 复合材料的热震失效机理

[J]. 西安交通大学学报，2013，47(5)：110 - 114.

[111] 张龙，郑安节，田祖安，等. 热冲击下含椭圆形裂纹热障涂层热力耦合分析[J]. 中国陶瓷，2017，1：50 - 54.

[112] 陈枭，张琳，王明增，等. TiB2 - 50Ni 金属陶瓷热喷涂层抗热震性能研究[J]. 稀有金属，2017，1：32 - 39.

[113] 刘亚晨. 核废料贮存围岩介质 THM 耦合过程的力学分析[J]. 地质灾害与环境保护，2006，17(1)：54 - 57.

[114] Zhang Z X, Yu J, Kou S Q, et al. Effects of high temperatures on dynamic rock fracture[J]. International Journal of Rock Mechanics & Mining Sciences, 2001, 38(2): 211 - 225.

[115] 李夕兵，尹土兵，周子龙，等. 温压耦合作用下的粉砂岩动态力学特性试验研究[J]. 岩石力学与工程学报，2010，29(12)：2377 - 2384.

[116] 尹土兵，李夕兵，王斌，等. 高温后砂岩动态压缩条件下力学特性研究[J]. 岩土工程学报，2011，35(5)：777 - 784.

[117] 尹土兵，李夕兵，宫凤强，等. 温压耦合作用下岩石动态破坏过程和机制研究[J]. 岩石力学与工程学报，2012，31(S1)：2814 - 2820.

[118] 尹土兵，李夕兵，叶洲元，等. 温压耦合及动力扰动下岩石破碎的能量耗散[J]. 岩石力学与工程学报，2013，32(6)：1197 - 1202.

[119] 许金余，刘石. SHPB 试验中高温下岩石变形破坏过程的能耗规律分析[J]. 岩石力学与工程学报，2013，32(S2)：3109 - 3115.

[120] 许金余，刘石. 加载速率对高温后大理岩动态力学性能的影响研究[J]. 岩土工程学报，2013，35(5)：879 - 883.

[121] 王鹏，许金余，刘石，等. 高温下砂岩动态力学特性研究[J]. 兵工学报，2013，34(2)：203 - 208.

[122] 王鹏，许金余，刘石，等. 砂岩的高温损伤与模量分析[J]. 岩土力学，2014，35(S2)：211 - 216.

[123] Liu S, Xu J Y. Mechanical properties of Qinling biotite granite after high temperature treatment[J]. International Journal of Rock Mechanics & Mining Sciences, 2014, 71: 188 - 193.

[124] Liu S, Xu J Y. Research on fracture toughness of flattened Brazilian Disc specimen after high temperature[J]. High Temperatures and Materials Processes, 2016, 35(1): 81 - 87.

[125] 李明，茅献彪，曹丽丽，等. 高温后砂岩动力特性应变率效应的试验研究[J]. 岩土力学，2014，35(12)：3479 - 3488.

[126] Huang S, Xia K W. Effect of heat-treatment on the dynamic compressive

strength of Longyou sandstone[J]. Engineering Geology，2015，191：1－7.

[127] Cao P，Wang Y X. Testing study on damage fracture responses of rock under dynamic impact loading[J]. Advanced Materials Research，2011，255－260：1815－1819.

[128] 汪亦显. 含水及初始损伤岩体损伤断裂机理与实验研究[D]. 长沙：中南大学，2012.

[129] Wang Y X，Cao P，Huang Y H，et al. Nonlinear damage and failure behavior of brittle rock subjected to impact loading[J]. International journal of nonlinear sciences and numerical simulation. 2012，13（1），61－68.

[130] Wang P，Wu Z J，Wang J，et al. Experimental study on mechanical properties of weathered rock covered by loess[J]. J Shanghai Jiaotong Univ，2013，18(6)：719－723.

[131] 杨猛猛. 化学腐蚀作用下岩石的动态力学效应研究[D]. 南昌：华东交通大学，2014.

[132] 刘永胜，刘旺，董新玉. 化学腐蚀作用下岩石的动态性能及本构模型研究[J]. 长江科学院院报，2015，32(5)：72－75.

[133] 祝文化，李元章. 损伤灰岩动态压缩力学特性的实验研究[J]. 武汉理工大学学报，2006，28(7)：90－92.

[134] Yin T B，Li X B，Xia K W，et al. Effect of thermal treatment on the dynamic fracture toughness of laurentian granite[J]. Rock Mech Rock Eng，2012，45(6)：1087－1094.

[135] 李地元，成腾蛟，周韬，等. 冲击载荷作用下含孔洞大理岩动态力学破坏特性试验研究[J]. 岩石力学与工程学报，2015，34(2)：249－260.

[136] 邓正定，王桢，刘红岩. 基于复合损伤的节理岩体动态本构模型研究[J]. 岩土力学，2015，36(5)：1368－1374.

[137] Zhou K P，Li B，Li J J，et al. Microscopic damage and dynamic mechanical properties of rock under freeze‐thaw environment[J]. Trans Nonferrous Met Soc China，2015，25(4)：1254－1261.

[138] Wang P，Xu J Y，Liu S，et al. Static and dynamic mechanical properties of sedimentary rock after freeze-thaw or thermal shock weathering[J]. Engineering Geology，2016，210：148－157.

[139] Wang P，Xu J Y，Liu S，et al. A prediction model for the dynamic mechanical degradation of sedimentary rock after a long-term freeze －

thaw weathering: Considering the strain-rate effect[J]. Cold Regions Science and Technology, 2016, 131: 16 – 23.

[140] Wang P, Xu J Y, Liu S H, et al. Dynamic mechanical properties and deterioration of red-sandstone subjected to repeated thermal shocks[J]. Engineering Geology, 2016, 212: 44 – 52.

[141] Wang P, Xu J Y, Fang X Y, et al. Energy dissipation and damage evolution analyses for the dynamic compression failure process of redsandstone after freeze-thaw cycles[J]. Engineering Geology, 2017, 221: 104 – 113.

[142] 黄继武, 李周. 多晶材料 X 射线衍射—实验原理、方法和应用[M]. 北京: 冶金工业出版社, 2012.

[143] GB/T 50266 — 2013, 工程岩体试验方法标准[S]. 北京: 中国计划出版社, 2013.

[144] Brown ET. Rock characterization, testing & monitoring: ISRM suggested methods[M]. Oxford: Pergamon Press, 1981.

[145] Zhou Y X, Xia K, Li X B, et al. Suggested methods for determining the dynamic strength parameters and mode-I fracture toughness of rock materials[J]. Int J Rock Mech Min Sci, 2012, 49(1): 105 – 112.

[146] Franklin J A, Vogler U W, Szlavin J, et al. Suggested methods for determining water content, porosity, density, absorption and related properties and swelling and slake-durability index properties[J]. Int J Rock Mech Min Sci and Geomech, 1979, 16(2): 141 – 156.

[147] Mutlutürk M, Altindag R, Türk G. A decay function model for the integrity loss of rock when subjected to recurrent cycles of freezing-thawing and heating-cooling[J]. Int J Rock Mech Min Sci, 2004, 41(2): 237 – 244.

[148] Richter D, Simmons G. Thermal expansion behavior of igneous rocks[J]. Int J Min Sci Geomech Abstr, 1974, 11(10): 403 – 411.

[149] Ferrero A M, Marini P. Experimental studies on the mechanical behaviour of two thermal cracked marbles[J]. Rock Mech Rock Eng, 2001, 34(1): 57 – 66.

[150] MacBeth C, Schuett H. The stress dependent elastic properties of thermally induced microfractures in Aeolian Rotliegend sandstone[J]. Geophys Prospect, 2007, 55(3): 323 – 332.

[151] David C, Menéndez B, Darot M. Influence of stress-induced and thermal

cracking on physical properties and microstructure of La Peyratte granite [J]. Int J Rock Mech Min Sci，1999，36：433 – 448.

[152]　Reuschlé T，Haore S G，Darot M. The effect of heating on the microstructural evolution of La Peyratte granite deduced from acoustic velocity measurements[J]. Earth Planet Sci Lett，2006，243(3 – 4)：692 – 700.

[153]　刘洋，赵明阶. 岩石声学参数与应力相关性研究综述[J]. 重庆交通学院学报，2006，25(3)：54 – 58.

[154]　何国梁，吴刚，黄醒春，等. 砂岩高温前后超声特性的试验研究[J]. 岩土力学，2007，28(4)：779 – 784.

[155]Spiegel M R，Stephens L J. Schaum's outline of theory and problems of statistics[M]. Macgraw-Hill Companies，Inc，1999.

[156]　刘彤，马旭青，张晓平，等. 岩石声谱特征值与强度关系研究[J]. 西部探矿工程，2003，85(6)：64 – 66.

[157]　陈达力. 岩石声波频谱分析[J]. 应用声学，1990(4)：12 – 15.

[158]　张晓春，胡彩雯，任敦亮. 岩石超声波检测信号的小波分析[J]. 辽宁工程技术大学学报，2006，25(2)：197 – 199.

[159]　刘素美，李书光. 超声检测信号处理的小波基选取[J]. 无损探伤，2004，28(6)：12 – 15.

[160]　Spiegel M R，Stephens L J. 统计学[M]. 杨纪龙，译. 北京：科学出版社，2002.

[161]　谢和平，陈忠辉. 岩石力学[M]. 北京：科学出版社，2004.

[162]　沈明荣. 岩体力学[M]. 上海：同济大学出版社，1999.

[163]　尤明庆，华安增. 岩样单轴压缩的破坏形式和承载能力的降低[J]. 岩石力学与工程学报，1998，17(3)：292 – 296.

[164]　ISRM. Suggested methods for determining tensile strength of rock materials[J]. International Journal of Rock Mechanics and Mining Sciences & Geomechanics Abstract，1978,15：99 – 103.

[165]　王启智，贾学明. 用平台巴西圆盘试样确定脆性岩石的弹性模量、拉伸强度和断裂韧度——第一部分：解析与数值结果[J]. 岩石力学与工程学报，2002，21(9)：1285 – 1289.

[166]　王启智，吴礼舟. 用巴西圆盘试样确定脆性岩石的弹性模量、拉伸强度和断裂韧度——第二部分：实验结果[J]. 岩石力学与工程学报，2004，23(2)：199 – 204.

[167]　尤明庆，苏承东. 平台巴西圆盘劈裂和岩石抗拉强度的试验研究[J]. 岩石

力学与工程学报，2004，23(18)：3106－3112.

[168]　邓华锋，李建林，朱敏，等.圆盘厚径比对岩石劈裂抗拉强度影响的试验研究[J].岩石力学与工程学报，2012，31(4)：792－798.

[169]　Muskhelishvili N I. Some basic problems of the mathematical theory of elasticity[J]. Groningen－Holland：P Noordhoff Ltd，1953.

[170]　周维垣.高等岩石力学[M].北京：水利电力出版社，1990.

[171]　喻勇，王天雄.三峡花岗岩劈裂抗拉特性与弹性模量关系的研究[J].岩石力学与工程学报，2004，23(19)：3258－3261.

[172]　刘远明，夏才初.非贯通节理岩体直剪实验研究进展[J].岩土力学，2007，28(8)：1719－1724.

[173]　李同林.变角剪切压模实验与 Mohr 强度理论的实验研究[J].固体力学学报，2008，29(S1)：132－135.

[174]　胡时胜.霍普金森压杆技术[J].兵器材料科学与工程，1991(11)：40－47.

[175]　Xia K W，Yao W. Dynamic rock tests using split Hopkinson (Kolsky) bar system-A review[J]. Journal of Rock Mechanics and Geotechnical Engineering，2015，7(1)：27－59.

[176]　陶俊林.SHPB 实验技术若干问题研究[D].北京：中国工程物理研究院，2005.

[177]　果春焕.SHPB 系统中几个问题的探讨[D].哈尔滨：哈尔滨工程大学，2006.

[178]　张智峰.Hopkinson 压杆测试技术探讨[D].哈尔滨：哈尔滨工程大学，2005.

[179]　Klepaczko J，Malinowski Z，Ed Kawata K，et al. High velocity deformation of solids[M]. Berlin：Springer-Verlag，1978.

[180]　宋博，姜锡权，陈为农.霍普金森压杆实验中的脉冲整形技术[A].全国爆炸力学实验技术交流会，2004.

[181]　郭贵中.退火处理对紫铜组织和性能的影响[J].平原大学学报，2006，23(3)：129－131.

[182]　Frew D J，Forrestal M J，Chen W. A split Hopkinson pressure bar technique to determine compressive stress-strain data for rock materials [J]. Experimental Mechanics，2001，41(1)：40－46.

[183]　Frew D J，Forrestal M J，Chen W. Pulse shaping techniques for testing brittle materials with a Split Hopkinson Pressure Bar[J]. Experimental Mechanics，2002，42(1)：93－106.

[184]　李为民，许金余.大直径分离式霍普金森压杆试验中的波形整形技术研究

[J].兵工学报，2009，30(3)：350－355.

[185] 康婷，许金余，白应生，等.霍普金森压杆系统气体炮弹速计算公式研究[C].第九届全国冲击动力学学术会议论文集，2009：205－209.

[186] 许金余，刘石，陈腾飞，等.一种霍普金森压杆实验子弹速度的控制方法[P].中国发明专利：201310562316.5，2013－11－11.

[187] 宋力，胡时胜.霍普金森压杆实验的恒应变率加载设计[C].第四届全国爆炸力学实验技术学术会议，2006：28－32.

[188] 周子龙，李夕兵，岩小明.岩石SHPB测试中试样恒应变率变形的加载条件[J].岩石力学工程学报，2009，28(12)：2445－2452.

[189] Zhang Q B, Zhao J. A review of dynamic experimental techniques and mechanical behaviour of rock materials[J]. Rock Mech Rock Eng, 2014, 47(4):1411－1478.

[190] Liu Q S, Huang S B, Kang Y S, et al. A prediction model for uniaxial compressive strength of deteriorated rocks due to freeze － thaw[J]. Cold Reg Sci Technol, 2015, 120: 96－107.

[191] 胡寿松，王执铨，胡维礼.最优控制理论与系统[M].北京：科学出版社，2005.

[192] 谢和平，鞠杨，黎立云，等.岩体变形破坏过程的能量机制[J].岩石力学工程学报，2008，27(9)：729－1740.

[193] 谢和平，彭瑞东，鞠杨.岩石变形破坏过程中的能量耗散分析[J].岩石力学工程学报，2004，23(21)：3565－3570.

[194] 谢和平，彭瑞东，鞠杨，等.岩石破坏的能量分析初探[J].岩石力学工程学报，2005，24(15)：2603－2608.

[195] 张志镇.岩石变形破坏过程中的能量演化机制[D].徐州：中国矿业大学，2013.

[196] Solecki R, Conant R J. Advanced Mechanics of Materials[M]. London: Oxford University Press, 2003.

[197] 黄达，黄润秋，张永兴.粗晶大理岩单轴压缩力学特性的静态加载速率效应及能量机制试验研究[J].岩石力学与工程学报，2012，31(2)：245－255.

[198] 谢和平，鞠杨，黎立云.基于能量耗散与释放原理的岩石强度与整体破坏准则[J].岩石力学与工程学报，2005，24(17)：3003－3010.

[199] 梁昌玉，李晓，王声星，等.岩石单轴压缩应力-应变特征的率相关性及能量机制试验研究[J].岩石力学工程学报，2012，31(9)：1830－1838.

[200] 尤明庆，苏承东.大理岩试样循环加载强化作用的试验研究[J].固体力学

学报，2009，29(1)：66 - 72.

[201] 余贤斌，谢强，李心一，等. 岩石直接拉伸与压缩变形的循环加载实验与双模量本构模型[J]. 岩土工程学报，2005，27(9)：988 - 993.

[202] 张向阳，成建，康永红，等. 循环加卸载下岩石变形破坏的损伤、能量分析[J]. 有色金属(矿山部分)，2011，63(5)：41 - 45.

[203] 苏承，杨圣奇. 循环加卸载下岩样变形与强度特征试验[J]. 河海大学学报：自然科学版，2006，34(6)：667 - 671.

[204] 周家文，杨兴国，符文熹，等. 脆性岩石单轴循环加卸载试验及断裂损伤力学特性研究[J]. 岩石力学与工程学报，2010，29(6)：1172 - 1183.

[205] 赵星光，李鹏飞，马利科，等. 循环加、卸载条件下北山深部花岗岩损伤与扩容特性 [J]. 岩石力学工程学报，2014，33(9)：1740 - 1748.

[206] 刘建锋，谢和平，徐进，等. 循环荷载下岩石变形参数和阻尼参数探讨[J]. 岩石力学工程学报，2012，31(4)：770 - 777.

[207] 刘建锋，徐进，李青松，等. 循环荷载下岩石阻尼参数测试的试验研究[J]. 岩石力学工程学报，2010，29(5)：1036 - 1041.

[208] 许江，鲜学福，王鸿，等. 循环加、卸载条件下岩石类材料变形特性的实验研究[J]. 岩石力学工程学报，2006，25(S1)：3040 - 3045.

[209] 夏冬，杨天鸿，王培涛，等. 循环加卸载下饱和岩石变形破坏的损伤与能量分析[J]. 东北大学学报：自然科学版，2014，35(6)：867 - 870.

[210] 朱德珍，徐卫亚，张爱军. 脆性岩石损伤断裂机理分析与试验研究[J]. 岩石力学与工程学报，2003，22(9)：1411 - 1416.

[211] 郭素枝. 扫描电镜技术及其应用[M]. 厦门：厦门大学出版社，2006.

[212] 路凤香，桑隆康. 岩石学[M]. 北京：地质出版社，2004.

[213] 沈照理，王焰新. 水-岩相互作用研究的回顾与展望[J]. 地球科学——中国地质大学学报，2002，27(2)：127 - 133.

[214] 周平根. 地下水与岩土介质相互作用的工程地质力学研究[J]. 地学前缘，1996，3(1 - 2)：176.

[215] 傅晏. 干湿循环水岩相互作用下岩石劣化机理研究[D]. 重庆大学，2010.

[216] 郭义. 香溪河岸坡粉砂岩干湿循环损伤机理试验研究[D]. 中国地质大学，2013.

[217] 唐世斌，唐春安，朱万成，等. 热应力作用下的岩石破裂过程分析[J]. 岩石力学与工程学报，2006，25(10)：2071 - 2078.

[218] Yatsu E. The Nature of Weathering：An Introduction[M]. Tokyo：Sozosha，1988.

[219] Levi F A. Thermal fatigue：A possible source of structural modifications

in meteorites[J]. Meteoritics, 1973, 8(3): 209 – 221.

[220] Tvergaard V, Hutchinson J W. Microcracking in ceramics induced by thermal expansion or elastic anisotropy[J]. J Am Ceram Soc, 1988, 71 (3): 157 – 166.

[221] Luque A, Ruiz-Agudo E, Cultrone G, et al. Direct observation of microcrack development in marble caused by thermal weathering[J]. Environ. Earth Sci, 2011, 62(7): 1375 – 1386.

[222] de Castro Lima J J, Paraguassú A B. Linear thermal expansion of granitic rocks: influence of apparent porosity, grain size and quartz content[J]. Bull Eng Geol Environ, 2004, 63(3): 215 – 220.

[223] Mahmutoglu Y. Mechanical behaviour of cyclically heatedfine grained rock[J]. Rock Mech Rock Eng, 1998,31(3): 169 – 179.

[224] Clauser C, Huenges E. Rock Physics and Phase Relations-A Handbook of Physical Constants[M]. American Geophysical Union, Washington, D C, 1995: 105 – 126.

[225] Mirkin L I, Shesterikov S A, Yumashev M V, et al. Instability of thermal fracture under conditions of constrained deformation[J]. Mater Sci, 2006, 42(6): 778 – 785.

[226] Harmuth H, Rieder K, Krobath M, et al. Investigation of nonlinear fracture behaviour of ordinary ceramic refractory materials[J]. Mater Sci Eng A, 1996, 214(1 – 2): 53 – 61.

[227] Han J C. Thermal shock resistance of ceramic coatings[J]. Acta Mater, 2007,55(10): 3573 – 3581.

[228] Hall K, André M F. New insights into rock weathering as deduced from high-frequency rock temperature data: an Antarctic study [J]. Geomorphology, 2001,41(1): 23 – 35.

[229] Hall K, André M F. Rock thermal data at the grain scale: applicability to granular disintegration in cold environments[J]. Earth Surf Process. Landf, 2003, 28(8): 823 – 836.

[230] Hall K, Guglielmin M, Strini A. Weathering of granite in Antarctica I: Light penetration in to rock and implications for rock weathering and endolithic communities[J]. Earth Surf Process Landf, 2008a, 33(2): 295 – 307.

[231] Hall K, Guglielmin M, Strini A. Weathering of granite in Antarctica II: Thermal data at the grain scale[J]. Earth Surf Process Landf, 2008b, 33

(3)：475 – 493.

[232] Hillert, M. Phase equilibria, phase diagrams and phase transformations: Their thermodynamic basis [M]. London: Cambridge University Press, 2008.

[233] Vlahoui, Worster M G. Ice growth in a spherical cavity of a porous medium[J]. Journal of Glaciology, 2010, 56(196): 271 – 277.

[234] Everett D H. The thermodynamics of frost damage to porous solids[J]. Transactions of the Faraday Society, 1961, 57(5): 1541 – 1551.

[235] 谭贤君，陈卫忠，贾善坡，等. 含相变低温岩体水热耦合模型研究[J]. 岩石力学与工程学报，2008，27(7)：1455 – 1461.

[236] Scherer G W. Crystallization in pores [J]. Cement and Concrete Research, 1999, 29(8): 1347 – 1358.

[237] Van Wylen G J, Sonntag R E. Fundamentals of classical thermodynamics, SI-version[M]. New York: Wiley, 1978.

[238] Hettema M H H. The thermo-mechanical behavior of sedimentary rock: An experimental study[D]. Delft: Delft University of Technology, 1996.

[239] Hettema M H H, Wolf K H A A, Pater C J D E. The influence of steam pressure on rock: Thermal spalling of sedimentary theory and experiments[J]. Int J Rock Mech Min, Sci, 1998, 35(1): 3 – 15.

[240] Carslaw H S, Jaeger J C. Conduction of heat in solids[M]. London: Oxford University Press, 1959.

[241] Biot M A. General theory of three-dimensional consolidation[J]. J Appl Phys, 1941, 12(1): 155 – 164.

[242] 李世愚，和泰名，尹祥础. 岩石断裂力学[M]. 北京：科学出版社，2016.

[243] Meyers M A. 材料的动力学行为[M]. 张庆明，译. 北京：国防工业出版社，2006.